Claude Béata

Die Liebe der Tiere

GOLDMANN
Lesen erleben

Buch

Aus evolutionsbiologischer Sicht ist Liebe bei den Tieren totaler Unsinn. Fortpflanzung zur Arterhaltung, okay. Aber Liebe, Trauer, Eifersucht und Mitgefühl – wozu? Liebe ist existenziell, nicht nur für uns, sondern auch für Tiere. Claude Béata zeigt anhand verblüffender Beispiele, untermauert von neuesten wissenschaftlichen Erkenntnissen, dass Tiere mehr als nur triebgesteuerte Maschinen sind: Sie können wie wir treu sein, leiden, lieben und haben die Fähigkeit zur Empathie. Eine bereichernde Lektüre nicht nur für Tierfreunde, sondern für alle, die das Mysterium von Bindung und Zuneigung besser verstehen wollen.

Autor

Claude Béata ist ein renommierter französischer Veterinär und Psychologe. Er ist einer der Pioniere auf dem Gebiet der Emotionsforschung bei Tieren. Seine Bücher zu diesem Thema sind in Frankreich Bestseller.

Claude Béata

Die Liebe der Tiere

Mitgefühl, Fürsorge und Zärtlichkeit in der Natur

Aus dem Französischen von
Werner Damson und Reinhard Tiffert

GOLDMANN

Die französische Originalausgabe erschien 2013
unter dem Titel »Au risque d'aimer« bei Odile Jacob, Paris.

Dieses Buch ist 2014 unter dem Titel »Das Wagnis der Liebe.
Was wir von den Tieren lernen können« auf Deutsch im
Riemann Verlag, München, erschienen.

MIX
Papier aus verantwortungsvollen Quellen
FSC® C014496

Verlagsgruppe Random House FSC® N001967

2. Auflage
Vollständige Taschenbuchausgabe April 2017

Lektorat: Ralf Lay, Düsseldorf
Umschlaggestaltung: UNO Werbeagentur, München
Umschlagmotiv: © Getty Images/Danita Delimont
fm · Herstellung: CF
Satz: Satzwerk Huber, Germering
Druck und Bindung: GGP Media GmbH, Pößneck
Printed in Germany
ISBN 978-3-442-22146-2

www.goldmann-verlag.de

Für Marie, die mir so viel beigebracht hat.
Für Adrien und Arthur, die mir das Glück
der Vaterschaft beschert haben.

Meiner Mutter, mit der alles begonnen hat.
Meinem Vater, der immer für mich da war.
Meinem Bruder, mit dem mich auch Freundschaft verbindet.

Meinen Freunden, die die Welt zur Heimat machen.
Den Tieren in unserem Haus, ohne die das Leben
nicht denselben Geschmack hätte.
Den Tieren der ganzen Welt, den verkannten und vergessenen
Helden des Abenteuers der affektiven Bindung.

Inhalt

Vorwort

Könnte man auch ohne Liebe und ohne Kummer leben?

Ich habe noch die Zeit kennengelernt, in der man uns lehrte, Gefühle seien eine »Verunreinigung« des wissenschaftlichen Geistes. Um zu einer korrekten und gültigen medizinischen Erkenntnis zu gelangen, so hieß es, müsse man sich ausschließlich an Fakten halten. Dabei ließ man völlig außer Acht, dass der Forscher, der eine wissenschaftliche Tatsache feststellt, wie jeder Mensch auch eine Geschichte und eine kulturelle Herkunft hat.

Heute ist es so, dass das Gefühl selbst zum Gegenstand der Wissenschaft geworden ist. Wir entdecken sozusagen den neuen Kontinent des emotionalen Lebens. Und Claude Béata gehört zu den ersten Veterinären, die diese Terra incognita betreten haben. Hier kann man sehen, dass die Tiere uns zu verstehen helfen, wie eine Gefühlsbindung entsteht.

»Aber«, so werden einige sicher gleich einwenden, »wie sollen uns die Tiere, diese ›biologischen Automaten‹, beim Verständnis des ätherischen Gefühls der Liebe eine Hilfe sein?« Nun, hält Claude Béata dem entgegen, die Tiere werden auch von der Wissenschaft schon seit geraumer Zeit nicht mehr als »Sachen« angesehen. Längst haben wir in ihrem Hirn einen Anhalt für ihr Gefühlsleben und für ihr Gedächtnis gefunden. Spätestens seit Darwin wissen wir, wie sie ihre Regungen zum Ausdruck bringen, ob sie sich zu jemandem hingezogen fühlen, den sie mögen, oder ob sie solche Menschen meiden oder bedrohen, mit denen sie schlechte Erfahrungen gemacht haben – Erfahrungen, die in ihrem Gedächtnis bewahrt sind.

Die Erforschung der Gefühlswelt der Tiere ist ein wichtiger Schritt, um sie besser zu verstehen. Wir werden darüber hinaus aber auch klarer sehen, was wir mit ihnen gemeinsam haben und worin wir uns von ihnen unterscheiden.

Ganz gleich, ob Vögel oder höher entwickelte Säugetiere wie Delfine, Hunde, Katzen, Affen oder wir Menschen – wenn uns das Schicksal die Möglichkeit raubt, uns an ein anderes Wesen zu binden, werden wir in unserer Entwicklung gehemmt, denn wir gehören nun einmal zu einer Art, in der ein Individuum ein anderes braucht, um selbst zu werden. Zur Erforschung einer Bindung, die zwischen zwei Organismen, zwischen zwei geistigen Welten entsteht, müssen wir einen Ansatz verfolgen, der Erkenntnisse sowohl aus der Neurologie und Ethologie als auch aus den Geistes- und Kulturwissenschaften vereinigt.

Claude Béata erzählt uns in einer gut verständlichen Sprache, welche wissenschaftliche Genauigkeit nicht ausschließt, die Geschichte von Salsa, dem Papagei, der sich nicht von seiner Herrin trennen kann, von Chiquita, der Katzenmutter, die eine kleine Hermione aufzieht, und von dem Fohlen, das sich im fliegenden Galopp an seine Mutter bindet. Mit unterhaltsamen Anekdoten macht er einige neue wissenschaftliche Entdeckungen anschaulich und stellt grundsätzliche philosophische Fragen in ein neues Licht. Das Kortison, das sowohl im menschlichen wie auch im tierischen Körper produziert wird, kann nicht mehr zur Erklärung aller durch Stress hervorgerufenen Schäden im Hirn herangezogen werden. Andere Botenstoffe wie das zärtliche Oxytocin oder das wirkmächtige Vasopressin werden jetzt überall als verantwortlich für unser Gefühlsleben zitiert.

Die Verhältnisse in der Tierwelt helfen uns, die Zusammenhänge beim Menschen besser zu verstehen. Viele Philosophen glauben immer noch, dass sich der Mensch durch das Wissen vom eigenen Tod von der übrigen Fauna unterscheide. Damit wären aber zum Beispiel schon die Elefanten nicht einverstanden, denn sie halten in Gegenwart eines toten Artgenossen pietätvoll inne. Sie nehmen den Toten wahr, und sie haben eine Vorstellung vom Tod, da sie den Leichnam mit Ästen bedecken. Sie kehren auch später an diese »Begräbnisstätte« zurück und trompeten klagend vor der sterblichen Hülle, während die Elefantenkinder neben den trauernden Eltern herumspringen.

Selbst das Inzestverbot, das doch als grundlegend für unsere Kultur angesehen wird, ist im Tierreich weit verbreitet. Im ganzen Reich der Lebewesen herrscht die Tendenz zur Verteilung der Gene. In der Wildbahn paaren sich nah verwandte Tiere nur selten. Mit Beginn der Geschlechtsreife werden die Jungtiere aus der Gruppe gedrängt. Sie sind nun gezwungen, sich außerhalb der Ursprungsgemeinschaft einen Partner zu suchen. Wenn es aber dennoch passiert, dass sich Verwandte paaren und ein Orakel dem ödipalen Jungtier vermeldete: »Du hast mit deiner Mutter drei Kinder gezeugt«, so würde es sich deswegen allerdings nicht die Augen ausstechen.

Angeblich sollen sich fünf Millionen Engländer (und siebzehn Millionen Franzosen) die Frage gestellt haben, warum die Präriewühlmäuse treue Paare bildeten, während die Rocky-Mountains-Wühlmäuse von ehelicher Treue nichts wissen. Sollten die Engländer bei den kleinen Nagetieren Rat für ihre eigenen Beziehungsprobleme suchen?

Ich habe Claude Béata kennengelernt, als er gerade seine Veterinärausbildung abgeschlossen und seine Forschungen über Verhaltensstörungen bei Tieren begonnen hatte. Schon damals beeindruckte er mich durch seinen Frohsinn, sein klares Denken und seine akademische Seriosität. Als Lehrer wird er sehr geschätzt, denn in seinem Unterricht mischt er Bilder aus Tierfilmen mit klar formulierten wissenschaftlichen Ideen, und immer wieder kommt es zu schallendem Gelächter. Dieses Buch besteht aus einer ähnlichen Mischung.

Warum sollte man sich seine »fröhliche Wissenschaft« entgehen lassen?

Boris Cyrulnik

Da sitzt er zitternd vor Angst. Er wird sterben und weiß nicht, warum. Die Frau, die ihn liebt, hat Tränen in den Augen. Ihr Schmerz geht auf ihn über, er saugt ihn auf wie ein Schwamm, und das macht ihm das Herz schwer.

Er wird sterben, weil er zu sehr liebt und weil er nicht richtig liebt.

Was er fühlt, kann er nicht ausdrücken. Wenn sie nicht da ist, möchte er am liebsten alles kaputt machen und heulen vor Wut. Das ist sicherlich nicht das Richtige, aber die Unruhe in ihm ist so groß, ihr Griff so fest, dass er etwas tun muss, um sie loszuwerden. Hat das etwas mit dem Mann im weißen Kittel zu tun? Er kennt ihn, er mag ihn nicht, er hat Angst vor ihm. Jetzt kommt der Mann mit einer Spritze. Er schmiegt sich in die Arme der geliebten Frau, die ihm alles bedeutet. Sie bricht in Tränen aus, ihre Gefühle durchdringen ihn wie ein eisiger Windstoß, während heiße Tränen auf ihn fallen. Sie scheint verzweifelt, wie könnte er es nicht auch sein?

Sie hat ihm immer alles gegeben. Sie brauchte ihn bloß zu berühren, schon beruhigte er sich, ein Blick von ihr, und er freute sich, und wenn sie ihn kraulte, war das immer eine Wonne für ihn. Aber jetzt wirkt sie selbst ratlos, und so spürt er nicht mehr die schützende Wärme ihrer Zuneigung. Er zittert aus gemeinsam empfundener, aber nicht verstandener Not, und noch stärker zittert er, als die Manschette sein Gelenk umschließt und die kalte Nadel in die Vene sticht.

Die Flüssigkeit, die nun in seinen Körper eindringt, nimmt der Welt ihr Gewicht und rückt sie in weite Ferne. Ein unwiderstehliches Schlafbedürfnis überkommt ihn, er sucht die Körperwärme der Frau, die er so sehr geliebt hat, und schaut sie sterbend ein letztes Mal an, ohne zu ahnen, was mit ihm geschieht – wenigstens reden wir uns das gern ein –, und ohne Vorwurf in diesem letzten Blick.

Der Tierarzt tritt beiseite und lässt die Frau ihren Hund betrauern, den er auf ihren Wunsch hin eingeschläfert hat. Untragbar die ständigen Klagen der Nachbarn, die immer neuen Dummheiten in der Wohnung, dabei war sein einziger Fehler, sie grenzenlos und rückhaltlos zu lieben. Sie wird sich wegen ihrer Entscheidung immer schuldig fühlen, obwohl sie keine andere Wahl hatte.

Diese Szene ist erfunden, aber sie steht für eine schreckliche Tatsache: Der häufigste Grund, weshalb weniger als zwei Jahre alte Hunde ausgesetzt oder eingeschläfert werden, besteht darin, dass sie Verhaltensstörungen infolge von Trennungsschmerz entwickeln.

Dieser Hund ist, wenn ich das so sagen darf, vor lauter Liebe gestorben. In dieser Geschichte stecken so viele Missverständnisse wie in der Tragödie von Romeo und Julia. Vielleicht um die Dämonen, die hier am Werk sind, zu vertreiben, habe ich mich entschlossen, den ebenso wunderbaren wie schrecklichen Mechanismus zu erforschen, der uns drängt, das Wagnis der Liebe einzugehen.

Einleitung

Es mag auf den ersten Blick ungewöhnlich erscheinen, dass ein Tierarzt über Liebe redet. Sollte er das nicht besser den Romanciers und Philosophen überlassen?

Nun, Biologen, Verhaltensforscher, manchmal auch »der Gesetzgeber« und die Philosophen sprechen des Langen und Breiten über Tiere und treffen folgenreiche Entscheidungen, ohne eigentlich deren Freuden und Leiden zu kennen. Man kann sich nicht genug darüber wundern, wie selten Veterinäre und noch seltener Veterinäre der Fachrichtung tierischer Verhaltensstörungen um ihre Meinung gefragt werden, wenn es darum geht, im Namen der Wissenschaft oder der Philosophie über das Tier zu urteilen, so als ob ausgerechnet die Experten für die Gesundheit oder das Verhalten der Tiere in dieser Hinsicht gar keinen Beitrag leisten könnten.

Wir behaupten, dass wir täglich Zeugen eines Phänomens sind, das oft rührend und harmonisch, manchmal aber auch schmerzhaft bis zum tragischen Ende sein kann, nämlich des Phänomens der affektiven Bindung zwischen Mensch und Tier. Das Wort »Liebe« würde sich angesichts all dessen förmlich aufdrängen, wenn es die Menschen, die zu uns kommen, nicht selbst schon verwendeten: »Wenn Sie wüssten, wie sehr wir ihn lieben.«

Dass »Herrchen« und »Frauchen« ihr Haustier lieben, wie sie sagen, versetzt wohl niemanden ernsthaft in Erstaunen. Überraschender ist für viele allerdings die Beobachtung, dass auch die Tiere zur Liebe fähig sind – zur Liebe mit und ohne Anführungszeichen, wie selbst Skeptiker schon wissen oder noch sehen werden. Mit Blick auf die Hunde und Katzen, aber auch auf ihre Halter zeigt sich die Bedeutung der Bindung, für die wir am liebsten alle lebenden Arten, mit denen wir die Fähigkeit zur Bindung teilen, in den Zeugenstand rufen würden. Letzten Endes aber sollte auch der Mensch auf seine Liebesfähigkeit hin untersucht werden, um herauszustellen, was er mit den anderen Lebewesen gemein hat und worin er sich von ihnen unterscheidet.

»Wir leiden an der Liebe, selbst wenn wir glauben, an nichts zu leiden«,[1] schreibt der Schriftsteller Christian Bobin. Der Satz begleitet mich jetzt schon seit vielen Jahren. Er meinte selbstverständlich die Menschen, aber mir scheint, dass diese Worte auch auf die Tiere zutreffen, die ich täglich zu behandeln hatte. In einem früheren Buch öffnete mir die Hündin Jade[2] die Tür zum Verständnis der Störungen, die sich aus einer Bindung entwickeln können, und ich bekundete schon dort meine Faszination für diesen Teil der Psychopathologie. Man kann bei Tieren nicht von einer Bindung sprechen, ohne sogleich die Analogien und Korrespondenzen mit dem menschlichen Erleben zu sehen. Wir müssen uns dabei zwar hüten, dem Anthropomorphismus zu verfallen, doch wäre es eine Form geistiger Armut, wenn wir die Brücken nicht nutzten, die sich hier so zahlreich anbieten.

Als Veterinär und mehr noch als Spezialist der Fachrichtung Verhaltensstörungen bei Tieren hat man es tagtäglich mit dem Thema »Liebe« zu tun: mit der tiefen Zuneigung des Halters zu seinem Tier trotz aller Schwächen, die es hat, aber auch mit der Liebe des Tieres gegenüber seinem Halter, auch wenn dieser die immer gleichen Irrtümer im Umgang mit der Kreatur begeht. Das ist die erste wichtige Erkenntnis, aus der wir sicher schlussfolgern können, dass es sich sehr wohl um eine Bindung handelt:

Die Stärke oder Intensität der Bindung verhält sich nicht konkludent und proportional zu der Befriedigung, die sie verschafft oder eben nicht verschafft. Manchmal, ja sogar oft, ist das Verhältnis sogar paradox: Die Verhaltensstörungen des einen oder die Irrtümer des anderen verstärken noch die Kraft der Bindung.

Wir können etwas von den Tieren lernen. Sie sind die Zeugen unserer Zugehörigkeit zur gleichen Bindungsgemeinschaft. Auch wenn sie nicht über unsere kognitiven Fähigkeiten verfügen – aber haben wir denn die ihren? –, teilen sie mit uns die Welt der Grundgefühle. Indem wir sie beobachten und verstehen, erkennen wir auch uns selbst und unsere eigene Spezies besser. Der Mensch soll dabei keinesfalls auf sein animalisches Erbteil reduziert werden, aber warum müssen wir denn immer ein Geheimnis daraus machen?

Lieben zu können ist ein charakteristisches Merkmal bestimmter Arten, und der Mensch gehört sicher dazu. Dinge benennen können, Pläne für die Zukunft machen, nicht von den Verletzungen der Vergangenheit loskommen, eine Einstellung zur Liebe einnehmen, die anders ist als die der Tiere, das zusammen ergibt eher einen graduellen und nicht einen wesentlichen Unterschied zum tierischen Verhalten. Wir werden sehen, dass bei bestimmten Tieren in einer manchmal nur angedeuteten Form all das existiert, was wir gemeinhin den Menschen vorbehalten glauben: Leidenschaft, die Unfähigkeit, ohne den geliebten Partner weiterzuleben, oder umgekehrt die Widerstandskraft dabei zu entwickeln …

Das tut unserem Selbstbild als Spezies keinerlei Abbruch, zumal man ja unschwer erkennen kann, zu welch außergewöhnlichen Leistungen das Menschengeschlecht fähig ist. Mir scheint eher, dass wir nur Vorteile davon haben können, wenn wir von gemeinsamen Wurzeln sprechen. Indem wir von einer ununterbrochenen Kette des Seins ausgehen, verstehen wir manchmal besser, was in uns leidet oder sich regt.

Zum Abschluss dürfen wir uns daran erinnern, dass Menschen und Hunde seit unvordenklichen Zeiten gemeinsam leben und jeden Tag das Wagnis der Liebe eingehen.

Die Kraft der Liebe

»Sie müssen sich frei bewegen
wie die kleinen Fische im Meer
oder wie die Sterne am Himmel,
aber ihr, ihr müsst das Ufer bleiben,
zu dem sie hin und wieder zurückkommen.«

Frances Cornford, geb. Darwin

Die emotionale Bindung ist keine bloße Option, sondern ein Antrieb, eine Kraft, die das ganze Leben der Individuen leitet. Diejenigen Arten, deren Nachwuchs diesem subtilen Entwicklungsmechanismus gehorcht, haben sich im Lauf der Evolution nach und nach eine bevorzugte Stellung verschafft. Ginge es nur nach der zahlenmäßigen Größe, also nach der Anzahl der Arten oder der Menge der einzelnen Tiere, dann wären wohl die Insekten die Gewinner in der Eroberung des Lebensraums auf unserem Planeten. Sie passen sich allen äußeren Bedingungen an und erweisen sich als unausrottbar. Die Strategie der Insekten, auf die große Zahl zu setzen, hat sich also ausgezahlt, freilich mit einer Einschränkung:

Soweit wir wissen, gibt es bei ihnen keine Individuen, wie wir sie definieren. Wenn wir das Tierreich nach solchen Arten untersuchen, für die das Leben ein individuelles Schicksal ist, dann zeigt sich, dass das Bindungsverhalten für sie einen evolutionären Vorteil gebracht hat.

Da in der Natur jeder Vorteil auch ein Risiko birgt, hat dieser Antrieb auch seine Schattenseite. Jene Kraft hat ihre Achillesferse. So wirksam der Mechanismus ist, wenn er reibungslos funktioniert, so groß können auch die durch ihn verursachten Leiden sein, wenn es nicht »klappt«. Doch ehe wir uns mit den Störungen beschäftigen, sollten wir zunächst einmal verstehen, wie das Bindungsverhalten überhaupt entsteht, wie es im Normalfall funktioniert und wie wir es beobachten können.

Näher bei dir …

Die Bindung löst die Suche nach Nähe aus. In einer genau festgelegten Reihenfolge, die von Art zu Art variiert, sehen wir eine regelrechte Choreografie, in deren Mittelpunkt die Bezugsfigur steht. In den allermeisten Fällen ist das die Mutter. Dass für das Auslösen dieses Prozesses die Sinnesorgane von größter Bedeutung sein müssen, liegt auf der Hand: Das Pendant – der Nabel der Welt des Neugeborenen – muss anhand eindeutiger Merkmale erkannt und identifiziert werden.

Aus zahlreichen Experimenten geht hervor, wie Tierjunge die Artgenossen erkennen, die sie auf keinen Fall verlieren dürfen, wenn sie überleben wollen. Der menschliche Säugling verfolgt vor allem mit dem Blick die Formen, die ein Gesicht ausmachen. Das Hundebaby hält sich überwiegend an Geruchs- und Tastsinn, da es bei der Geburt blind ist und dies noch vierzehn Tage bleibt. Die Bindung entsteht in der artspezifischen Sinneswahrnehmung; doch da es viel zu riskant wäre, das Überleben des Tierjungen an einen einzigen Kanal zu knüpfen, sind alle Sinnesorgane gefordert, um das Wesen zu erkennen, das zu Beginn eines Lebens zum Ein und Alles wird.

Zunächst fällt auf, dass sich weder für die Mutter noch für das Tierjunge die Bindung sofort und unmittelbar einstellt. Die Natur erlaubt sich einen Spielraum, in dem der Irrtum möglich ist. Eine Hunde- oder Katzenmutter zählt ihre Jungen erst nach etwa zwei Tagen. Und die kleinen domestizierten Fleischfresser zeigen erst nach rund zwei Wochen das erste Bindungsverhalten, wenn ihre Sinneswahrnehmungen präziser geworden sind.

In meiner tierärztlichen Klinik konnte ich mich immer wieder davon überzeugen, dass die Tiermütter sehr genau die Zahl der Jungen in einem Wurf kennen. So hatte ich einmal eine Katze in stationärer Aufnahme, die als Muster einer fürsorglichen Mutter gelten konnte. Sie leckte ihre fünf kleinen Kätzchen ab, hielt sie zwischen den Pfoten und schnurrte, wenn sie sie säugte; kurz, sie bot das Inbild katzentypischer mütterlicher Pflege – oft gesehen und doch immer wieder anrührend. Nun brachte uns eine Person ein Katzenbaby in die Klinik, das sie in einer Plastiktüte gefunden hatte. Solche Waisen finden sich überall in unseren Städten, und im Allgemeinen wissen wir nicht, wohin mit ihnen.

An jenem Tag hatte ich die plötzliche Eingebung, ein kleines harmloses Experiment zu wagen. Im Wesentlichen war es eine natürliche Situation, nur hat man selten Gelegenheit, sie zu beobachten. Ich setzte das elternlose Katzenbaby allein in einen Käfig und ließ die Käfigtür offen. Die Tür des Käfigs mit der Katzenmutter und ihren Jungen ließ ich ebenfalls offen. Dann verzog ich mich in eine Ecke des Raums und wartete. Das einsame Katzenbaby ließ auch bald das charakteristische Fiepen vernehmen, um die notwendige Zuwendung zu erhalten. Genauso verhält es sich mit dem Weinen des Säuglings, mit dem er die Mutter in seine Nähe rufen will.

Die junge Katzenmutter schien unterdessen ganz entspannt und zufrieden zu sein. Sie säugte drei ihrer fünf Kinder und streckte zum Zeichen des Wohlbefindens die Pfoten aus. Beim Fiepen des Katzenjungen aus dem Käfig nebenan hob sie plötzlich den Kopf und schaute erst eindringlich, dann unruhig nacheinander jedes der eigenen Jungen an. Hätte sie es nur einmal getan, hätte ich daran gezweifelt, aber da sie es mehrmals tat, lege ich meine Hand dafür ins Feuer, dass sie ihre Jungen gezählt hat. Selbstverständlich fehlte keines, aber trotzdem fiepte da ein Katzenbaby ganz in der Nähe. Verunsichert erhob sie sich und streckte den Kopf aus dem Käfig, sie schnupperte und näherte sich dann mit größter Behutsamkeit der Stelle, von wo das Fiepen kam. Sie blickte zurück zu ihren Kindern, die ihrerseits unruhig wurden, und kehrte zu ihnen zurück. Doch das Fiepen hörte nicht auf, und so machte sie sich erneut auf den Weg in den Nachbarkäfig. Sie hat das fremde Kätzchen mehrmals abgeschnuppert, vermutlich ohne daraus schlau zu werden. Aber schon beim ersten Kontakt wurden die klagenden Tierlaute schwächer und verstummten bald ganz. Der Geruch des fremden Kätzchens hat nichts in ihr ausgelöst, deshalb kehrte sie in ihren Käfig zurück, ohne indes ihre Ruhe wiederzufinden. Ihre Ohren bewegten sich unablässig. Sie schnupperte an ihren eigenen Jungen, während nebenan das Fiepen erneut begann. Plötzlich erhob sie sich, ging zu dem fremden Kätzchen, leckte es ab, packte es am Genick und trug es in ihren Käfig.

Man könnte einwenden, meine Beobachtung spräche nicht gerade für eine sehr individuelle Bindung. Ich habe jedoch daraus geschlossen, dass die Liebe zwar zu zählen versteht, aber nicht aus egoistischen Gründen. Die Katze »wusste«, dass die einzige Überlebenschance für das kleine Katzenjunge darin bestand, ein Bezugswesen zu finden, das sich um es kümmerte. Ein lebendiges Wesen kann sich nicht in der Distanz entwickeln.

Je mehr Erfahrung Mütter haben, desto leichter lösen sie sich von biologischen Zwängen. Es ist bekannt, dass man einer Ziege, die zum ersten Mal geboren hat, kein fremdes Zicklein unterschieben kann, es sei denn, man bedeckt das Neugeborene mit dem Mutterkuchen dieser Ziege. Haben Ziegen aber schon mehrmals geboren, dann folgen sie nicht der strengen Notwendigkeit der biologischen Bindung, sondern sie säugen gern auch solche Tiere, die nicht zum eigenen Nachwuchs gehören. Es scheint so, als habe das Muttertier in den vielen mit den Kleinen verbrachten Wochen gelernt, dass auch für sie als Schutz und Geborgenheit Bietende eine emotionale Belohnung in der Beziehung liegt. Dieser Aspekt der Beziehung ist meines Wissens noch nicht wissenschaftlich untersucht worden. Freude ist immer schwieriger nachzuweisen und zu messen als Leid. Damit dieser positive Effekt überhaupt Gegenstand der Beobachtung werden kann, muss die Hypothese erst einmal aufgestellt werden.

Die Bindung entsteht nicht sofort, und deshalb sind wir zunächst auf Vermutungen angewiesen. Liegt es daran, dass die Geburt bei allen Lebewesen, auch bei der Frau, sogar heute noch ein mit Risiken beladener Vorgang ist, weshalb dem Neugeborenen wie auch der Mutter eine Zeitspanne fürs reine Überleben gelassen werden muss, ehe man eine Bindung eingeht?

Bei unseren Haustierarten erschweren die natürliche Blindheit und Taubheit der Neugeborenen die Aufgabe, eine Bindung einzugehen, auch wenn Tast- und Geruchssinn schon die Konturen der beruhigenden Beziehungsfigur wiedergeben. Dieser Mechanismus ist so wichtig für den Schutz des Neugeborenen, dass es wie gesagt nicht sinnvoll wäre, nur einen Kanal zur Reizübertragung zu nutzen. Die Bindungsfigur setzt sich zum Beispiel beim Hund aus folgenden Sinnesreizen zusammen, und zwar in genau der Reihenfolge: aus Geschmacks- und Geruchsreizen, aus Lauten und erst zum Schluss aus Bildern. Defizite in der Sinneswahrnehmung werden so kompensiert, und man darf annehmen, dass die Bindungsfigur umso beruhigender wirkt, je kohärenter die Sinnesdaten zusammenspielen.

Da es seine Zeit braucht, bis das Erkennungsbild für das Tierjunge feststeht, kann für den Fall, dass die Mutter während oder kurz nach der Geburt stirbt oder fortbleibt, ein Ersatzwesen die

Funktion übernehmen. Das gesamte Gefühlsgleichgewicht wird auf dieser Bindung ruhen. Das sichere Erkennen der Bindungsfigur, die als zuverlässige Basis für das Neugeborene dienen wird, ist daher von großer Wichtigkeit. Bei Alarm wird dieser Mechanismus ausgelöst, für den alle Sinneskanäle aktiviert werden, um möglichst rasch die Figur wiederzufinden, die das Gefühl der Geborgenheit gibt und Schutz bietet. Die sichere Basis ist nie so stark gefordert, wie wenn wir in der Ferne sind. Da ich für meine Arbeit sehr häufig Hunderte oder gar Tausende von Kilometern zurücklegen muss, ist auch mir die Gewissheit wichtig, dass ich ein Zuhause habe, das mir Geborgenheit spendet, sozusagen mein Nest ...

Die Bindung verschafft beiden Partnern das Gefühl der Freude und gibt darüber hinaus ein dauerhaftes Empfinden von Sicherheit. Vor diesem Hintergrund ist dann auch das Fernsein möglich.

Wenn du mich liebst, kann ich mich entfernen

Darin liegt das subtile Paradoxon der Bindung. Da die Liebe in ihren Anfängen aber anders geartet ist, fällt vielen Paaren der Übergang von der leidenschaftlichen zur partnerschaftlichen Liebe so schwer. Doch davon später!

Die Bindung hat die vorhersehbare Folge und sicherlich auch den Zweck, dem Tierjungen zur Selbstständigkeit zu verhelfen, indem sie ihm das Gefühl der Sicherheit gibt. Allen, die sich in ihrem Kokon entfalten, schenkt es die Gewissheit, dass es irgendwo jemanden gibt, der sie vor allem Schlimmen schützt.

Wie schon das Motto von Frances Cornford nahelegt, folgt daraus, dass die Beziehung für beide Partner eine je andere Gestalt hat. Für die Mutter oder die Bindungsfigur, die die elterliche Rolle einnimmt, heißt das, da zu sein, verlässlich zu sein und auf die Bedürfnisse des Jungen einzugehen. Für das Junge bietet die Bindung einen Rahmen, in dem es die Welt erforschen kann, anfangs in der Zweisamkeit (Dyade) mit der Mutter, die für das Junge die Welt bedeutet. Später wird es entdecken, dass es darüber hinaus eine Außenwelt gibt, in der es sich einen Platz erobern kann beziehungsweise muss. Dazu ist es erforderlich, sich selbst ein Bild zu machen, Erfahrungen zu sammeln und Risiken einzugehen. Das kann es nur, wenn es die Möglichkeit hat, sich bei Gefahr wieder zu der Mutter zu flüchten, die Schutz gewährt. Die Bindung schafft Nähe und lässt eine gewisse Distanz zu. Anhand der Signale, die beide Partner der Beziehung aussenden, können sie sich aufeinander einstellen. Je gefestigter die Bindung ist, desto weiter kann das Junge in der Erkundung der äußeren Welt gehen.

Die Delfine demonstrieren uns das am besten. Sie wachsen innerhalb komplexer Gemeinschaften heran, welche wenig mit den romantischen Klischees zu tun haben, die uns vielfach vermittelt werden. Die Delfinjungen entwickeln sich in der Bindung an die Mutter. Wie diese Bindung beschaffen ist, bestimmt die Zukunft des Jungen: Ist es so gebunden, dass es sich nicht zu entfernen traut, nimmt es wenig an den Spielen der anderen teil und wird nur schwer seinen Platz in der Gruppe (»Schule«) erobern. Ist es nicht hinreichend gebunden und entfernt es sich zu weit, besteht zum Beispiel die große Gefahr, von einem Hai angegriffen und getötet zu werden.

Bei den Delfinen ist das Phänomen besonders deutlich, aber auch bei Hunden und Menschen stellt sich die gleiche Frage nach dem Gleichgewicht von Nähe und Distanz. Das kann krankhafte Ausmaße annehmen, und wir werden ein ganzes Kapitel den Störungen widmen. Aber auch wenn man sich auf die Physiologie beschränkt, kann man eine große Zahl unterschiedlicher Verhaltensweisen beobachten, die durch die Suche nach dem Gleichgewicht zwischen Beschützen und Entdecken bestimmt sind.

Hunde, die ihre Bindung an den Hundehalter kaum verlassen können, entwickeln nur mäßige soziale Fähigkeiten. Diejenigen, die ihre Umgebung erkunden, haben hingegen bessere Kontaktfähigkeiten, aber sie gehen auch höhere Risiken ein. Innerhalb einer Population muss es Abenteurer und Vorsichtige geben, aber das individuelle Leben ist dabei jeweils ganz unterschiedlich.

Typischerweise ist also die Mutter die Bezugsfigur. Sie ist im Augenblick der Geburt präsent, und sie bleibt mit ihrem Jungen in aller Regel so lange in Verbindung, wie es den Schutz braucht. Freilich gibt es je nach Tierart eine Vielfalt von Bindungsverhaltensweisen. Und wir müssen auch an dieser Stelle noch einmal betonen, dass wir weder in Anthropomorphismus verfallen wollen noch voreilig Verhalten, das spezifisch menschlich ist, auf unsere Haustiere projizieren möchten.

Alle sind gebunden, aber keine zwei auf die gleiche Weise

Die Bindung ist ein gewöhnlicher, universeller und gleichartiger Vorgang: Sehr viele Arten wenden sie nach einem bekannten und unwandelbaren Schema an, aber jedes Lebewesen wird sie auf seine Weise ausgestalten. Oder umgekehrt formuliert: Menschen und manche Tiere binden sich jeder auf seine Weise, aber mit einem Mechanismus, der allen zur Verfügung steht.

Wir könnten zum Vergleich auf Mobiltelefone respektive Smartphones verweisen, an die wir uns umso fester »binden«, je persönlicher wir sie für uns eingerichtet haben. Alle benutzen das gleiche Gerät, aber jeder hat seinen persönlichen Apparat! Jeder hat ihn nach seinem Geschmack und seinen Vorlieben gestaltet und so aus einem gängigen Kommunikations-Tool ein Attribut seiner Persönlichkeit gemacht.

Oder wir beziehen uns auf die französische Schriftstellerin, Varietékünstlerin und Journalistin Colette (1873–1954), die meinte, man müsse wie kein anderer schreiben mit den Wörtern, die allen gehören.

Erweisen wir dem britischen Kinderarzt und Pionier der Bindungsforschung John Bowlby (1907–1990) die Ehre, die ihm gebührt, und übernehmen wir seine Auffassung vom Zweck der Bindung. Diese besteht in erster Linie darin, den Jungen einen Schutz vor Raubtieren zu bieten. Die Art, die Anzahl der Jungen in einem Wurf, die Dauer der Tragzeit, die Feindlichkeit des Milieus, die Natur der Umwelt und selbstverständlich die individuellen Züge der Protagonisten bilden zusammen ein Bündel von Faktoren, die in ihrem Zusammenspiel die zahlreichen Bindungstypen hervorbringen, die wir beobachten können. Manche Tierarten scheinen uns Menschen besonders nahe zu sein. Ihre Art und Weise, sich zu binden und Liebe zu zeigen – man muss dieses Wort hier gebrauchen –, wirken auf uns vertraut, und wir verwenden viel Zeit, sie zu verstehen. Ohne eine einschränkende Definition der Bindung geben zu wollen, möchte ich auf die einfache Wahrheit hinweisen, dass wir mit vielen Tierarten die Fähigkeit gemein haben, die Sicherheit und das Wohlergehen eines anderen für höher als unsere eigene Sicherheit und Bequemlichkeit zu erachten. Diese altruistische Strebung hat ihre Wurzeln in der biologischen Notwendigkeit, das Überleben der Art zu sichern, aber darüber hinaus belohnt es die Beteiligten mit der Freude und dem Glück zu lieben. Wenn das Leben dieses Wesens in unseren Augen mehr wiegt als unser eigenes, so deshalb, weil es sich an uns gebunden hat und wir uns an das Wesen.

Wo können wir die Grenze ziehen? Wann werden wir von »Bindung« sprechen, und wann müssen wir uns mit Begriffen wie »Schutz« oder »Brutpflege« begnügen? Erstens müssen zur Bindung zwei Akteure beteiligt sein. Zweitens gehört dazu die tiefe innere Unruhe, die immer dann ausgelöst wird, wenn die

Bindung in wirkliche oder nur vermeintliche Gefahr gerät. Drittes Kriterium ist die schon erwähnte gemeinsame Freude, die aus der Bindung erwächst und für die es keine objektiven Beobachtungsinstrumente gibt. Hier ist noch Kreativität gefordert, und solange die Parameter fehlen, müssen wir uns eingehend mit den Aussagen all jener befassen, die von solchen Momenten berichten. Eine Reihe von Anekdoten ist kein wissenschaftlicher Beweis, aber sie kann den Anstoß für weiteres Nachdenken liefern.

So spricht beispielsweise eine achtzigjährige Dame im Fernsehen[3] von der Wichtigkeit, die ihr Hund für sie habe. Sie spüre deutlich die Gewissheit, dass sie auch für den Hund wichtig sei: »Er braucht mich, das ist sicher!« Der Hund sitzt ihr zu Füßen, die Augen halb geschlossen, ihre Hand auf seinem Kopf. Er wirkt zufrieden, sie ist froh, jeder scheint auf seine Weise glücklich zu sein. Was bedarf es da weiterer Beweise? Sicher, er ist ängstlich und verrät damit, dass er früher schon einmal ausgesetzt wurde. Doch beide sind eine Bindung eingegangen, und zwar eine, die dem Leben wieder »Geschmack« gibt, wie wir es alle kennen: zum Beispiel den von süßem Gebäck oder Zuckerwatte – oder aber den Klang des Lachens unseres Bruders, das Geräusch der Wellen, die sich seinerzeit am Strand brachen, den Geruch der Rückbank im Familienauto, auf der wir bei der Heimfahrt vom Besuch der Großeltern immer eingeschlafen sind, oder auch den des Hundes, der sich dann stets an uns kuschelte.

Aufschlussreich ist die Vielfalt, in der sich die Bindung präsentiert. Nach den vielen tausend Beispielen, deren Zeuge ich werden durfte, kann ich sicher sagen, dass es Bindung, ja, dass es Liebe zwischen Hunden und Menschen gibt. Das Falsche daran sind aber nicht die Begriffe an sich, sondern ihre grammatische Einzahl. Gemeinsam ist in allen solchen »Zweierbeziehungen« zwar, dass die »Partner« aneinander gebunden sind, aber kein Mensch und auch kein Hund ist es auf die gleiche Weise. Die

Einzigartigkeit macht den Wert aus, unabhängig von der Schönheit und bisweilen sogar von der Zuträglichkeit des Verhaltens.

Für unsere Politiker war es eine Entdeckung. Aus öffentlichen Debatten zum Thema »Tier und Gesellschaft« sollte eine Charta des Tieres hervorgehen. Damit hätte man die Grundlage für ein neues Verhältnis zu den Tieren schaffen können. Doch der Berg hatte gekreißt, und ein lächerliches Mäuslein wurde geboren. Bezeichnend hierfür war der Augenblick, als alle an der Debatte Beteiligten sich darauf verständigten, wieder für den Hund als Gefährten des Menschen zu werben. Das Image des Hundes war durch Gesetze, die den Umgang mit gefährlichen und verwahrlosten Exemplaren dieser Spezies regeln, stark ramponiert worden. Jetzt sprachen alle wieder vom »guten Hund«, doch als es darum ging, seine Merkmale zu nennen, hatte jeder eine andere Vorstellung. Die Vertreter der Tierschutzvereine berichteten, dass Personen, die Hunde beispielsweise aus Tierheimen adoptieren wollten, durchaus nicht verlangten, ihre Schützlinge müssten jung und schön sein; und die Tierärzte bestätigten, dass Krankheit die Beziehung zwischen Mensch und Tier eher verstärkt als schwächt.

Behaupten wir also, dass Bindung Freude bringt und dass sie nicht von landläufig akzeptierten äußeren Vorzügen oder der Gesundheit abhängt. Schauen wir dann, bei welchen Arten wir die Verbindung von biologischer Notwendigkeit und individuellem Wohlgefühl finden.

Wir könnten jetzt die Grenzlinie ziehen, wo die Bindung ihren Platz in der Natur hat, die Anerkennung durch den anderen, seine Wertschätzung als unverwechselbares Wesen. Es gibt so viele Belege für die Bindung sowohl innerhalb der einzelnen Tierarten als auch zwischen diesen Arten und den Menschen, dass es mir nicht sinnvoll erscheint, über fragwürdige Beispiele zu diskutieren. Hat die Krokodilmutter, die ihre Jungen schützend im Maul trägt, einen Hauch von Bewusstsein von dem, was sie da tut? Ich weiß es nicht. Nur wenige würden das behaupten. Aber im Namen des vom englischen Zoologen und Psychologen Conwy Lloyd Morgan (1852–1936) aufgestellten Grundsatzes, wonach in einem Verhalten nicht eine höhere Funktion gesehen werden soll, wenn auch eine niedere Funktion zur Erklärung hinreicht, werden strenge Wissenschaftler, die dem Leben so gut wie nur auf dem Labortisch begegnen, sicherlich sagen, dies sei nicht der Fall. Auch wenn Krokodilmütter auf die herzerweichenden Laute ihrer Jungen reagieren mögen, auch wenn Forscher beobachtet haben, dass Krokodilväter in freier Wildbahn das Nest mit der Brut verteidigen, also auch wenn all diese Beispiele an ein Verhalten erinnern, das wir von anderen Tierarten und von uns Menschen kennen, möchte ich doch nicht so weit gehen, Krokodile als Muster für Bindungsverhalten herauszustellen.

Die Prägung der Vögel und die Liebe der Papageien

Üblicherweise unterscheidet man die Prägung, die das Leben der Vögel bestimmt, vom Bindungsverhalten der Säugetiere. Beide Verhaltensformen erfüllen mehr oder weniger die gleichen Funktionen: Dank ihnen erkennt das schutzbedürftige Tierjunge das Wesen, welches ihm das Überleben sichert. Soweit wir wissen, fehlt bei den Vögeln der zeitliche Spielraum, der aus der Bindung eine individuelle Geschichte macht. Doch das hängt von den einzelnen Vogelarten ab.

Man kennt die berühmte Anekdote über die Graugänse des Konrad Lorenz (1903–1989). Der renommierte Zoologe und Verhaltensforscher hatte sich bei der Beobachtung einer Gänsebrut, die erst wenige Stunden zuvor geschlüpft war, auf seinem Beobachtungsposten bewegt. Für einen Verhaltensforscher, dessen Grundsatz lautet, tierisches Verhalten zu beobachten, ohne einzugreifen, galt dies zweifellos als ein Fehler. Doch es gibt Fehler, die wissenschaftlich fruchtbarer sind als jahrelange strenge Methodik. Der Fall Lorenz zeigt ebenso, wie wichtig die Spontaneität in der Forschung ist, auch wenn das nicht die Hauptsache ist. Ohne diesen methodischen Fehler hätte er nie entdeckt, dass es eine kritische Zeitspanne gibt, während der die Gänseküken ihre Prägung auf die erstbeste bewegliche Figur erhalten. Lorenz bewegte sich, und seine Gänseküken hatten keine andere Wahl, als ihm zu folgen. Bei den Entenvögeln liegt diese kritische Phase zwischen der dreizehnten und sechzehnten Stunde nach dem Schlüpfen. Das hat die Forscher auf merkwürdige Ideen gebracht. Sie haben Gänseküken auf alle möglichen anderen Tiere geprägt, obendrein auch auf Fernsehapparate und Kegelkugeln. Da die Prägung nicht nur über die Figur entscheidet, denen die Gänseküken folgen, sondern auch über den Geschlechtspartner für die Paarung, dürfte das den Gänsen in ihrem weiteren Leben einige Probleme verursacht haben, wenn sie auf der Suche nach der passenden Kugel waren ...

Die Prägung zeichnet sich also durch die sehr kurze kritische Phase und durch die Unwandelbarkeit aus. Heute wird die Unwandelbarkeit der Prägung manchmal infrage gestellt. Auch wird auf die Bedeutung einer notwendigen Verstärkung hingewiesen, wenn die Bindung zwischen der brutpflegenden Figur und den Küken dauerhaft sein soll.

Wir Tierärzte haben es hin und wieder auch mit Papageien zu tun. An diesen ganz außerordentlichen Vögeln habe ich schon ein erstaunliches Bindungsverhalten beobachten können. Als ich einmal wegen eines hyperaktiven Pudels einen Hausbesuch machte, wurde ich von einem Papagei angesprochen. Die Dame des Hauses war darüber gar nicht verwundert. Wenn der Vogel nicht im Mittelpunkt der Aufmerksamkeit stehe, dann protestiere er. Sie erzählte mir hierzu mehrere Anekdoten. Sie heiße Coré, und der Papagei habe sich ihren Namen angeeignet: Ob er von ihr oder von sich spreche, er spreche immer von Coré. Ich sehe in dieser Verschmelzung ein Zeichen der Bindung. Nach Bowlby besteht das Prinzip darin, einen geringen Abstand zwischen den Beteiligten zu wahren. Wenn der Abstand noch geringer wird, ist die Verschmelzung möglich. Zwischen dem Papagei Coré und der Dame Coré haben sich Rituale herausgebildet, die beiden Freude und Befriedigung bereiten, und das sollte eigentlich genügen, um von Bindung zu sprechen.

Strenge Wissenschaftler wollen aber weitere Beweise sehen, daher erzählen wir folgende Geschichte. Eines Nachts ist die Dame Coré krank. Sie schlurft zur Toilette. Auf dem Rückweg hört sie, wie eine Stimme sie mit besorgtem Ton fragt: »Geht's gut? Geht's Coré gut?« Gerührt über das Mitgefühl ihres Ehemannes kehrt sie ins Schlafzimmer zurück, wo sie ihren Mann schlafend vorfindet ... Wieder hört sie die Stimme: »Geht's gut, geht's Coré gut?« Jetzt versteht sie, dass sich der Papagei nach ihrem Befinden erkundigt. Sie tritt an seinen Käfig, der Vogel ist wirklich unruhig. Die Dame Coré streckt die Finger einer Hand durch die Käfigstäbe, und der Papagei Coré nähert sich, greift vorsichtig mit dem Schnabel nach den Fingern und macht dazu zärtliche Laute. Dame und Vogel können daraufhin ihre Nachtruhe fortsetzen.

Definitionsmerkmale

Es gibt viele Definitionen der Bindung. Die erste stammt von Bowlby, der die Bindung als ein Verhalten beschreibt, dessen biologische Funktion im Schutz vor Raubtieren liegt. Dies zeige sich vorrangig und dauerhaft in der Tendenz, die Nähe eines ganz bestimmten Wesens (gewöhnlich ist es die Mutter) zu suchen.

Die Wissenschaftler, die nach ihm die Relevanz dieses Begriffs für verschiedene Tierarten nachgewiesen haben, verwenden unter anderem die Definitionsmerkmale des Psychologen David J. Gubernick. Auch dieser hat über die Bindung geforscht:

1. die Vorliebe für ein bestimmtes Einzelwesen,
2. die Suche nach der Nähe dieses Wesens,
3. die Reaktion auf eine kurze Trennung,
4. die Reaktion auf eine lange Trennung von dieser »vermeintlichen« Bezugsfigur,
5. die Reaktion auf die Wiedervereinigung und
6. der Effekt der »sicheren Basis«, die von der Bezugsfigur ausgeht.

Über die kognitiven Fähigkeiten der Papageien wird heute viel geforscht, und niemand vertritt mehr die Auffassung, dass es sich bei ihnen lediglich um dummes Nachplappern handele. Aber davon abgesehen liefert die Anekdote insofern einen weiteren Beleg für die Bindung zwischen zwei Arten von Lebewesen, als hier ein wichtiges Definitionsmerkmal erfüllt ist, das auf Bowlby selbst zurückgeht: Alarmsituationen lösen Bindungsverhalten aus.

Auch in unser Leben hat ein Papagei Einzug gehalten, ein junges Weibchen, das zurzeit sieben Monate alt ist. Salsa hat als Bezugsfigur meine Frau ausgewählt, und diese Bindung erwies sich sehr rasch als wechselseitig.

Romantischer und nicht so wissenschaftlich könnte ich sogar sagen, dass es auf den ersten Blick geschah. Bei dem Züchter, zu dem wir gekommen waren, schauten wir uns gerade Bague bleue an, den Graupapagei aus Gabun, der für uns bestimmt war. Bague bleue teilte sich den Käfig mit Bague blanche, ebenfalls ein Weibchen und auch sie bereits für einen Kunden reserviert. Die beiden Papageien saßen auf dem Dach ihres Käfigs und konnten sich uns nähern, wenn sie das wollten. Während Bague bleue misstrauisch und ängstlich wirkte, ist Bague blanche näher zu meiner Frau gerückt und hat eine ganze Reihe possierlicher Stellungen eingenommen. Nach einer halben Stunde musste dem

Vogel die Freiheit wiedergegeben werden, aber beiden »Freundinnen« schien der Abschied schwerzufallen. Eine Bindung hatte sich hergestellt, aber leider war es nicht der richtige Vogel. Ich wusste um die Bedeutung dieses unsichtbaren, aber spürbaren Bandes, das die Grundlage einer guten Beziehung zwischen Mensch und Tier bildet. Also rief ich tags darauf beim Züchter an und fragte, ob ein Tausch noch möglich sei. »Ich habe auch gemerkt, dass sich da etwas entwickelte«, sagte er zu mir, und wenige Tage später ist Bague blanche zu uns ins Haus gekommen. Würde sich die Verbindung wiederherstellen? Mehr als das. Nach weniger als einer Woche war klar, dass die Beziehung zwischen Salsa – so nannten wir sie nun – und ihrem neuen Frauchen alle Merkmale einer echten Bindung aufwies.

Das war beeindruckend: Das junge Papageienweibchen zeigte das Bettelverhalten, mit dem der Fütterungsreflex bei den Eltern ausgelöst wird. Salsa suchte die Nähe zu ihrer Bezugsfigur und machte sogar ungeschickte Flugversuche, um sie zu erreichen. Sie stieß Klagelaute aus, sobald das neue Frauchen den Raum verließ, und wieder andere Laute, wenn es wiederkam.

Sehr bald erkannte Salsa auch das Geräusch des heimkommenden Autos und pfiff fröhlich, bevor die betreffende Person überhaupt erschien. Wenn sie mit ihrem Frauchen war, ließ sie sich auch auf neue Situationen ein, die für sie normalerweise beunruhigend waren – seien es die ersten Ausflüge in den Garten, wobei sie angespannt auf der Schulter meiner Frau saß und die ganze Zeit rumorte, oder die ersten Duschen mit dem Sprüher oder unter dem Strahl des Brausekopfes. Daraus kann man schließen, dass sich auch unter Berücksichtigung der anspruchsvollsten Kriterien eine Bindung geknüpft hat.

Doch das gibt kein vollständiges Bild, solange das Vergnügen nicht beschrieben ist: das des Wiedersehens am Morgen, am Abend und manchmal auch am Mittag sowie das des kommunikativen Austauschs, bei dem es zu ganz eigentümlichen Lautäußerungen und zu zärtlichen Kontakten mit dem Schnabel kommt. Die Beziehung wurde so innig, dass die kritischen Bemerkungen der Kinder und der Mutter nicht auf sich warten ließen: Alles drehe sich nur noch um den Papagei.

Dank Forschungsarbeiten der amerikanischen Wissenschaftlerin Irene Pepperberg schreibt man den Papageien heute kognitive Fähigkeiten zu, die im besten Fall mit denen eines fünf- bis sechsjährigen Kindes vergleichbar sind. Dies führt uns zu der Frage, ob die Komplexität der Bindungen an den Intellekt gebunden ist. Steigt die Verfeinerung der affektiven Bindung mit der Höhe der Intelligenz?

Wegen der fehlenden Willensfreiheit (oder gerade weil sie fehlt) erzählen uns die Vögel noch andere Liebesgeschichten, und wir werden bei unserem Spaziergang durch das Land der Bindung immer wieder auf sie zurückkommen. Doch zugleich steigt auch der Zweifel in uns auf. Wir sind ja gelehrt worden, die Prägung stelle einen Automatismus dar. Die Verhaltensmediziner und die Ethologen sehen darin ein Instinktverhalten ohne jede Gefühlskomponente.

Sollte das Band, das die Tierjungen mit den Eltern verbindet, und die hingebungsvolle Pflege, die die Eltern ihrem Nachwuchs angedeihen lassen, ohne eine Spur von Gefühl bestehen? Sollte die Gemeinschaft ohne jede Freude sein?

Wir haben aus den Experimenten mit der Kegelkugel entnehmen können, dass der zeitliche Determinismus der Prägung sehr strikt ist. Gibt uns das auch Hinweise darauf, wie diese Prägung verstärkt oder aufrechterhalten werden kann?

Selbst bei den Vögeln, auch bei den begabtesten unter ihnen, gibt es zwar nur wenig Spielraum, aber bei den Entenvögeln in freier Natur ist das Risiko gering, dass zwischen der dreizehnten und sechzehnten Stunde nach dem Schlüpfen der Jungen ein anderes Wesen als die Mutter oder der Vater erscheint. Daher kann man leicht feststellen, was das entsprechende Verhalten der Jungen auslöst, wie zum Beispiel der rote Punkt auf dem Schnabel der Möwe oder die Nachahmung des Gesangs. Damit macht man die Tiere zu Lebewesen, die durch ihre Gene und ihre Umwelt vollständig determiniert werden. Den Anteil der individuellen Erfahrung veranschlagt man als sehr gering. Umgekehrt machen wir viel Aufhebens von unserer Freiheit des Wählens und Liebens, obwohl auch wir einer Prägung ausgesetzt sind, die nicht so unerbittlich abläuft, aber dennoch unseren Handlungsspielraum einschränkt.

Neueste Forschungen haben aufregende Tatsachen ans Licht gebracht: Die Eltern der Papageien sollen jedem ihrer Kleinen einen eigenen Namen geben! Für alle, die mit diesen außergewöhnlichen Tieren ständig Umgang pflegen, mag das nicht so verwunderlich sein, aber was für ein Umdenken verlangt das von jenen, für die Tiere lediglich so etwas wie Automaten sind? Im Rahmen der Forschungen für seine Doktorarbeit hat ein Student an der Cornell-Universität nämlich gezeigt, dass die Papageieneltern für jedes geschlüpfte Junge eine spezifische Lautabbreviatur entwickeln, die Jungen diesen »Namen« lernen und ihn ihr Leben lang benutzen.

Das Nennen ist kein Synonym für Bindung, aber individuell erkannt zu werden gehört zu den Grundlagen einer echten Gefühlsbindung.

Wir haben gesehen, dass die Definitionskriterien für eine »echte« Bindung, die zwischen Papageien (oder zwischen einem Papagei und seinem Halter) besteht, nun erfüllt scheinen, aber zweifellos wird das nicht jedem genügen. Ich begnüge mich damit, meine Umwelt zu beobachten, ohne immer gleich definitorische Grenzlinien zu ziehen. Ich interessiere mich für das, was Tiere und Menschen gemeinsam haben.

Säugetiere stehen uns allerdings näher als Vögel, die Ähnlichkeiten zwischen uns sind frappierender. Die Beziehungen, die sie mit der menschlichen Gattung verbinden, sind kaum zu überschauen.

Die Störungen, die aus der Bindung des Hundes an den Menschen entstehen können, waren der Ausgangspunkt dieses Buches.

Im fliegenden Galopp verbunden

Schon lange, bevor Steven Spielbergs Film »Gefährten« in die Kinos kam, hat es in der Literatur und auf der Leinwand Geschichten über die Bindung von Mensch und Pferd gegeben – in diesem Fall zögert man nicht, von Liebe zu sprechen. Bevor wir uns diesen bewegenden Geschichten zwischen Mensch und Pferd zuwenden, schauen wir zunächst, was sich zwischen der Stute und ihrem Fohlen abspielt.

Hinsichtlich Entwicklung und Bindung gilt es auch bei den Säugetieren, zwischen Nesthockern und Nestflüchtern zu unterscheiden. Die meisten Pflanzenfresser sind Nestflüchter. Die Jungen müssen den erwachsenen Tieren bei ihren Wanderungen folgen, weil kein schützendes »Nest« vorhanden ist. Kaum geboren, müssen Fohlen schon Selbstständigkeit entwickeln. Und man muss kein Pferdeliebhaber sein, um gerührt zu sein vom Anblick dieser noch ungeschickten Versuche des Fohlens, auf seinen Beinen zu stehen.

Es ist eine Frage des Überlebens. Die Pferdemutter kann ihr Junges nicht in den Arm nehmen. Trotz ihrer Größe und der Tatsache, dass sie mit den Hufen Schläge austeilen können, sind Pferde Fluchttiere. In den ersten Tagen nach der Geburt des Jungen steht die Pferdemutter bei Gefahr hilflos da. Sie kann das Füllen nicht an der Hand fassen, sie kann es nicht im Maul tragen wie die Krokodilmutter, sie kann es nicht huckepack nehmen wie eine Schimpansin, auch fehlt ihr ein Bau oder Lager, das sie wie die Löwinnen, Tigerinnen und alle anderen Raubtiermütter verteidigen könnte. So bleibt ihr nur ein Mittel: zu flüchten in der Hoffnung, dass das Fohlen ihr folgen kann und nicht dem Angreifer zur Beute wird. Dazu aber muss das Fohlen seine Mutter sehr schnell und zuverlässig erkennen. Ferner muss jede Alarmsituation ein Bindungsverhalten auslösen; das heißt, nach Bowlbys Definition bleiben Mutter und Junges stets eng beisammen.

Man versteht, warum in der Geschichte der Wissenschaften zuerst die negativen Situationen zur Entdeckung des Phänomens der Bindung geführt haben. Die Trennung, also die Alarmsituation, löst die Suche nach Nähe aus, und dann kann beobachtet werden, wie ein Verhaltensmechanismus abläuft. Wenn die Gefahr vorüber ist, wird die Bindungsfigur wieder zur sicheren Basis, von der sich das Junge entfernen kann und muss. Dass aber auch hier eine Bindung besteht, ist nicht unmittelbar zu erkennen.

Deshalb ist es auch schwieriger, die Freude nachzuweisen, die Mutter und Junges empfinden, wenn sie nur wenige Meter voneinander friedlich grasen. Sobald beide koordiniert die Flucht antreten, ist die Bindung hingegen leichter zu erkennen. Die Jungen der Nestflüchter liefern klare Belege. Wenn eine Prägung stattgefunden hat, wird das Junge ein vorhersehbares Verhalten an den Tag legen, welches zur Folge hat, dass entweder die Mutter in seine Nähe zurückkommt oder dass es selbst die Nähe der Mutter sucht. Bei Trennung von der Mutter wird das Fohlen Klagelaute ausstoßen, die seine Mutter alarmieren. Bei allen Arten, die solche Klagelaute hervorbringen können, besteht eine Übereinstimmung zwischen den Lauten der Mutter und des Jungen, eine nur für diese Entwicklungsphase typische Kommunikation, die das Wiedererkennen erleichtert.

In einem Sommer habe ich einmal eine Wanderung zum Gipfel des Roc d'Enfer gemacht. Bergsteigen kann man das nicht nennen, aber auf dem letzten Stück vor dem Gipfel häufen sich die Warnschilder, die auf Gefahren verweisen, was zu einer angespannten Stimmung in unserer Wandergruppe führte. Plötzlich hörten wir ein Lämmchen ganz herzzerreißend um Hilfe rufen. Im Morgennebel und auf dieser Höhe war das ungewöhnlich, doch gab es hier frei gehaltene Schafherden, und dieses Junge musste sich wohl verirrt haben. Wir überlegten schon, was wir zu seiner Rettung tun könnten, als ein Schafsblöken in einer tieferen Tonlage auf die Hilferufe antwortete. Das Junge hatte durch ganz spezifische Laute seine Mutter herbeigerufen. Wir befanden uns zwischen den beiden Tieren, und nun hatte das Mutterschaf es vorgezogen, die Gruppe zu umwandern und dabei immer lauter und inständiger zu blöken. Wir wissen ja, dass wir uns vor Anthropomorphismen hüten sollen, sonst hätten wir ohne Mühe die Bedeutung dieser Tierlaute übersetzen können: »Entschuldige bitte, doch da sind uns Leute in die Quere gekommen. Ich mache einen Umweg, aber keine Sorge, ich bin gleich bei dir!« Nach wenigen Minuten hatte die Mutter ihr Junges wieder erreicht. Das Junge hat sich mit wackelndem Schwänzchen an die Mutter geschmiegt und gleich zu saugen begonnen. Nun war es wieder beruhigt, und auch die Mutter gab keinen Laut mehr von sich. Darin besteht die Bindung: bei aufkommender Angst um Hilfe rufen und sicher sein können, dass jemand kommt!

Bindung und Solidarität

Wenn Sie von Natur aus skeptisch sind und sich fragen, wie das Fluchtverhalten der Pflanzenfresser mit elterlicher Bindung und Solidarität zusammenpassen soll, dann schauen Sie sich doch einmal den im Krüger-Nationalpark gedrehten Film »Battle at Kruger« an. Dass das Büffeljunge von seinen flüchtenden Eltern in den Fängen der Löwinnen gelassen wird, ist traurig anzusehen, wird aber als normal akzeptiert. Dass aber die ganze Büffelherde zurückkommt, das Junge aufnimmt und die Löwinnen vertreibt, ist ein eindeutiger Beleg für die Komplexität der Bindung. Doch wenn Sie möchten, überzeugen Sie sich selbst, der Film hält noch weitere Überraschungen bereit …

Auch bei den Menschen helfen Klagelaute mit, eine Bindung aufzubauen. Als Antwort auf das Wimmern des Kindes benutzen die Mütter die Ammensprache, von den Angelsachsen *motherese* genannt. Diese Sprachvarietät zeichnet sich durch übertriebene Intonation aus, was die Kleinkinder zum Lachen bringt. Eltern kennen diese Redephasen ohne spezifischen Inhalt, die in synkopiertem Rhythmus und mit wechselnder Tonhöhe gesprochen werden. Die Kinder reagieren darauf mit Begeisterung und Freude. Die Sprache wird hier wie ein Klanggegenstand eingesetzt, mit dem man das Kind »berührt«. Sie hüllt das Kind in eine beruhigende, Atmosphäre und verleiht ihm das Gefühl der Sicherheit. Lange Zeit wurde das als »verdummend« gerügt, deshalb haben es viele Frauen nur dann getan, wenn sie mit ihren Kindern allein waren. Was immer die Wissenschaft, die Psychoanalyse oder die Mitwelt auch dagegen sagen mochte, die natürliche Übereinstimmung mit dem Säugling stellte sich über diese Sprachlaute her, und das wissen die Frauen seit jeher.

Klagelaute gibt es unabhängig davon, ob der Nachwuchs aus Nesthockern oder Nestflüchtern besteht, aber die Wirklichkeit in der ersten Zeit nach der Geburt ist jeweils verschieden.

Stellen Sie sich Folgendes vor: Sie sind ein Fohlen und grasen unweit Ihrer Mutter und umgeben von der Herde friedlich vor sich hin. Plötzlich kommt Unruhe in die Herde, ein Raubtier nähert sich. Die erwachsenen Tiere, darunter auch Ihre Mutter, schütteln den Hals, bewegen die Ohren und wiehern. Auf diese Zeichen hin setzt sich die Herde in Bewegung und galoppiert los. Auch Sie müssen mit Ihren für den kleinen Rumpf noch viel zu langen Beinen in den Galopp wechseln und Ihrer Mutter folgen, denn sie garantiert Ihr Überleben. Die Bindung ist also eine Fähigkeit des Tierjungen. Das Fohlen folgt seiner Mutter, das Gänseküken dem Elternteil, auf das es geprägt ist.

Das heißt aber nicht, dass das Objekt dieser Bindung neutral ist. Bowlby wollte diese beiden Begriffe trennen. Von Bindung spricht er nur beim Nachwuchs, während bei den Eltern von Brutpflege oder Betreuung die Rede ist. Diese Unterscheidung war für den Aufbau der Theorie wichtig. Alles unter einen Begriff zu fassen hätte nicht die nötige Klarheit gebracht, zumal die Mutterliebe eine so allgemein anerkannte Tatsache ist, dass darunter die Bindung des Tierkindes beziehungsweise des Kleinkindes nicht die nötige Aufmerksamkeit bekommen hätte. Heute stellen die Ergebnisse der Neurowissenschaften – denen zufolge die neuronalen Netze, die beim Bindungsverhalten angesprochen werden, sich mit den Netzen des Belohnungszentrums überlappen – diese begriffliche Trennung wieder infrage, doch das hat nicht mehr die gleiche Bedeutung wie früher. Die Bindung des Tierjungen ist eine erwiesene Tatsache. Heutzutage wird niemand den Hundewelpen, das Kätzchen, das Lämmchen, das Fohlen, das Elefantenjunge, den jungen Delfin und selbstverständlich den Säugling als Automaten ansehen, der lediglich auf äußere Reize antwortet, ohne selbst tätig zu werden. Wenn viele das Tierjunge nach wie vor als »modellierbare Knete« betrachten, so doch mit dem Zusatz, dass diese Knete lebendig und selbsttätig sei.

In diesem Zusammenhang ist es amüsant festzustellen, dass Bowlby für Teile seiner Theorie auf die Untersuchungen des Biologen Harry Harlow (1905–1981) zurückgegriffen hat. Bowlby, von Haus aus Psychoanalytiker, spricht von Bindung dort, wo Harlow seiner Arbeit den Titel »The Nature of Love« (»Das Wesen der Liebe«)[4] gegeben hat.

Wer von Bindung spricht, kommt stets an einen Punkt, an dem der Name Harlow zitiert werden muss, und trotzdem teile ich die Ansicht der belgischen Philosophin Vinciane Despret*,

---

* Vinciane Despret ist Philosophin und Ethologin und hat eines Tages zu ihrer Überraschung und Belustigung, aber auch mit Interesse das Völkchen der Verhaltensmediziner entdeckt. Ihr kritischer Blick auf das Tier und die Wissenschaften, die sich der Erkenntnis der Tiere verschrieben haben, hat unsere Praxis vertieft. Unser Austausch ist so rege, dass, wie mir scheint, daraus eine echte Bindung entstanden ist!

die uns auffordert, sich von Harlow zu verabschieden. Sonst fallen wir immer wieder auf den negativen Beweis zurück, auf die Feststellung, dass sich die Bindung erst bei ihrem Fehlen im Schmerz kundtut. Nun ist es aber an der Zeit, sich den freundlicheren, wenngleich schwieriger zu belegenden Seiten des Phänomens zuzuwenden und die Zufriedenheit und die Freude mit in die Gleichung zu nehmen.

An den frühreifen Nestflüchtern haben wir schon beobachten können, dass das Tierjunge dank der Bindung bereits in einem sehr jungen Stadium an seiner Entwicklung mitwirkt. Trifft diese Besonderheit auch auf Arten zu, die sich langsamer entwickeln?

Vor Wonne schnurren?

Die Katzen geben uns Menschen Fragen auf, die wir nur schwer beantworten können. Diese Tierfamilie ist im wahrsten Wortsinne ungewöhnlich. Die Katze ist für die Tierpsychologie, was das Schnabeltier für die zoologische Klassifikation ist, nämlich ein Rätsel.

Eine der »Legenden« über ihre Herkunft gibt eine Vorstellung von ihrer Komplexität. Auf der Arche Noah langweilte sich die Löwin, und da sie nichts Besseres vorhatte, ließ sie sich mit einem Affen ein. Darüber geriet der Löwe sehr in Zorn, und um ihn wieder zu beruhigen, versprach ihm Noah, der Nachwuchs aus dieser illegitimen Verbindung werde auf ewig klein bleiben (eine merkwürdige Strafe!). Dafür sollten die Kleinen aber den Mut des Löwen und die Schlauheit des Affen erben.

Nach volkstümlicher Ansicht ist die Katze einzelgängerisch, unabhängig und selbstständig ... Die Ethologen behaupten, dass die Familie der Katzenartigen nicht sozial lebt. Die Tiere bilden keine Gemeinschaften mit festen Regeln des Zusammenlebens, wie man das von anderen Fleischfressern wie dem Hund oder dem Wolf kenne. Und doch ist die Katze dasjenige domestizierte Säugetier, das in den Ländern der westlichen Kultur die weiteste Verbreitung fand. Die Katze wurde nicht zum unbestrittenen König unserer häuslichen Tiere, weil sie von Natur aus ein Jäger ist, sondern weil sie einem bestimmten komplexen Bedürfnis vieler Menschen nachkommt: Zuneigung zu zeigen, ohne zu anhänglich zu sein.

Die doppelte Natur der Katze ist die Erklärung für diese Komplexität. Die Katze ist sowohl Räuber als auch Beutetier. Ihr Verhaltensrepertoire ist entsprechend breit gefächert, und sie kann, wenn nötig, im Bruchteil einer Sekunde von einem Verhaltenstypus zum anderen wechseln.

Sie sind schon Fohlen gewesen, jetzt werden Sie in Ihrer Vorstellung eine Katze. Sie lauern gerade vor einem Loch, in dem Sie eine Maus haben verschwinden sehen. Ihre Aufmerksamkeit ist auf diesen Ausgang gerichtet, Ihre Muskeln sind bereit zu reagieren, Sie vertrauen auf Ihre Reflexe, Ihre Schnelligkeit und Gewandtheit. Da nehmen Sie ein Geräusch wahr. Ohne das Mauseloch aus den Augen zu lassen, analysieren Sie die Informationen, die durch Ihre anderen Sinne zu Ihnen gelangt sind. Kein Zweifel: Ein Fuchs hat Sie entdeckt und bewegt sich auf Sie zu. Ihnen bleibt nur die Flucht, und zwar so rasch wie möglich. Der Weg ist ebenfalls klar. Da dieses Raubtier nicht auf Bäume klettert, flüchten Sie in drei Sprüngen auf den zweiten Ast des Baumes, den Sie bereits als mögliche Fluchtstätte ausgespäht haben. Geschafft! Für dieses Mal.

Tiere, die zur Beute werden, gehören eher zu den Nestflüchtern. Die Katze ist aber ein Nesthocker. Es ist auch kein Zufall, dass dieses Kapitel mit der Geschichte der jungen Katzenmutter beginnt, die sich zur Adoption eines Katzenbabys entschlossen hat. Das mütterliche Verhalten, das wir Tierärzte bei Katzenmüttern beobachten, ist allemal beeindruckender als das, was uns Hundemütter zeigen, wohl weil Letztere nicht so autonom sind. Das Bild einer Katze, die ihre Jungen säugt, belegt mehr als jeder hochgestochene wissenschaftliche Artikel die Existenz und die Kraft der wechselseitigen Bindung zwischen Mutter und Kind.

Ich habe das Glück, mit einer Frau zusammenzuleben, die ebenfalls Tiere mag. Es erstaunt mich immer wieder, wie gut sie sich in sie einfühlen kann. Manchmal erinnert sie mich an die Amerikanerin Temple Grandin (allerdings ohne deren Autismus), die ein Vermögen damit verdient hat, die Ställe und Verladerampen der Schlachthöfe so zu konstruieren, dass die sonst üblichen Panikreaktionen der Tiere vermieden werden. Temple Grandin sagt dazu, sie könne sich ohne Probleme in Tiere versetzen. Sie sehe die Welt mit ihren Augen und könne nachempfinden, was sie fühlen. In einem nicht so spektakulären Ausmaß versteht auch meine Frau die Tiere und betrachtet ein jedes als Individuum mit eigener Persönlichkeit und eigenen Gefühlen.

Eines Tages hatte ich in meiner Klinik eine Katzenmutter, die ihre Jungen säugte. Meine Frau, die damals im sechsten Monat schwanger war, hatte nicht vor, ihr Kind zu stillen. Sie hielt das nur für eine Last und hatte wie viele junge Mütter Angst, sich beim Stillen als ungeschickt zu erweisen oder nicht genug Milch zu haben. Sie gehört zu der Generation der Mütter, die die künstliche Muttermilch als Befreiung angesehen haben. Die Frau sei schließlich kein Muttertier!

An dem Tag kommt sie in der Klinik vorbei, sagt Hallo und schaut nach den stationär aufgenommenen Tieren. Ich treffe sie vor dem Käfig der Katzenmutter, die schnurrend ihre vier Jungen säugt. Die Szene vermittelt wonnevolle Harmonie. Die Jungen kneteten die Zitzen der Mutter, die Katze schnurrte mit halbgeschlossenen Augen und ahmte ihrerseits die Bewegungen der Jungen nach, sie tretelte mit den Vorderläufen und zeigte abwechselnd ihre Krallen und zog sie wieder ein.

Meine Frau schaute mich an und verkündete: »Das scheint gutzutun. Das probiere ich auch mal aus.«

Und so kamen unsere beiden Söhne in den Genuss, mehrere Monate lang gestillt zu werden – zu ihrem Vergnügen und zum Vergnügen ihrer Mutter.

Wenn ich diese Anekdote erzähle, riskiere ich immer, all jene Zeitgenossen zu provozieren, für die eine unüberwindliche Kluft zwischen Tier und Mensch besteht. Aus politischen, religiösen, weltanschaulichen oder persönlichen Gründen können sie den Gedanken nicht ertragen, ein Glied in der Kette des Lebendigen zu sein. Sie verziehen das Gesicht und sagen pikiert: »Wir Menschen sind aber doch noch etwas anderes.« Womit sie recht haben, wir Menschen sind noch etwas anderes, aber wir sind eben auch das, wir sind Teil des Lebens auf der Erde. Kontinuität und Analogie bedeuten nicht Gleichheit und Übereinstimmung. Wenn wir unser biologisches Erbe anerkennen, vergeben wir uns nichts. Im Gegenteil, wir erweitern damit das Verständnis unserer Um- und Mitwelt und damit unser selbst.

Lassen wir diese philosophische Abschweifung, und erinnern wir daran, dass die Anekdote schlicht zeigen soll, dass die Katzen offenbar Freude am Kontakt mit ihren Jungen empfinden. Mögen die Wissenschaftler hier kruden Anthropomorphismus feststellen, die kommenden Generationen werden sich hoffentlich für die Untersuchung der Freude interessieren.

Wie ich bereits sagte, habe ich eine Frau, die ebenfalls Tiere mag, und das ist der Grund, weshalb wir immer mit Tieren gelebt haben, vor allem mit Katzen. Unter ihnen habe ich bei Chiquita, unserer dreifarbigen Europäischen Hauskatze, viel über die Beziehung zwischen der Mutter und ihren Jungen gelernt. Chiquita verfügt über das gesamte Verhaltensrepertoire der Katzen. Sie durchstreift gern ihr städtisches Revier, und sie mag in unterschiedlichen Graden die Lebewesen, die es mit ihr teilen. Wenn andere Haustiere sie stören, verscheucht sie sie mit Pfotenhieben, und mit der alten blinden Katze ist sie auch nicht immer nett. Aber wenn sie zärtlich aufgelegt ist, dann ist sie unbezahlbar. Manchmal schmiegt sie sich abends an mich und schläft ein, das ist für mich ein Augenblick tiefen Friedens. Sie hat zweimal Junge geworfen und ist erst mit etwas über zwei Jahren sterilisiert worden. Jetzt höre ich die Tierschutzvertreter aufschreien: »Wie? Eine Katze, die erst so spät sterilisiert wurde – das ist ja verantwortungslos!«

Wer mit diesen Kreisen nicht vertraut ist, kennt auch nicht den dort üblichen diktatorischen Ton. Dafür gibt es Gründe, die ich erklären werde. Die Tierheime können sich vor allem im Sommer vor ausgesetzten Katzen nicht retten. Tierschutzvereine und Freiwillige leisten großartige Arbeit. Wenn ihnen eine ausgesetzte Katze gemeldet wird, brauchen sie manchmal Stunden, um sie einzufangen und zu versorgen. Sie sehen das Elend der Tiere, und sie bekommen Tag für Tag Beweise für die Feigheit der Menschen. Das erklärt ihre radikalen Ansichten. Wenn es zu viele ausgesetzte Katzen gibt, so argumentieren sie, dann hilft dagegen nur die systematische Sterilisierung. Daher gibt es heute Initiativen wie »Chat libre«, die die Katzen einer Katzenkolonie einfangen, sie sterilisieren und sie dann wieder aussetzen, wo sie sie gefunden haben. Das aber ist die moderne Fassung der Danaidenarbeit, denn Einfangen und Sterilisieren war noch nie ein wirksames Mittel, um die Population streunender Katzen zu reduzieren.

Wir haben uns entschieden, Chiquita zweimal Junge bekommen zu lassen. Als beim ersten Mal drei Kätzchen zur Welt kamen, waren es ein weibliches und zwei männliche, der eine rothaarig, der andere ausgesprochen unternehmungsfreudig. Damals waren unsere Kinder Fans von Harry Potter, und so drängten sich die passenden Namen geradezu auf. Chiquita wurde die treu sorgende Mutter von Harry, Ron und Hermine.

In der Ausprägung der Bindung der Katzenmutter an ihre Jungen finden wir die Dualität von Beute- und Raubtier wieder.

Zwar lässt die Katzenmutter wie andere Arten ihre Jungen in einem Nest, aber nach drei Wochen wird sie das Nest an einen anderen, sichereren Ort verlagern. Das scheint mit ihrer Natur als Beutetier zusammenzuhängen.

Der Begriff des »Nests« ist bei Katze und Hund, aber auch bei allen anderen Arten von Bedeutung, bei denen das Junge vorzeitig zur Welt kommt und Entwicklungszeit außerhalb der Gebärmutter nötig hat. Die Mutter kann nicht die ganze Zeit mit ihrem Nachwuchs verbringen, sondern muss auch selbst fressen und jagen gehen. Obwohl die Mutter also für bestimmte Zeiten abwesend ist, verursacht das keine Angst im Nest. Die Kätzchen drängen sich aneinander: Die Wärme der anderen, der Kontakt, später auch die Laute und noch später der Anblick der anderen, aber ebenso die enge sinnliche Verbindung zum Nest sorgen dafür, dass sich ein jedes sicher und geborgen fühlt, selbst wenn die Hauptbindungsfigur abwesend ist.

Manche Ethologen ziehen aus dem Vorhandensein dieser zweifachen sicheren Basis und aus der Tatsache, dass die Katzenjungen eine gewisse Unabhängigkeit von der Bindung an die Mutter erlangen, den Schluss, dass es diese Bindung gar nicht gibt. Wenn sie unabhängig sind, dann sind sie eben auch nicht gebunden. Das scheint auf den ersten Blick evident, führt jedoch zu Ungereimtheiten, unter anderem jener, dass in diesen Arten der Begriff der Bindung nicht anwendbar sei.

Im Bereich des Humanen gibt es eine reichhaltige medizinische und psychologische Fachliteratur zum Thema Bindung und Zwillinge. Halten wir hier nur fest, dass eine solche Situation keineswegs die Bindung (an die Mutter) aufhebt, sondern dass sie sich um eine weitere, sehr starke Bindung zwischen den Zwillingen verdoppelt.

Die Kätzchen binden sich an ihre Mutter, und die Mutter bindet sich an ihre Jungen. Die Chronologie dieser Bindung ist aber nicht für beide gleich. Die Katzenmutter verfügt über eine kurze

Frist von etwa 48 Stunden, in der sie die Zahl ihrer Jungen erkennt und zu jedem Einzelnen ein festes Band entwickelt. Die Kätzchen sind erst nach zehn Tagen in der Lage, ihre Umwelt zu erkennen und sich, wenn auch unbeholfen, zu bewegen. Sobald sie eine gewisse Mobilität erlangt haben, steht die Mutter im Zentrum ihrer Aufmerksamkeit. Mit wachsender Selbstständigkeit gewinnen die Spiele untereinander und die Erkundung der Außenwelt an Bedeutung, aber auch das geschieht unter dem wachsamen Auge der Mutter.

In der Zeit, in der ich Chiquita mit Harry, Hermine und Ron beobachten konnte, habe ich viel über die Stärke der Bindung, über die Strenge der Erziehung, aber auch über die Momente reiner Freude erfahren.

Chiquita verbrachte lange Stunden im engen Kontakt mit den Jungen. Tatsächlich wäre es viel leichter gewesen, die Minuten zu zählen, in denen sie nicht den Mutterpflichten nachging. Für einen Beitrag zu einem Kongress habe ich zur präzisen Zeitmessung sogar eine Kamera in dem Raum, dem Badezimmer, installiert, in dem sich das Nest mit den Jungen befand. Die Kamera konnte auch bei Restlicht noch Aufnahmen machen. Führt man den Film im Zeitraffer vor, ergibt sich ein beeindruckendes Dokument: Die Mutter verließ ihre Jungen so gut wie nie. Nach einigen Tagen haben wir etwas Interessantes beobachtet: Chiquita verließ die Jungen für ein dringendes Geschäft draußen im Garten nur dann, wenn wir im Badezimmer die Kätzchen beobachteten. Wir haben eine Weile gebraucht, um herauszubekommen, dass sie dann stets auf uns zukam, uns um die Beine strich und einen ganz bestimmten Ton von sich gab, ein sehr leises »Mmrrauu« (man denkt unwillkürlich an die »Ammensprache«, von der schon die Rede war). Sie bekam dann eine Streicheleinheit und sprang davon. Nach wenigen Minuten war sie wieder zur Stelle, um sich als gute Mutter hundertprozentig um ihre Jungen zu kümmern.

Wenn ich nur diese Beobachtung gemacht hätte, wäre ich wohl darauf verfallen, die hingebungsvolle Fürsorge der Katzenmütter zu rühmen, aber im folgenden Jahr haben Chiquita und Hermine Junge geworfen, und was sich bei dieser Gelegenheit zeigte, war ein ganz anderes Bild. Während Chiquita sich wieder fast die ganze Zeit um die Katzenbabys kümmerte, blieb Hermines mütterliche Ader schwach, ja, sie überließ ihren eigenen Nachwuchs gern der Obhut ihrer eigenen Mutter. Sie verbrachte mehrere Stunden mit dem Wurf, aber ihr Zeitbudget für die Jungen war nur halb so groß wie das ihrer Mutter!

Das zeigt einmal mehr, wie schwierig es ist, Beobachtungen an verschiedenen und gleichen Tierarten zu verallgemeinern, besonders aber bei Katzen. Sie verfügen über ein breites Verhaltensspektrum, weshalb jeder, der hier generalisiert, sich schnell eines Besseren belehren lassen muss.

In der ethologischen Literatur ist ein Forschungsgegenstand die Zahl der Wochen gewesen, die die Katzenmutter der Aufzucht ihrer Jungen widmet, sowie die Faktoren, die die unterschiedliche Dauer bestimmen. Ausschlaggebend ist der Status der Mutter bei der Fortpflanzung. Dazu muss man wissen, dass die Hauskatze zu den wenigen Säugetierarten gehört, bei denen das Stillen nicht den Eisprung hemmt. Frauen wissen, dass für sie, solange sie stillen, nur ein geringes Risiko besteht, erneut schwanger zu werden. Bei den Katzen stellt sich die »Rolligkeit«, also die Periode, in der die weibliche Katze sexuellen Kontakt sucht, sehr rasch nach der Niederkunft (nach einigen Tagen) wieder ein. Wenn die Katze in dieser Zeit einem Kater begegnet, ist sie zur Paarung bereit. Der Eisprung wird durch das Decken ausgelöst, die Fortpflanzung ist folglich in höchstem Maße gesichert.

Die Katze stillt also ihre Jungen, auch wenn sie wieder trächtig ist. Diese physiologische Besonderheit wird die Kinetik der Bindung verändern. Ist die Katzenmutter nicht trächtig, sucht sie bis zu drei Monate lang den Kontakt mit den Jungen und duldet sie in ihrer Nähe. Ist sie hingegen trächtig, führt sie sehr früh die Trennung herbei und entlässt ihre Jungen in die Selbstständigkeit. Bei dieser Tierart kommt es also auf das Umfeld an, in dem sich die Bindung entfaltet. In der Forschung ist zum Beispiel auch das System gegenseitiger Hilfe bei der Aufzucht in Katzenkolonien beschrieben worden: Andere Katzen, »Tanten«, helfen der jungen Mutter. Ob diese helfenden Katzen in verwandtschaftlicher Beziehung stehen müssen, ist meines Wissens noch nicht untersucht worden.

Wenn ich auch dafür eintrete, dass jeder Katzenhalter die Freiheit haben sollte, seiner Katze die Fortpflanzung zu ermöglichen und sich selbst die Freude zu gönnen, die Aufzucht der Kätzchen zu beobachten, dann ermahne ich jetzt diese Katzenhalter zu besonderer Wachsamkeit, damit ihre Katze nicht in den Teufelskreis immer neuer Schwangerschaften gerät, da sie sonst nicht die Möglichkeit hat, sich wirklich um jeden Wurf angemessen zu kümmern.

Wie bei der Katze, die ich in meiner Klinik beobachten konnte, häuften sich auch bei Chiquita die Zeichen des Wohlbefindens im Kontakt mit ihren Jungen. Selbstverständlich kann man diesen greifbaren Zustand am leichtesten während der Stillzeiten beobachten. Aber auch mit fortschreitender Selbstständigkeit der Kätzchen sind wir Zeugen anrührender Momente des gemeinsamen Vergnügens von Mutter und Jungen geworden.

Die Katzenmutter kommuniziert mit ihren Jungen durch ganz besondere Laute, die man sonst nur sehr selten hört. Es sind sehr leise Laute, mit denen sie die Kätzchen auf sich aufmerksam macht. Die Klagelaute der Jungen sind sehr hoch und die Antwort der Mutter deutlich tiefer. Auf die Kätzchen wirken sie offensichtlich anheimelnd und beruhigend, sie suchen auch sofort die Nähe der Mutter. Wenn wir die Laute der Kätzchen mit

»Mii« wiedergeben und die Antwort der Mutter mit »Mmrrau«, dann kann man oft Lautfolgen wie etwa diese hören: »Miiiii ... mmmmrrraauu ... miii ... mmmrraau ... mii mmrrau.« Die Intensität und die Dauer des Miauens nehmen ab, je geringer die Entfernung der Akteure zueinander wird.

Wie alle Lebewesen, die sich in der Bindung an die Mutter entwickeln, verwandeln die Kätzchen ihre Mutter in einen Spielplatz und machen sie zum bevorzugten Terrain der Erkundung der Außenwelt. Wer das Miteinander von Katzenmutter und Kätzchen beobachtet, dem fallen mehrere Details auf.

Für die Kätzchen, die sich nicht so viele Fragen stellen wie die Ethologen, ist die Mutter ohne Zweifel eine Bindungsfigur, die fast alle Merkmale der strengen Gubernick'schen Definition aufweist.

Nicht alle Kätzchen zeigen das gleiche Verhalten gegenüber ihrer Mutter und gegenüber der Außenwelt. Das mag selbstverständlich sein, ist deshalb aber nicht weniger wichtig. Obwohl alle von derselben Mutter geboren wurden und denselben Vater haben (vernachlässigen wir einmal anders geartete Fälle), obwohl sie dasselbe intrauterine Leben, dieselbe Umgebung bei der Geburt und dieselben Entwicklungsbedingungen hatten, ist doch jedes Kätzchen einzigartig und unverwechselbar.

Die Mutter kennt ihre Jungen, verhält sich aber gegenüber jedem einzelnen auf spezifische Weise. Schon sehr rasch zeigen sich unterschiedliche Verhaltensmuster. Die Bindung existiert für alle. Sie ist eine Hülle, die nicht den Inhalt der Beziehung vorschreibt. In dieser Beziehung überwiegen der positive Austausch und die Freude, aber die Mutter setzt auch Regeln fest. Auch diese unterscheiden sich, je nachdem, wie sich die Jungen verhalten.

Im Jahr 2011 hat Amy Chua mit ihrem Buch *Battle Hymn of the Tiger Mother*,[5] in dem sie strenge und freudlose Erziehungsmethoden schildert, viel Aufsehen erregt. Ob das, was sie schreibt, tatsächlich für die Asiaten und für die Tiger zutrifft, kann ich nicht entscheiden. Fest steht jedoch, dass bei den Europäischen Hauskatzen zwar auch Strafen vorkommen, aber Spiel und Vergnügen in ihrem Umgang bei Weitem überwiegen. Wenn ich mich recht erinnere, hat Chiquita bei ihren zwei Würfen nur ein einziges Mal ein Junges geohrfeigt. Dabei blieb die Kontrolle konstant, und wenn Harry zu unruhig wurde, konnte man oft beobachten, wie Chiquita ihn zwischen die Pfoten nahm und ihn festhielt. Sie nahm auch Hermine beim Wickel, als diese ihre ersten Streifzüge durch den Garten unternahm, und schleppte sie wieder ins Haus. Aber abgesehen von ein paar Sanktionen verbrachte sie die Zeit mit Spiel und Fellpflege oder schnurrend in innigem Kontakt mit ihnen.

Beim Beobachten hat man oft Gelegenheit, gewisse Lehrmeinungen infrage zu stellen, die so oft wiederholt wurden, dass bald niemand mehr weiß, wer sie überhaupt aufgestellt hat. Die Gefahr besteht, dass von Generation zu Generation ein Irrtum wiederholt wird. So hatte ich gelernt und auch selber repetiert, dass jedes Kätzchen eine Bindung an eine ganz bestimmte Zitze habe. Das ist eine hübsche Geschichte, die zum Teil auch zutrifft. Der Platz des Kätzchens im Uterus der Mutter bestimmt die Zitze, die ihr dann zufällt. Bei Hunden ist das nicht der Fall.

Nachdem Chiquita geworfen hatte, habe ich sie und ihre Jungen oft gefilmt. Daraus ist ein interessantes Anschauungsmaterial entstanden, aber es hat mir auch gezeigt, dass bestimmte Verhaltensweisen eben nicht invariabel sind. Hermine, Ron und Harry haben keine Prägung und keine Vorliebe für eine bestimmte Zitze entwickelt. Die Reihenfolge, ausgehend vom Kopf der Mutter, wechselte häufig. Da die drei unterschiedlich gefärbt waren, konnte man eine neue Kombination auf einen Blick erkennen.

Mittlerweile sind neuere Untersuchungsergebnisse publiziert worden, die meine amateurhaften Beobachtungen bestätigten.

Das Katzenjunge wird in der Wahl der Zitze nicht geprägt, wenngleich sich bei vielen Kätzchen eine bestimmte Vorliebe für eine Zitze entwickelt. Die Anzahl der Jungen spielt eine wichtige Rolle, je geringer die Anzahl, desto öfter der Wechsel der Zitze. Der Vergleich mit einer Schulkantine drängt sich auf: Wenn es so viele Plätze wie Schüler gibt, hat jeder sehr schnell seinen Stammplatz, dadurch wird unnötiges Gerangel verhindert. Gibt es aber sehr viel mehr Plätze als Schüler, dann nehmen auch die Wahlmöglichkeiten zu.

Diese Anekdote zeigt, dass zwischen wissenschaftlicher Forschung und klinischer Beobachtung ein harmonisches Verhältnis bestehen kann. Beide sollten sich respektieren und Brücken schlagen. Aus einem Einzelfall kann man keine Regel ableiten, aber die Theorie sollte auch erkennen, dass die Wirklichkeit ihr widersprechen kann.

Das Verhalten der Katzen stellt uns die Frage, wieweit die Bindung des Jungen an die Mutter erhalten bleibt. Hierzu müssen zwei Situationen unterschieden werden:

1. Wenn die Jungen im Kontakt mit der Mutter bleiben, ist die Bindung dauerhaft. Meine eigenen Beobachtungen bestätigen dies, und auch Untersuchungen in Katzenkolonien zeigen, dass zwischen Tieren, die miteinander verwandt sind, der Austausch viel häufiger ist. Mütter und Töchter helfen sich viel mehr als Katzen ohne verwandtschaftliche Bande.
2. Werden die Mutter und die Jungen nach der Phase intensiver Pflege des Nachwuchses getrennt, dann scheint sich die Bindung rasch zu lösen.

Dazu kann ich eine amüsante, aber auch verwirrende Beobachtung mitteilen. Harry kam im Alter von zwei Monaten in die Familie der Freundin meines Sohnes. Chiquita hat ihn einige Tage lang gesucht, sich dann aber Hermine zugewandt, mit der sie viel Zeit verbrachte und die immer bei uns im Haus geblieben ist. Zwei Monate nach der Trennung kam Harry zu Besuch zu uns.

Bei seiner Ankunft schien er weder den Ort noch die Bewohner zu erkennen. Wie viele Katzen, die eine Reise in einem Katzenkorb hinter sich haben, war er recht ängstlich und unruhig. Seine Mutter kam auf ihn zu. Chiquita liebt die Bewohner des Hauses, aber gegenüber fremden Katzen ist ihre Toleranz begrenzt. Sie hat ihr Kätzchen misstrauisch beschnuppert, sie hat geflehmt, also auf katzentypische Art mit halb geöffnetem Mund geatmet, um Pheromone (Geruchsreize) leichter wahrzunehmen. Ich bin mir sicher, dass sie es erkannt hat. Aber Harry hat seine Mutter nicht erkannt! Er hat Angst vor dieser großen Katze bekommen, die in größter Nähe vor ihm stand, und er hat gefaucht und gespuckt. Angesichts von so viel Feindlichkeit hätte die Katzenmutter ebenfalls aggressiv reagieren können, doch das war nicht der Fall. Vielmehr hat sie das sanfte Miauen vernehmen lassen, das sie in seiner Babyzeit benutzte. Mit einem gedämpften »Mmrraauu« brachte sie das Junge sogleich zur Ruhe. Wieder auf die Gefahr hin, dass mich manche des Anthropomorphismus zeihen werden, übersetze ich diese Lautäußerungen. Sie sagte: »Hab keine Angst, ich bin's, Mama.« Harry verharrte zunächst noch etwas befangen, dann kam er plötzlich näher, beschnupperte seine Mutter und zeigte fortan keine Angst mehr.

Man sieht, dass Katzen für unser Thema sehr ergiebig sind. Von Geburt an entwickeln sie sich in der Bindung, und sie verfügen über die entsprechenden neuronalen Netze. Von Natur aus sind sie eher unabhängig, sie bilden keine Regeln im sozialen Zusammenleben aus. Sie können aber sehr starke freundschaftliche Bande zu Individuen knüpfen, und zwar ihr ganzes Leben lang.

Gebunden auch ohne Halsband

Ach, und nun der Hund! Das Inbild von Liebe und Treue beim Tier, mit einem Wort, von Bindung ohne Fehl und Tadel.

Aus Gründen, die mir verborgen bleiben, bestreitet eine – zum Glück kleine – Gruppe innerhalb der Wissenschaftsgemeinde, dass der Begriff der Bindung für die Hunde anwendbar sei. Wie schon bei der Katze sei das Test-Item »Reaktion auf eine lange Trennung von der angeblichen Bindungsfigur« nicht validiert. Auch hier beruft man sich auf Gubernick und seine strengen Anforderungen.

Fraglich scheinen die Bedingungen des Experiments, aber nicht die Fähigkeiten der Hunde. Zahlreich sind die Belege für ihre Fähigkeit, sich eine Bindungsfigur einzuprägen und auch nach langen Trennungen Zeichen des Wiedererkennens zu geben. Das trifft für die Beziehung mit Menschen zu, wie Videoaufzeichnungen vom Wiedersehen zwischen amerikanischen Kriegsveteranen und ihren Hunden belegen. Hundezüchter wissen zu berichten, dass die Hundemutter noch lange nach der Trennung wiedererkannt wird. Hunde, die als unsozial bekannt sind, die sofort mit jedem anderen Hund kämpfen, ganz gleich welchen Geschlechts oder welcher Größe, zeigen dieses Verhalten nicht gegenüber ihrer Mutter, wenn sie in den Hundezwinger zurückkehren.

Die Bindung des Welpen an seine Mutter kommt dem ziemlich nahe, was zwischen Säugling und Mutter geschieht. Freilich unterscheiden sie sich auch in sensorieller, psychischer und körperlicher Hinsicht so sehr von uns, dass wir zwar verstehen, was uns Hunde sagen wollen, aber dennoch nicht in derselben Welt leben wie sie.

Man stelle sich vor: Die Welpen kommen blind und taub zur Welt und erkennen die Zitzen des Muttertieres nur durch Tast- und Wärmeempfindung. Die Mutter entwickelt nach zwei Tagen eine Bindung zu ihren Jungen, etwa zum gleichen Zeitpunkt setzt die Verteidigung des Wurfes ein.

Hunde sind Räuber und leben gesellig. Die Entwicklung der Welpen unterscheidet sich deshalb von derjenigen der Kätzchen: Während die Kätzchen sehr rasch flüchten und sich in einem Revier orientieren lernen müssen, verbringen die Welpen die Zeit mit Spielen und dem Erlernen sozialen Verhaltens.

In der ersten Phase eingeschränkter Sinneswahrnehmung erkennt der Welpe seine Mutter nur durch Berührung oder durch Geruchsreize (Pheromone). Der Körper der Mutter ist warm, die Zitzen noch mehr, wie eine Thermografie zeigt, er verbreitet Ruhe und Geborgenheit. Menschenmütter wissen das, denn auch sie erkennen ihr Baby am Geruch und werden daran erkannt.

Ganz gleich, in welchem Stadium der Bindung sich die Teilnehmer befinden, auch die kritischen Beobachter konzedieren, dass es beim Hund mehrere Verhaltensmuster gibt, die die Anforderungen erfüllen. Wenn das nicht reicht, von Bindung zu sprechen, dann muss es wohl Liebe sein ...

- Die Mutter ist das bevorzugte »Individuum« der Welpen. *(Das ist meine Mama!)*
- Sie suchen die Nähe der Mutter. *(Es ist schön, bei Mama zu liegen.)*
- Sie stoßen Klagelaute aus, wenn die Mutter sie für kurze Zeit verlässt. *(Mama, Mama, wo bist du?)*
- Sie geben Zeichen des Wohlbefindens, sobald die Mutter wieder da ist. *(Hurra, Mama ist wieder da!)*
- Die Mutter als vermutete Beziehungsfigur verleiht Geborgenheit. *(Mama, bleib, wo du bist. Ich erkunde gern die Umgebung, aber sobald mich ein Geräusch, eine merkwürdige Bewegung oder ein unbekanntes Objekt beunruhigt, kehre ich sofort wieder zwischen deine Pfoten zurück.)*

Dieses Phänomen ist in allen sozialen Tierarten von grundlegender Bedeutung für das Erlernen von Beziehungen. Die Kühnen unter den Forschern werden von Nachahmung reden, während die Skeptiker sich auf das Erlernen von etwas Sekundärem beschränken. Bowlby sieht den Zweck der Bindung bekanntermaßen im Schutz der Jungen vor Raubtieren. Alles Übrige ist nur ein zusätzlicher Vorteil.

Viele weitere Beobachtungen, die beim Hund, aber auch bei vielen anderen Tierarten wie etwa den Menschenaffen gemacht wurden, bestätigen diese Hypothese, die einmal[6] zu heftigen Diskussionen unter den Nachfolgern von Sigmund Freud (1856–1939) und Bowlby geführt haben. Zwischen Bowlby und der Psychoanalytischen Gesellschaft Englands, die die Bindungstheorie ablehnte, kam es Anfang der Fünfzigerjahre fast zum endgültigen Bruch. Dabei hatten Freud und Bowlby jeder teilweise durchaus recht. Wenn Freud schrieb, »die Bindung entsteht an der Mutterbrust«, so irrte er, denn die Befriedung, die das Stillen schenkt, ist nicht der Ausgangspunkt jeder Beziehung. Die Befriedigung primärer Bedürfnisse ist nicht der einzige, ja nicht einmal der ausschlaggebende Beweggrund der Bindung. Er hätte allerdings die positive Bestärkung hervorheben können, denn heute wissen wir, dass alle Situationen, die Wohlgefühl schenken, die Bindung bestärken.

Bowlby setzte an die erste Stelle die Schutzfunktion, und dies hat sich immer wieder bestätigt. Eine Gefahrensituation löst stets Bindungsverhalten aus. Das ist auch der Grund für pathologische Beziehungen zwischen Peiniger und Opfer, zwischen missbrauchendem Elternteil und Kind, zwischen sadistischem Herrn und Hund. Wenn die Gefahr von dem Wesen ausgeht, das als sichere Basis angesehen wird, dann löst sie das Bindungsverhalten aus und nicht die Befriedigung durch Futtergabe oder Streicheleinheiten.

Das mag erstaunen, aber eine Bestätigung dieses Paradoxes liefert der Hund jeden Tag. Das Füttern verschafft Wohlgefühl und Entspannung, aber nur die negativen Situationen geben zuverlässig Auskunft über die Bezugsfigur. Zum Glück muss man nicht unbedingt misshandelt werden, um sich zu binden!

Auf jeden Fall macht der Welpe erst in der Nähe zur Mutter und dann zu seiner menschlichen Bezugsfigur viele Erfahrungen, die seinen Charakter formen. Menschen und Hunde haben dies gemeinsam, dass sie unfertig geboren werden und noch eine beträchtliche Entwicklungszeit außerhalb der Gebärmutter benötigen. Diese Periode der engen Bindung an die Mutter, die übrigens bei den Elefanten, den Delfinen und den Menschenaffen noch länger dauert, ist wesentlich zum Erlernen aller Vitalfunktionen. Zu diesem Zweck tritt in der Evolution das Spiel auf, wofür die Katzen ein gutes Beispiel geben. Im Spiel können ohne Gefahren Situationen ausprobiert werden, denen der Erwachsene später im Leben begegnen wird. Aus den Spielen einer Tierart kann man ablesen, was für sie wichtig ist. Bei der Katze drückt sich die Doppelnatur als Räuber und Beutetier darin aus, dass die Kätzchen im Spiel das Anschleichen und Töten, aber auch das Sichverstecken lernen. Der Welpe verbringt einen kleineren Teil seiner Zeit mit Jagen, aber den Großteil mit sozialen Spielen. Das Balgen mit den Geschwistern desselben Wurfes und die dabei gezeigten Haltungen entsprechen ziemlich genau dem Verhalten, das erwachsene Tiere später in hierarchischen Beziehungen zeigen, ohne jedoch dessen Bedeutung zu haben.

Der Lerncharakter des Spiels existiert in allen Arten einschließlich des Menschen. Bekannt wurde zum Beispiel die Geschichte eines jungen Amerikaners, der es in einer Extremsituation – ein Busfahrer hatte einen Herzschlag erlitten und die Kontrolle über sein Fahrzeug verloren – schaffte, Schlimmeres zu verhüten. Jeremy Wuitschick erzählte später, er habe Wochen vor dem Vorfall aus dem Spiel »Superheroes« gelernt, wie das Fahrzeug zum Stillstand gebracht werden konnte.

In der Bindung zu seiner Mutter lernt der Welpe, wer er ist und wer er im späteren Leben sein wird. Bei dieser Tierart zeigt sich das ganze Paradox der Bindung. Die Mutter verleiht dem Welpen weiterhin Geborgenheit, und das ist die Voraussetzung, damit er die Außenwelt erkunden und Beziehungen zu anderen, erst mit den Geschwistern, dann mit anderen Bezugsfiguren knüpfen kann. Irgendwann kommt allerdings der Augenblick, da der mütterliche Schutz die weitere Entwicklung hemmt. Nun ist es wieder die Mutter, die aktiv die neue Phase der »Abnabelung« einleitet. Hatte sich die Hundemutter bislang mit großer Langmut alles von den Welpen gefallen lassen, so geht sie nun auf Distanz und weist sie in die Schranken.

Bei manchen urtümlichen Hunderassen aus Skandinavien oder Asien kann man Zeuge dramatischer Szenen werden: Plötzlich attackiert die Mutter ihre Kinder, zwar ohne sie zu verletzen, aber sie stößt sie mit Gewalt fort. Für alle Hunde kommt der Augenblick, da die Geborgenheit schenkende Mutter den Kontakt ablehnt und den Welpen nicht mehr an sich heranlässt. Hundemütter verhindern also, dass ihre Kinder zu Nesthockern werden. Für den Welpen bedeutet das ein vorübergehendes Gefühl der Verlorenheit. Er muss die ausschließliche Bindung an die Mutter nun durch eine Bindung an die Gruppe, an die anderen Angehörigen der Hundefamilie ersetzen.Ehe es dazu kommt, beobachtet der Welpe seine Mutter genau in allen ihren Begegnungen mit anderen Hunden der Gruppe und ahmt ihr Verhalten nach. Das mag der Grund sein, weshalb man bei Hunden an eine Vererbbarkeit des dominanten Verhaltens glaubt. Welpen, die eine Mutter mit hoher hierarchischer Position im Familienverband haben, besitzen mehr Chancen, später ebenfalls eine herausragende Stellung zu erlangen. Allerdings ist der Faktor der Vererbung hier deutlich geringer zu veranschlagen als Umwelt und frühes Lernen. Der Welpe lernt von der Mutter ihre dominanten Verhaltensmerkmale und ihre Kommunikation mit anderen Hunden, und er bemerkt auch die Reaktionen der Partner. Das erklärt aber nicht das gesamte Phänomen, und es herrscht auch kein strenger Determinismus in der Weitergabe dominanten Verhaltens.

Von den Hunden können wir etwas Wesentliches lernen: Die Bindung ist Voraussetzung für die harmonische Entwicklung eines Individuums, aber die Ablösung von der Bezugsfigur ist ebenso wichtig, damit das Individuum selbstständig wird. Doch Hunde haben uns noch mehr zu bieten. Sie sind zu einer doppelten Bindung, einer doppelten Prägung fähig. Wie Flugzeuge, bei denen alle Leitungen doppelt verlegt werden, damit bei Ausfall eines wesentlichen Systems stets ein funktionsfähiger Ersatz bereitsteht. Wie wir gesehen haben, zeichnet sich die Bezugsfigur dadurch aus, dass ihre Nähe gesucht wird, dass sie Beruhigung verschafft und Schutz und Geborgenheit darstellt. Bei den Nesthockern, also solchen Tieren, die einen Platz – Nest oder Bau – für die Jungen herrichten, kann dieser Platz und die dort versammelten Nestlinge zu einem zweiten Pol der Ruhe und Geborgenheit werden.

Man kann sich leicht vorstellen, welche Vielfalt an »Hundepersönlichkeiten« im Gesunden wie im Pathologischen aus der Kombination der Bindungsformen entstehen. Da sind die Hunde, die nur von ihrer Bezugsfigur beruhigt werden können, andere, die im »Nest« Ruhe finden, andere, die auf beide Formen ansprechen, aber mit einer ausgeprägten Vorliebe für eines von beiden, schließlich die, die in Balance zwischen beiden Polen sind.

Diese Vielfalt ist keine Negation der Bindung an die Mutter oder an die Bezugsfigur, vielmehr fügt sie eine weitere Dimension hinzu. Ich hatte einmal einen schwarzen Airedale-Terrier. Das sind Hunde, die wie große Stofftiere aussehen. Diesen konnte ich problemlos allein zu Hause lassen. Er schaute mich nur kurz an, wenn ich wegfuhr, und begrüßte mich ohne großes Hallo, wenn ich wieder heimkam. Dennoch zweifelte ich nie an seiner tiefen Verbundenheit mit mir und der ganzen Familie. Eine Zeit lang musste ich viel unterwegs sein, und in meiner neuen Wohnung durfte ich auch meinen Hund unterbringen. Ich tat es, ohne Arges dabei zu denken, aber ich glaube heute, dass ich recht egoistisch handelte. Ich habe nicht daran gedacht, welch enge Bindung dieser Hund an sein Zuhause hatte. Solange ich anwesend war, herrschte eitel Sonnenschein, aber sobald ich unterwegs war, konnte Dustin stundenlang heulen, da ihm eine Stütze seines Gleichgewichts fehlte.

Dank der Bindungsvielfalt hat ein Hund eine doppelte Prägung. Was bedeutet das? Wie viele Tiere und wohl auch wie der Mensch haben Hunde anfangs kein angeborenes Wissen über ihre Artzugehörigkeit. Mit den ersten Kontakten und der Überflutung mit immer neuen Reizen stellt sich schließlich ein Phänomen ein, das wir »Identifikation« nennen, das heißt das sichere und dauerhafte Wissen, einer bestimmten Art zuzugehören. Haben Sie sich schon einmal gefragt, woher die Hunde wissen, dass sie Hunde sind? Die Formenvielfalt innerhalb dieser Tierart, die noch durch die über 300 von Menschen gezüchteten Hunderassen vermehrt wird, ist überwältigend. Ein Chihuahua-Weibchen wiegt weniger als ein Kilo, eine männliche Tibetanische Dogge bringt es auf über 100 Kilo. Man stelle sich vor: Man begegnet einem Individuum, das 6 Tonnen wiegt und doch zur selben Art gehört und sogleich erkannt wird. Die Inkas waren gar nicht so verschieden von uns Europäern, und doch musste auf einem Konzil lange disputiert werden, ob man sie vor einen Wagen spannen, töten und aufessen dürfe oder ob sie Menschen wie wir seien und daher Anspruch auf Würde hätten. Die Hunde brauchen kein langes Palaver, um das Problem der Identifikation zu lösen. Sie erkennen sich anhand von überindividuellen Merkmalen, zum Beispiel Geruchsreizen, die spezifisch sind und unwillkürlich ein Gefühl von Vertrautheit vermitteln. Hunde erkennen darüber hinaus die Laute ihrer Art und trotz der großen Vielfalt auch die typische Hundegestalt. Nach neuesten Untersuchungen erkennen Hunde sogar visuell andere Artgenossen, was noch erstaunlicher ist.

Damit die Identifikation überhaupt möglich ist, muss sich der Hund die charakteristischen Merkmale seiner Art tief einprägen. Wir haben bereits von der Prägung bei den Entenvögeln gesprochen, bei denen ein rigoroser und zeitlich enger Determinismus herrscht. Bei den Säugetieren und mehr noch beim Menschen dauert die kritische Phase, in der die Identifikation mit der Gruppe und der Gattung stattfindet, sehr viel länger. Der Ausdruck »kritische Phase« bezeichnet die Zeit, in der das Individuum noch formbar ist und die charakteristischen Merkmale der Mitlebewesen wahrnimmt.

Bei Hunden, Katzen, bei vielen anderen Tieren und beim Menschen gibt es nun die Möglichkeit, dass sich weitere »kritische Phasen« öffnen, sei es in normalen oder traumatischen Momenten der Existenz. Die Folgen der zu einem sehr frühen Zeitpunkt stattfindenden Identifikation zeigen sich sehr viel später, die wichtigste ist wohl die Wahl des Geschlechtspartners.

Der Welpe hat also gelernt, seine Art zu erkennen. Erwachsen geworden, wird der Rüde seinen Sexualtrieb auf weibliche Tiere seiner Art richten. Aber zu dem Zeitpunkt, wo wir die Welpen adoptieren, mit zwei Monaten, sind sie noch in der Phase der ersten Bindung, die als Vorstufe der Prägung dient. Der Welpe leidet sehr unter dem Verlust der ursprünglichen Bezugsfigur, und er braucht als Ausgleich eine neue Bindung. Er sucht sich eine neue Bezugsfigur und prägt sich deren Merkmale ein. Je nach Alter und Empfänglichkeit wird das Tier eine doppelte Prägung aufweisen, eine auf Hunde und eine auf Menschen. Die Prägung bestimmt, wie schon gesagt, die Wahl des künftigen Geschlechtspartners. Wir verstehen jetzt besser, warum manche Hunde den Monatszyklus ihres Frauchens spüren, warum manche Hündinnen, wenn sie läufig sind, den Mann im Haus mit verliebten Blicken anschauen und warum sie anderen weiblichen Wesen den Umgang mit ihm versperren und dabei vor dessen Gattin nicht haltmachen.

Wie wir schon bei der Bindung an das »Nest« gesehen haben, existieren auch hier alle denkbaren Kombinationen, und diese erhöhen noch einmal die Zahl der Hundetypen, denen wir begegnen können. Zu denjenigen, die ihre Bindung zwischen Lebewesen und Nest aufteilen, gibt es noch zahlreiche andere Prägungen. Solche, die nur auf eine Art geprägt sind, auf ihre eigene, das findet man recht häufig bei den erst sehr spät von Menschen adoptierten Hunden, die die meiste Zeit ihrer Entwicklung zusammen mit anderen Hunden verbracht haben. Solche, die nur auf Menschen geprägt sind, das kommt viel seltener vor, nämlich wenn die Trennung von der Mutter sehr früh erfolgte und der Kontakt mit anderen Hunden verhindert wurde. Solche Fälle gibt es bisweilen bei kleinen Schoßhunden. Da die Geburten oft schwer sind und auch nur ein einziges Junges zur Welt kommt, nimmt der Züchter den Platz der Hundemutter ein. Schließlich gibt es die große Mehrheit der Hunde, die über zwei Prägungen verfügen. Zwischen diesen kann Gleichgewicht herrschen, oder eine hat den Vorrang vor der anderen. Solche Hunde reißen von zu Hause aus, wenn die Hündin des Nachbarn läufig ist, aber sie können auch Männer anknurren und ihnen den Zugang zum Haus verwehren, wenn ihr Frauchen fruchtbar ist.

Am Beispiel der Hunde sieht man auch, dass die Beziehungen zwischen Bindung und Prägung sowohl in der Chronologie als auch in der Auslösung des Verhaltens komplex sind.

Wir geben im Folgenden eine Beschreibung, aber schon jetzt dürfte klar sein, dass dieser Verhaltensmechanismus viele individuelle Spielarten kennt. Bei der Geburt gibt es eine kurze neutrale Phase, in der sich noch kein Verhalten entfaltet. Dann bindet sich die Mutter an ihre Jungen. Sie behütet sie, sie nährt sie,

sie schützt sie und überflutet sie mit ihren Reizen. Nach zwei Wochen erkennen die Welpen zuverlässig ihre Mutter, binden sich an sie, an ihre Geschwister aus demselben Wurf und an das Nest. Aus den Kontakten mit der Mutter und den anderen Welpen entsteht ein Wissen um die Artzugehörigkeit. In der freien Natur kann das bis zu sechzehn Wochen in Anspruch nehmen. Aber im Leben eines von Menschen adoptierten Welpen erfolgt die Trennung schon mit acht bis neun Wochen. Nun beginnt eine weitere sensible Phase, in der die Hunde sich mit den Merkmalen einer anderen Art vertraut machen und selbst ein Teil von ihr werden. Zumindest unterhalten sie eine besondere Beziehung zur Menschenwelt, die so weit gehen kann, dass sie eine sexuelle Partnerschaft immerhin erwägen. Zu dem Zeitpunkt der Adoption durch den Menschen nehmen Hunde auch ihre Fähigkeit zur Bindung an ein Nest mit; und je nachdem, wie Transport und Ankunft verlaufen und welche Merkmale die neue Heimstatt hat, können sie auch eine beruhigende Bindung an den neuen Ort entwickeln oder eben nicht.

Schon dieser knappe Überblick über das Verhältnis zwischen Mensch und Hund zeigt die Komplexität und gibt eine Ahnung davon, wo die Risiken liegen und warum die Verhaltensstörungen des Hundes in der Bindung – der Wiege der Geborgenheit, aber auch der Quelle der Leiden – ihre Ursache haben.

Eine gewaltige Bindung

Bei unserem lückenhaften Überblick über die Tierarten, die sich in einer Bindung entwickeln, könnte man den Eindruck einer gewissen Beliebigkeit gewinnen. Doch wir haben unsere Auswahl nicht danach getroffen, ob die Art nun Nesthocker oder Nestflüchter, Früh- oder Spätentwickler, Wild- oder Haustier ist, sondern unter dem Gesichtspunkt der zunehmenden Komplexität der Bindung beziehungsweise der wachsenden kognitiven Entwicklung.

Wir haben schon vom Pferd gesprochen, das trotz seiner Größe ein Beutetier ist. Ferner ist es ein Nestflüchter, und es lebt relativ lange. Viele andere Arten haben ebenfalls diese Merkmale, doch bei den in freier Wildbahn lebenden Arten sind die Elefanten bei Weitem die interessantesten. Sie haben eine sehr lange Tragzeit (22 Monate), das Aufwachsen im Kontakt mit der Mutter dauert mehrere Jahre, und die Bindung zwischen bestimmten Individuen kann über den Tod hinaus anhalten – Gründe genug, sich beim Thema »Bindung« mit den Elefanten zu beschäftigen! Schon Aristoteles schrieb, der Elefant übertreffe alle anderen Tiere an Intelligenz und Klugheit. Im Hinblick auf Problemlösung, Gedächtnisleistung und Geschicklichkeit sind sie mit den Delfinen, den Menschenaffen und den Menschen selbst vergleichbar.

Wie bei den Pferden muss auch das Junge des Afrikanischen Elefanten seiner Mutter und der ganzen Herde folgen. Es muss die Mutter erkennen, denn 22 Monate Tragzeit können nicht spurlos an ihm vorübergegangen sein. Die durch Sinnesempfindungen vermittelte Kenntnis der Mutter hat für das Junge sicherlich lange vor der Geburt begonnen.

In den ersten Minuten nach der Geburt hilft die Mutter ihrem Jungen, auf die Beine zu kommen. So unglaublich das auch klingen mag, aber diese Dickhäuter sind auch Beutetiere, vor allem wenn sie noch klein und unerfahren sind. Auf eigenen Beinen stehen zu können entscheidet über Leben und Tod. Die enge Bindung, die die Mutter mit dem Jungen aufbaut, ist dabei unverzichtbar.

Man muss gesehen haben, wie die Mutter das Junge mit dem Rüssel massiert oder mit dem Fuß anspornt, sich zu erheben. Aber noch beeindruckender wird es, wenn eine Gefahr droht. Eine solche Szene ist in einem afrikanischen Naturpark gefilmt worden. Es ist die Zeit der großen Dürre, und die Elefantenherde ist auf dem Weg zum nächsten Wasserloch. Ein Muttertier hat gerade ein Junges geboren, das noch nicht auf eigenen Beinen stehen kann. Eine solche Behinderung ist recht häufig und hängt mit dem Gewicht des Jungen zusammen. Je nach Lage im Uterus kann es sich bestimmte Nervenbahnen quetschen, die dabei vorübergehend oder dauerhaft geschädigt werden. Bei der Niederkunft der Mutter und bei der Pflege des Neugeborenen hilft die dreijährige Elefantentochter, während die übrige Herde wartet. Doch die Situation ist ernst. Ein Tag länger ohne Wasser bringt das Überleben der ganzen Herde in Gefahr. Die Leittiere zeigen erste Zeichen von Ungeduld, sie müssen das Signal zum Weiterziehen geben. Wieder sind wir am Rand des Anthropomorphismus, aber alles spricht dafür, dass hier das Wohl aller und die Bindung an Einzelne, das Überleben der Herde und die Solidarität mit jedem einzelnen Mitglied abgewogen und schließlich eine Entscheidung gefällt werden muss.

Der Konflikt wird vom Leitbullen gelöst, der sich in Richtung auf das nächste vermutete Wasserloch in Bewegung setzt. Die ganze Herde folgt ihm mit Ausnahme unseres Trios: das bewegungsunfähige Neugeborene, die Mutter, die bei ihrem Jungen bleiben muss, und ihre Tochter, die – so bin ich geneigt zu denken – hin und her gerissen ist.

Die Tochter hat nur wenige Minuten, vielleicht nur Sekunden, für ihre Entscheidung. Wird sie bei der Mutter bleiben und dem kleinen Bruder helfen und dann vermutlich mit ihnen sterben? Oder wird sie sich der Herde anschließen und sich retten, aber dazu die Bindung lösen, die ihr bisher im Leben Stütze gewesen ist?

Das unruhige Auf-der-Stelle-Treten und das Schwenken des Kopfes erst Richtung Herde, dann zu den beiden Familienmitgliedern zeigt, in welcher Zwickmühle die Tochter steckt. Dann fällt plötzlich die Entscheidung: Der Überlebenstrieb siegt, sie folgt der Staubwolke der Herde. Während der ganzen Zeit hat die Mutter hartnäckig versucht, das hilflose Junge auf die Beine zu bringen.

Im Tierreich lässt die Mutter-Kind-Bindung auch bei hochentwickelten Arten den beiden Partnern nur einen geringen oder gar keinen Spielraum. Unbeschadet dieser Tatsache habe ich in meinem Leben schon oft gehört, dass Frauen nach der Geburt ihres ersten Kindes gesagt haben, sie wüssten nun, weshalb sie auf der Welt seien. Diese Frauen haben einen interessanten Beruf, einen anregenden Freundeskreis und eine harmonische Partnerbeziehung. Damit will ich nur sagen, dass sie mit dieser Aussage nichts kompensieren wollen. Vielmehr handelt es sich um ein Sinnerlebnis, das den Einzelnen weit übersteigt. Man verstehe mich bitte auch nicht dahin gehend falsch: Eine Frau kann ein glückliches Leben führen, ohne Kinder zu haben, wenn sie sich dafür entschieden hat. Keinen Nachwuchs zu haben ist keine Ungnade. Wir denken oft in negativen Begriffen, wohingegen ich für etwas Positives Verständnis schaffen möchte. Frauen, die Kindern das Leben schenken, erleben sich im Einklang mit einem übergreifenden Ganzen, das mehr ist als sie, ihre Familie, ja mehr als das Menschengeschlecht. Es ist etwas Universelles.

Aber wie steht es mit unseren drei Elefanten?

Die Mutter fährt mit einer Hartnäckigkeit, die absurd erscheint, weiter fort, ihrem Jungen auf die Beine zu helfen. Da taucht plötzlich die Tochter wieder auf. War die Bindung an die Mutter stärker als der Überlebensinstinkt? Was ist an ihrer Entscheidung bewusste Wahl und was Unterwerfung unter einen Instinkt? Ich weiß es nicht, aber was in der Fortsetzung des Films deutlich wird, ist die Kraft der Bindung. Die beiden weiblichen Tiere nehmen das Junge in die Mitte und stützen es, damit es nicht hinfällt. Sie tragen und stützen es mithilfe des Rüssels oder eines Beines. Die Erfolgsaussichten sind gering, und bei einem Scheitern würden sie den Anschluss an die Herde und damit jede Überlebenschance verlieren. Doch manchmal bewirkt die Liebe Wunder, und wir werden Zeuge dieses Wunders. Dem Elefantenjungen gelingt es, auf dem Bein, das bisher immer eingeknickt ist, doch Halt zu finden. Alle drei schlagen nun unter lautem Trompeten die Richtung ein, in der die Herde fortgezogen ist. Daraufhin verlangsamt die Herde ihren Marsch, sodass das Trio zu ihr aufschließen kann. Der Film endet damit, dass die Elefanten das Wasserloch finden.

Für mich liegt die Bedeutung auf einer anderen Ebene. Dieses Beispiel aus dem Leben wilder Elefanten liefert einen Beleg für die Stärke der Bindung, aber auch für die Wahlfreiheit der Akteure, wenn sie nicht in der Prägephase sind, die unmittelbar auf die Geburt folgt. Und sie unterstreicht die Vorzüge der Bindung. Die Entscheidung der Elefantentochter halte ich für einen zusätzlichen Beleg. Elefanten haben ein Bewusstsein ihrer selbst, sie gehören zu den wenigen Tierarten, die vor ihrem Spiegelbild reagieren. Das ist einer der Gründe, weshalb ich behaupte, dass hier eine Entscheidung vorliegt. Für die junge Elefantenkuh bedeutete es mehr Vorteile, an der Bindung festzuhalten, auch auf die Gefahr hin, infolgedessen das Leben zu verlieren.

Die Elefanten, deren kognitive Fähigkeiten wir erst allmählich ermessen, liefern ein wichtiges Element für die Theorie der Bindung. Die kognitiven Fähigkeiten einer Tierart mindern nicht die Stärke der Bindung, sondern fügen ihr eine gewisse Handlungsfreiheit hinzu. Das Beeindruckende an solchem Verhalten ist doch, dass es nicht zwangsläufig geschieht. Wenn aber die Bindung eine solche Stärke erreicht wie bei den Elefanten, dann ist auch der Schmerz, der sich bei jedem Verlust einstellt, ebenfalls an der Grenze des noch Erträglichen. Elefanten, die für die Liebe gemacht sind, kennen auch die Trauer.

Ein Meer aus Liebe

Sobald die Rede auf die Delfine kommt, ist die Mythenbildung nicht fern. Wir haben alle die Geschichten um Flipper und seine Nachfolger im Kopf. Der Kultfilm »Im Rausch der Tiefe« (Originaltitel: »Le Grand Bleu«) hat in Millionen Menschen den Wunsch geweckt, mit Delfinen zu tauchen. Und die Wissenschaft zieht nach. Wenn Forscherteams, die im Kontakt mit diesen Meeressäugern arbeiten, einer Frage auf den Grund gehen wollen, dann ist die Antwort im Allgemeinen über alle Erwartungen komplex.

Nach meiner Auffassung beruht die Bindung auf Freude und Schutz, von dieser Basis gehe ich aus. Unter Freude und Wohlgefühl verstehe ich die Befriedigung des Nahrungsbedürfnisses und die angenehmen Empfindungen, die der körperliche Kontakt durch alle Sinneskanäle verleiht. Der Schutz ist die Sicherheit und Geborgenheit, in die man flüchten kann und die zugleich Ausgangspunkt zur Erkundung der Welt ist.

Bei der Geburt ist das Delfinjunge zum Atmen auf Hilfe angewiesen. Es muss lernen, in einem Milieu zu überleben, das für ein auf die Luftatmung angewiesenes Säugetier Risiken birgt.

Im Wasser lauern zahlreiche Gefahren, die man kennen und überwinden lernen muss. Um hierfür gewappnet zu sein, muss man sich zuerst ernähren. Beim Delfin hat die Natur faszinierende Lösungen entwickelt. Man weiß, dass die Haut der Delfine unglaublich strömungsgünstig ist. Doch bei der Geburt sind Delfine behaart, genauer gesagt, sie tragen Barthaare an ihrer Schnauze, mit denen sie die Milchdrüsen der Mutter ertasten. Das Leben im Wasser hat auch zur Folge, dass sowohl an männlichen als auch an weiblichen Tieren keine Geschlechtsorgane oder Zitzen sichtbar sind, alles ist in Körperspalten verborgen.

Bei den weiblichen Delfinen liegen Darmöffnung, Vagina und Milchdrüse eng beieinander. Sehr rasch findet das Neugeborene dank seiner Barthaare die Spalte, in der die Milchdrüse versteckt ist. Aus einer Warze wird eine sehr nährstoffhaltige Muttermilch (sie soll zehnmal so nahrhaft wie Kuhmilch sein) in das Maul des Delfinjungen gespritzt.

Das ist alles Physiologie, Evolutionsgeschichte, aber die Fragen, die uns interessieren, ergeben sich daraus zwanglos.

Da eine Geburt im Meer mit Schwierigkeiten verbunden ist, bitten die trächtigen Mütter ihre Geschlechtsgenossinnen um Hilfe. Beobachter – auch bei der Zoohaltung, wo die Geburt von Delfinen gefilmt und fotografiert werden konnte – berichten von »Tanten« oder »Patinnen«, die die Mutter oder das Junge gleich nach der Geburt stützen und es an die Wasseroberfläche bringen, damit es seine ersten Atemzüge machen kann. Aber zum Säugen irrt sich das Junge nie, es erkennt stets seine Mutter. Das ist nicht verwunderlich, denn es hat elf bis zwölf Monate im Bauch der Mutter verbracht und kennt ihren Organismus so genau, dass es ihn unfehlbar identifiziert. Die Wärme der Milchspalte, die Nährstoffe, die sie spendet, geben ihm entscheidende Hinweise. Nach einigen Wochen beginnt das Junge selbst, Beute zu machen und die Nahrung der erwachsenen Tiere zu sich zu nehmen. Dennoch fahren die jungen Delfine über Monate, ja Jahre fort, an der Mutter zu saugen, ohne dass dafür eine biologische Notwendigkeit bestünde. Manche Beobachter sehen darin eine soziale Funktion, ich hingegen meine, dass dieses Verhalten im Licht der Bindung interpretiert werden muss.

Nicht bei allen Meeressäugern entfalten sich Bindung und Sexualität auf die gleiche Weise. In dieser Hinsicht geben sie uns eine Lektion in Toleranz. Bei den Delfinen gibt es neben der Notwendigkeit, den Nachwuchs zu säugen, auch Freiraum für die Lust am Kontakt. Die Mutter spielt zwar die zentrale Rolle im Kontaktverhalten, aber sie ist nicht die einzige Figur. Viele Delfinjunge verbringen viel Zeit unter Gleichaltrigen mit Schwimmen, Herumtollen und eindeutig sexuellen Spielen. An den Delfinen können wir entdecken, dass Liebe und Freundschaft entstehen, wenn die neuronalen Voraussetzungen vorhanden und die Verhaltensausstattung der Tierart die Fähigkeit zur komplexen Bindung einschließt.

Ist dies bei einer Art ganz offensichtlich, lohnt der Blick auf andere Arten, bei denen wir solche Qualitäten nicht erwarten. So gilt die Katze als Einzelgänger, daher hat man bei ihr nicht nach den Möglichkeiten zur Freundschaftsbindung gesucht. Wenn wir uns aber die Frage stellen, können wir auch bei Katzen Formen der Geselligkeit finden. Bei passenden äußeren Bedingungen, etwa in einem Tierheim, wird man auch zwischen Katzen Freundschaftsbeziehungen beobachten.

Die Delfine sind für uns besonders lehrreich. Ähnlich wie die Hunde zeigen sie uns, dass sich aus der Bindung ganz natürlich soziales Verhalten entwickelt. Bowlby vertrat wie gesagt die These, dass der Zweck dieser Verhaltensdisposition im Schutz gegen Räuber liege. Alles andere – nähren, Geborgenheit bieten, ein Lernmuster geben – seien nur Nebeneffekte der Grundfunktion.

Bei hoch entwickelten Lebewesen, ob bei domestizierten Fleischfressern oder Delfinen und Primaten, nicht zu vergessen bei uns Menschen, muss der Begriff des »Schutzes« freilich sehr weit ausgelegt werden. Für eine Mutter bedeutet »Schutz gewähren« eben auch, dem Kleinen den besten Platz in dem Milieu zu sichern, in dem es aufwachsen soll. Für eine Katze mag es genügen, wenn sie selbstständig wird und jagen lernt. Bei gesellig lebenden Tierarten kommt noch mehr hinzu, beispielsweise die Fähigkeit, Beziehungen zu knüpfen und den besten oder doch den begehrtesten Platz einzunehmen. Hierfür spielt die Bindung eine ausschlaggebende Rolle. Beim Hund haben wir gesehen, wie die hierarchische Struktur durch Nachahmung und Beobachtung übertragen wird. Beim Delfin sind die Verhältnisse noch komplizierter und treiben seltsame Blüten. Mit Manövern, die den Damen am Hof des Sonnenkönigs gefallen hätten, versuchen niederrangige Delfinkühe, Kontakte zu solchen Exemplaren zu knüpfen, die eine höhere Stelle in der Sozialhierarchie einnehmen. Sie erweisen den Höherrangigen kleine Gefälligkeiten und helfen ihnen bei der Aufzucht des Nachwuchses. Wie zufällig spielt dann ihr Junges mit dem Nachwuchs der »Upper Class«, und damit erhöht sich die Wahrscheinlichkeit, dass diese Freunde werden. Freundschaft aber hat unter Delfinen einen festen und dauerhaften Status. Untersuchungen haben ergeben, dass die Jungen von Delfinmüttern, die eine solche Strategie anwenden, bei ihrem Aufstieg in der sozialen Hierarchie eindeutig Vorteile haben. Die Bindung des Jungen an die Mutter ist die Grundlage, aber die Brutpflege geht insofern weit über den bloßen Schutz hinaus, als sie die Eingliederung in den Sozialverband fördert.

All jene, die in den Tieren nur Automaten sehen, werden sagen, dass die Mütter dies nicht mit Absicht tun, sondern lediglich einem Instinkt folgen. Um den Finalismus zu vermeiden, verbieten sich Verhaltensforscher allzu oft jede Hypothese zu absichtsvollem Verhalten. Nach dem von Morgan aufgestellten Grundsatz soll wie gesagt zur Erklärung eines Phänomens keine höhere Funktion bemüht werden, wenn auch eine niedere ausreicht. Das war sicherlich eine kluge Vorsichtsmaßnahme, doch heutzutage behindert sie das Denken. Ich sage deshalb zum Spaß, dass der Grundsatz Morgans eine großkalibrige Waffe im Feld des Denkens ist.

Die Psychologin Véronique Servais schlägt vor, Morgans Denkökonomie durch eine »evolutionäre Denkökonomie« zu ersetzen. Die wahrscheinlichste Hypothese bestehe darin, dass ähnliche Verhaltensmechanismen auch gemeinsame oder homologe Wege oder Methoden nutzen. Ob die Mütter nun versuchen, dem Nachwuchs durch Intrigen die besten sozialen Chancen zu vermitteln oder ihn durch ein komplexes Bindungsverhalten an das gefährliche Leben im Wasser anzupassen, in jedem Fall ist das nämliche Prinzip am Werk.

Der Delfin muss ein Dilemma lösen. Einerseits muss er sich bei seinen Erkundungen weit hinauswagen, andererseits muss er überleben. Nicht allen Delfinjungen gelingt das. Die Balance ist prekär zwischen einer zu engen Bindung, die sie zum Gefangenen der Mutter macht, und einer zu losen, die sie den Gefahren des Ozeans aussetzt. Nichts wissen oder nicht überleben, das ist überspitzt formuliert die Alternative für das Delfinjunge, aber auch für viele andere Tierarten. Bei der Lösung, die die Delfine gefunden haben, geht es um Bindung und die Verlagerung dieser Bindung. Die Delfinmutter kann und darf nicht bei allen Erkundungsphasen dabei sein, daher muss etwas von ihrer sicherheitgebenden Präsenz verlagert werden. Die »Freundschaften«, die Delfine mit Artgenossen knüpfen, sind der Weg, Schutzbedürfnis und Entdeckerlust zu verbinden: Ich bin ein junger Delfin, ich muss selbstständig werden, aber wenn ich es auf eigene Faust tue, sind meine Überlebenschancen gering. Deshalb knüpfe ich ein Freundschaftsband mit einem Artgenossen. Gemeinsam können wir mehr wagen, ohne dass es uns den Kopf kostet. Wenn die Situation zu gefährlich wird, steht der Rückweg zur Mutter immer offen. Als gesellig lebende Räuber müssen Delfine sich an das Leben im offenen Meer anpassen, und dazu entwickeln sie eine Bindung, die den Nestflüchtern entspricht. Im Meer gibt es kein »Nest«, der junge Delfin muss daher seiner Mutter folgen. Müsste er sich allein auf seine eigenen physischen Fähigkeiten verlassen, wäre das nicht möglich. Hüten wir uns vor Finalismus, aber die Anpassungsleistung ist erstaunlich. Das Neugeborene schwimmt derart in Staffelposition, dass der Körper der Mutter das Wasser vor ihm teilt und ihm die strömungsgünstigste Lage bietet. Später wird es sich in die »Kinderposition« begeben, unter der Mutter. Das ist für das

Schwimmen nicht ganz so optimal, bietet aber den besten Schutz. Das Junge muss der Mutter folgen, auf diesen Zweck hin ist das gesamte Verhalten ausgelegt. Es lernt, die Bewegungen der Mutter nachzuahmen und seine Bewegungen zu synchronisieren. Das Gleiche wird sich im Kontakt mit dem Freund wiederholen. Das Ergebnis ist eine perfekte Synchronisation auch in den Sprüngen – ein Anblick, der alle Reisenden immer wieder aufs Neue begeistert.

Aus dem Verhalten der Delfine können wir vieles entnehmen, aber sie geben uns noch mehr Fragen auf. Stammen Bindung, Liebe und Freundschaft aus derselben Quelle? Haben sie eine gemeinsame neurosensorielle Grundlage? Schließt der Schutz, den die Bindung bietet, bei den hoch entwickelten, gesellig lebenden Tierarten auch die Eingliederung in den Sozialverband ein? Kann die Mutter als Hauptbezugsfigur von anderen Figuren ersetzt und »angereichert« werden, sodass mehr Erkundung möglich wird, ohne den Schutz zu verlieren?

Betreffen diese Fragen den Delfin, den Menschen oder jedes Lebewesen?

Wen bei diesen Fragen der Schwindel ergreift, wird noch mehr Grund zum Staunen haben, wenn wir uns nun der letzten großen Tierfamilie unserer Untersuchungen widmen, den Menschenaffen, unseren Vettern.

Wie nah sie uns doch sind!

Die Affen halten uns den Spiegel vor; und was sie uns zeigen, ist so verwirrend, dass wir uns zunächst aller Vergleiche enthalten und nur das betrachten sollten, was sie uns darbieten.

Im Allgemeinen von Menschenaffen zu sprechen ergibt nicht viel Sinn, da sich jede Affenart, die unter diesem Oberbegriff geführt wird, durch Eigentümlichkeiten im Sexual- und Fortpflanzungsverhalten sowie im Sozialleben auszeichnet. Eine Gemeinsamkeit gibt es aber, und das ist die Bindung der Affenjungen an ihre Mutter. Und wie wir schon bei den gesellig lebenden Arten Hund und Katze gesehen haben, ist die Bindung von großer Bedeutung für das Sozialleben dieser Tiere. Komplexität und Freiheit ergänzen sich.

Einige Wissenschaftler, die das Bindungsverhalten bei den Affen untersucht haben, heben die Entkopplung von emotionaler Bindung und mütterlicher Pflege hervor, ein Hinweis, der Bowlbys Theorie der Bindung erweitert. Als Beispiel für ein solches Verhalten dient eine Makakenmutter, die zärtlich an ihrem Jungen hängt, aber ihm gegenüber auch heftige Reaktionen zeigt. Sie liebkost es, drückt es an sich und beruhigt es, aber sie kann es auch heftig auf den Boden werfen. Ihre mütterliche Pflege ist also, wie man mit angelsächsischem Understatement sagen würde, nicht angemessen. Und doch hat sie eine innige Bindung zu ihrem Jungen.

Die Affen unterscheiden sich im Bindungsverhalten je nach Sozialstruktur oder deren Fehlen.

Bleiben wir bei der Familie der Hominiden, zu denen außer uns Menschen die Orang-Utans, die Gorillas, die Schimpansen und die Bonobos gehören. Die Menschen haben sich vor einigen Millionen Jahren von den Menschenaffen getrennt, aber sie haben stammesgeschichtlich viele Gemeinsamkeiten.

In diesen Gattungen existiert als gemeinsames Merkmal die Bindung der Jungen an ihre Mutter. Doch schauen wir uns die fünf Gattungen näher an und sehen wir, wie sie leben und wie sich die Bindung in jeder Gattung im Einzelnen ausprägt.

Orang-Utan (Pongo pygmaeus) bedeutet auf Indonesisch oder Malaiisch »Waldmensch«. Schon der Name spricht von der großen Ähnlichkeit dieses Tieres mit dem Menschen. Der Orang-Utan lebt nicht grundsätzlich gesellig. Vielmehr herrscht je nach den Bedürfnissen und Perioden ein Wechsel von gemeinschaftli-

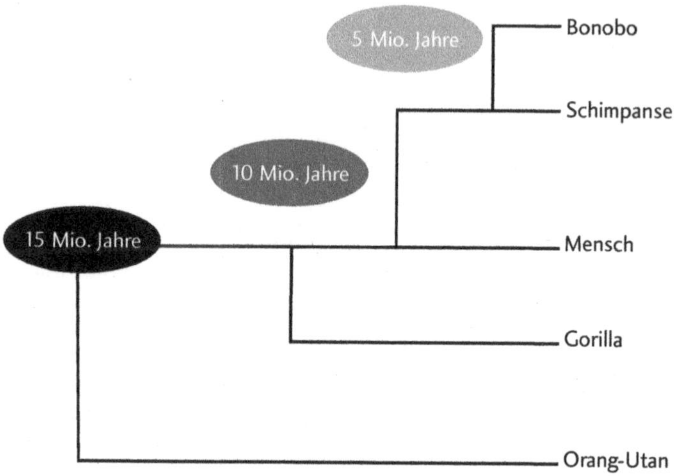

Abb. 1: Eine Familiengeschichte – stammesgeschichtliche Trennung in die verschiedenen Zweige der Familie der Hominiden

chem und einzelgängerischem Leben vor. Die Weibchen beanspruchen nur ein relativ kleines Revier (ungefähr 2 Quadratkilometer). Sie bringen nur jeweils ein Baby pro Geburt zur Welt, mit dem sie auch nach der Entwöhnung lange Zeit, mindestens fünf Jahre, zusammenleben. Die Weibchen vermeiden Zusammenrottungen, solange das Junge noch nicht ins Erwachsenenalter kommt. Erst mit acht bis zehn Jahren trennt sich der Nachwuchs von der Mutter und bildet Kleingruppen von zwei bis drei Heranwachsenden. Bei einer Lebenserwartung von dreißig bis vierzig Jahren hat ein Weibchen höchstens vier bis fünf Junge. Die Bindung ist also die einzige Beziehung für die beiden Protagonisten.

Die Gorillas (Gorilla gorilla) leben in Gruppen mittlerer Größe unter der Leitung eines männlichen Leitaffen (dem Silberrücken). Er schart mehrere Weibchen um sich. Die Tragzeit ist ähnlich lang wie bei den Menschen (zwischen 260 und 270 Tagen), und die Jungen bleiben ihr Leben lang ihrer Mutter verbunden.

Will ein Junggorilla eine eigene Gruppe bilden, muss er seine Geburtsgruppe verlassen und einige Weibchen mitnehmen. Dies gibt Anlass zu heftigen Kämpfen, auch Infantizid kommt vor. Dass der Nachwuchs getötet wird, mag uns schockieren, doch dürfen wir nicht vergessen, dass dieses Verhalten auch unter Menschen praktiziert wurde. Interessanter ist die Frage, welche Mechanismen hinter einer solchen Haltung stehen.

Die Bande zwischen Mutter und Nachwuchs halten das ganze gemeinsame Leben. Die Bindung schützt vor Räubern, aber das allein genügt nicht, um das Junge vor allen Gefahren zu bewahren. Die affektive Bindung zwischen der Mutter und einem männlichen Tier ist ausschlaggebend, um dem Risiko des Infantizids in der Gruppe zu entgehen.

Die geselligen Schimpansen (Pan troglodytes), bei denen auch Infantizid vorkommt, leben in großen Gruppen von bis zu hundert Individuen. Bei ihnen ist die Weitergabe zahlreicher Kenntnisse und Fertigkeiten am besten untersucht worden. Angesichts dessen stellt sich die Frage, ob Kultur auch im Tierreich möglich ist. Grundlage ist die Mutter-Kind-Beziehung und die Tatsache, dass das Junge lange Zeit in Kontakt mit der Mutter bleibt. In fünf bis sechs Jahren körperlicher Nähe zur Mutter erwirbt der Nachwuchs komplexe, individuelle Fertigkeiten. Auch bei den Schimpansen schützt die Bindung den Nachwuchs weniger vor Räubern als vielmehr vor Artgenossen oder sogar Familienmitgliedern. In den Schimpansensozialisationen geht es gewalttätig zu insofern, als die dominierenden Männchen viel Zeit auf Rangkämpfe verwenden. Männchen, die von außen in den Familienverband eindringen, können Neugeborene oder sehr junge Tiere angreifen und töten, damit die Weibchen wieder empfängnisbereit sind. Wird die Hierarchie innerhalb der Affengesellschaft gestürzt, können solche Angriffe auch innerhalb der Gruppe geführt werden. Je höher das Risiko, desto fester ist die Beziehung der Mutter-Kind-Dyade.

Von allen Affen sind es die Bilder der Bonobos (Pan paniscus), die uns am meisten an die Freude erinnern, die wir im Umgang mit Kindern haben können. Die Spiele zwischen Mutter und Kindern geben Anlass zu Szenen, die sogleich Erinnerungen wecken. In dem Buch *Bonobos* von Frans de Waal und Frans Lanting[7] gibt es das Foto eines Spiels, das ich oft mit meinen beiden Söhnen gespielt habe. Ich lag auf dem Rücken, die Beine aufrecht gestellt, während mein Sohn sich waagerecht auf meine Füße legte und nach meinen Händen griff. Ich nannte das »den Flieger«. Wie erstaunt war ich, als ich auf dem Foto das gleiche Spiel sah, ebenfalls mit der gleichen Bezeichnung, allerdings in Anführungszeichen, diesmal von einer Bonobomutter und ihrem Jungen ausgeführt. Die Bonobos leben ganz anders als ihre Brüder, die Schimpansen. Im Zentrum dieser Affengesellschaft stehen die Weibchen, die ihre Sexualität – sowohl homo- als auch heterosexuell – zur Befriedung des Soziallebens einsetzen.

Halten wir fest, dass es bei den Bonobos das Risiko des Infantizids so gut wie nicht gibt. Das hat seinen Grund in einem Sexualverhalten, bei dem die Männchen nicht erkennen können, wer ihre eigenen Nachkommen sind. Ich bin immer aufs Neue erstaunt, wenn ich solche Erklärungen in Fachzeitschriften lese. Bei den Löwen und anderen Tierarten nimmt man an, dass die männlichen Tiere ihre eigenen Kinder unterscheiden können von dem Nachwuchs, der von anderen Männchen gezeugt wurde, und dass sie daher Selektion unter ihnen praktizieren. Wie konnte diese Fähigkeit verloren gehen? Stützen sich solche Annahmen auf Beobachtung, oder sind sie die Frucht unserer unbegründeten Gewissheiten und Projektionen? Die Frage muss gestellt werden.

Mir gefällt die Wissenschaft, die zweifelt und ihre Grundlagen infrage stellt. Dank meiner Erfahrung als Veterinär bin ich gefeit gegen Wahrheiten, die aus Laborexperimenten oder Beobachtungen von Tieren in Gefangenschaft stammen. Das wirkliche

Leben ist immer komplexer, schöner und nicht reduzierbar. Gewiss, für wissenschaftliche Erklärungen sind Hypothesen und Klassifikationen nötig, aber ganz gleich, ob es sich um die Funktionsweise des Gehirns, um soziale Strukturen oder um die affektive Bindung handelt, man muss neben den Hypothesen und Lehrsätzen immer die Augen offen halten für das, was das Leben Neues hervorbringt. Man muss die wissenschaftlichen Erklärungsmodelle, die gültig, aber stets unvollständig sind, auch wieder infrage stellen können.

Bei den Bonobos gibt es also kein Infantizidrisiko, und die Bindung ist bei ihnen sehr stark. Der Sexualzyklus der Weibchen ist so ausgelegt, dass sie sehr lange begattungsbereit sind. Dies ist als Erklärung dafür angeführt worden, weshalb die Männchen wenig um die Weibchen rivalisieren. An dieser Stelle ist der Hinweis erlaubt, dass beim Menschen die Begattungsbereitschaft maximal ist, sich aber offenbar nicht derselbe Effekt einstellt wie bei den Bonobos. Ferner hat man die Nahrungsfülle im natürlichen Habitat der Bonobos als Grund dafür angesehen, dass die Aggressivität gering ist und dass sich eine weibliche Homosexualität entfaltet, die zu einer Vormachtstellung der Weibchen führt. Selbst die kühnsten Forscher sind angesichts dieser Entwicklung sprachlos. Ich sehe bis jetzt allein die Stärke der Bindung. Wenige äußere Gefahren und ein abgeschwächter Überlebenskampf haben die Bindungen zwischen Jungen und Muttertier keineswegs geschwächt, sondern im Gegenteil: Sie haben sich erst richtig entfaltet. Darin muss man meiner Ansicht nach einen weiteren Beleg für die positive, lustspendende Kraft der Bindung sehen.

Fünf Gattungen bilden die Familie der Hominiden, uns fehlt nur noch der Mensch, der Homo sapiens. Wenn wir den Menschen in einem Atemzug mit seinen Brüdern oder Vettern nennen, werden wir uns Kritik und den Vorwurf einhandeln, keine Unterschiede machen zu wollen und ein Anhänger des Antispeziesismus zu sein. In der Arbeitsgruppe, die Boris Cyrulnik leitet und an der ich auch teilnehme, macht man sich das Vergnügen, meine Gedanken zum Thema zu hören, was denn das Wesen des Menschen sei. Dazu musste ich über Dinge wie Humor, Empathie, Kunst, Widerstandskraft und so weiter nachdenken. In der Gruppe fällt mir die Rolle des Pflichtverteidigers zu. Als Veterinär habe ich die Tiere zu verteidigen oder die Gemeinsamkeiten beziehungsweise Unterschiede zwischen Tier und Mensch zu erläutern. Aus eigenem Antrieb hätte ich mir solche Themen nicht ausgesucht, aber die Umstände haben mich dazu gebracht, und heute bin ich sogar froh darüber. Ich trete für den Unterschied zwischen Tier und Mensch ein, niemals habe ich die Gleichheit zwischen den Gattungen der Lebewesen proklamiert.

Andererseits haben die Ergebnisse der Forschung mich in der Auffassung bestärkt, dass es sich nur um einen Unterschied des Grades, aber nicht des Wesens handelt. Dass der Mensch, ausgehend von einem bloß graduellen Unterschied, etwas Neues, anderes geschaffen hat, das ist eine Tatsache, die uns jeden Tag vor Augen geführt wird. Ich habe gelesen, dass der Unterschied in dem nicht umkehrbaren Prozess der menschlichen Kultur liege. Vielleicht. Ich frage mich, wie lange es nach einer planetarischen Katastrophe bräuchte, die Menschheit auf ihre tierischen Anfänge zurückzuwerfen, beziehungsweise wie lange es dauern würde, bis sie ihr verlorenes Wissen wiederhergestellt hätte.

Die fünf Gattungen der Hominiden leben erstaunlicherweise in ganz unterschiedlichen sozialen Strukturen. Orang-Utans sind Einzelgänger, Schimpansen rotten sich zu großen Horden zusammen, in denen die Männchen dominieren, Gorillas leben in kleinen Gruppen unter der Führung eines Silberrückens, Bonobos wiederum bilden Großfamilien, in denen die Weibchen das Sagen haben, während beim Menschen die Kleinfamilie das Muster bildet. In der Vielfalt der Sozialformen gibt es eine Konstante, nämlich die affektive Bindung und ihre Funktion als

Schutz der Jungen vor den Gefahren ihrer artspezifischen Lebensweise.

Manchmal genügt es schon, einen Blick auf die »kleineren« Menschenaffen, die *lesser apes*, zu werfen, um Muster zu finden, die dem Menschen noch ähnlicher sind. Bei den Gibbons beobachtet man ebenfalls Kleinfamilien, in denen sich Vater und Mutter gemeinsam um die Pflege und Aufzucht der Jungen kümmern. Diese Affen gehen gern auf zwei Beinen, und sie leben monogam* – jedenfalls im Prinzip, so viel zu den Gibbons.

Ein solcher Überblick, der uns von Gattung zu Gattung und in großen Sprüngen innerhalb des Tierreiches von den Vögeln zu den Säugetieren, von wild lebenden Tieren zu Haustieren, von unseren nahen Vettern zu uns ganz fern stehendem Federvolk führt, kann nicht anders als zusammengewürfelt, unvollständig und unausgewogen sein. In jedem Fall muss eine Wahl getroffen werden, und ich bekenne mich zu meiner Vorliebe für die Tierarten, die mich interessieren und deren Beispiele mir besonders aufschlussreich scheinen. Das Faszinierende an der affektiven Bindung ist ihre Universalität, die Tatsache, dass sie in ganz unterschiedlichen Gattungen und unabhängig von der jeweiligen Sozialstruktur anzutreffen ist. Die Beispiele, die ich in diesem Kapitel vorgestellt habe, sind Belege für die Kraft der Liebe und Fürsorge. Ohne die Unterschiede zwischen Tier und Mensch leugnen zu wollen, darf behauptet werden, dass diese Kraft nicht auf den Homo sapiens beschränkt ist.

* Bei den Gibbons hat man eine Rate von 12 Prozent EPC (Extra-Pair Copulation), also Seitensprüngen, festgestellt. Das könnte ein Grund für die geringe Rivalität zwischen den Gruppen sein.

Die Freiheit der Liebe

»Wissenschaftliche Wahrheit zeichnet sich durch Kohärenz und Effizienz aus, poetische Wahrheit durch Schönheit.«

Aimé Césaire

Eine freie Wahl ist die Bindung nicht, und doch bringt sie Freiheit mit sich. Die Art und Weise, wie wir lieben, ist auch der Beweis für unsere Einzigartigkeit. Ob wir Mensch oder Tier sind, Vater oder Mutter, Freund oder Liebhaber, ob treu oder untreu – wir alle kennen die Liebe. Sie bringt uns einander näher, aber keine Liebe gleicht der anderen, und das macht uns einzigartig.

Die Fähigkeit zur Bindung beruht zunächst einmal auf so komplexen Phänomenen, wie sie auch beim einfühlsamen Verstehen eines anderen Menschen und seiner Emotionen auftreten. Darüber hinaus fußt sie auf biologischen Tatsachen, die sehr individuell sind, aber auch dem Zwischenraum in einer Bindungsbeziehung angehören. Um hier zu einem umfassenderen Verständnis zu gelangen, müssen die Fragestellungen zweifellos ganz anders lauten. Ferner darf die Natur nicht als Geisel dienen, indem wir an alles die Messlatte unserer menschlichen Werte sowie moralischen und kulturellen Vorstellungen legen. Der Schriftsteller und Politiker Aimé Césaire (1913–2008) schien mit seiner oben zitierten Bemerkung an die Bindung zu denken, die Kohärenz, Effizienz und Schönheit vereint und damit unter Beweis stellt, dass wissenschaftliche und poetische Wahrheit koexistieren können. Wir sind daher aufgefordert, neue Denkweisen zu entwickeln.

Dadurch gelangen wir zu unglaublichen Entdeckungen, und die größte Überraschung löst die Bindung immer dann aus, wenn sie sich dort einstellt, wo wir sie nicht erwartet haben.

Auch folgende Tatsache weckt unser Interesse: Die Vaterschaft tritt bei Säugetieren mit nur geringer Wahrscheinlichkeit auf, weil die männlichen Vertreter kaum über besondere Qualitäten verfügen, um die Freuden einer elterlichen Bindung kennenzulernen. Wie kommt es aber, dass wir sie schließlich doch in einigen Gattungen vorfinden? Und was lehren uns die Vögel, die so lange das Paradebeispiel einer fehlenden kognitiven Entwicklung waren und deren Fähigkeiten wir heute neu entdecken?

Auch wenn jede Gattung schon ein eigenes Bindungsverhalten besitzt, so dürfen wir nicht vergessen, dass innerhalb der Gattung jedes Individuum und jede Mutter-Kind-Dyade eine ganz individuelle und unteilbare Form der Liebe finden muss.

Natur oder Kultur?

Wir stellen an die Tiere oft falsche Fragen, weil es typische Fragen von Menschen sind, die Tiere doch beim besten Willen nicht beantworten können; und so stehen sie wie die Dummen da. Manchmal höre ich im Traum einer Versammlung von Delfinen zu. Sie studieren Menschen, die wohl eine neue Sintflut zu einem Leben im Wasser gezwungen hat. Vielleicht beginnt der geistig aufgeschlossenste Delfin unter ihnen seine Einführungsvorlesung mit folgenden Worten: »Liebe Kollegen und Freunde, ich versichere Ihnen, diese Gattung ist nicht uninteressant. Natürlich sind sie bedauernswerte Geschöpfe, die nicht wie wir beim Schwimmen schlafen können. Sie können nicht einmal mit einem Fuß auf einem im Wasser treibenden Baumstamm stehen und sich ausruhen wie einige mit uns befreundete Vögel. Von der Geschwindigkeit, mit der sie schwimmen, will ich gar nicht erst reden ... Trotz dieser hinlänglich bekannten Defizite und Mängel (sie verfügen nicht einmal über eine Ortung mit Sonar) und trotz ihrer mangelhaften Ergebnisse beim DIAT (dem Dolphin Intelligence Assessment Test; dabei müssen in einem ersten Teil Fischschwärme über Radar erkannt werden, und in einem zweiten Teil geht es um die charakteristischen Pfeiflaute, über die junge Delfine schon mit sechs Monaten verfügen) denke ich immer noch, dass sie eine elementare Form von Intelligenz haben.«

Ich schrecke aus dem Schlaf hoch: Zum Glück stimmt das nicht, die Erde mit ihrem festen Grund und Boden ist noch immer da! Wir können sie noch zerstören oder aber bewahren, indem wir aufhören, Tiere vor unlösbare Probleme zu stellen, sondern sie in die Überlegungen zu wichtigen Fragen ihrer und unserer Existenz einbeziehen.

Das bedeutet jedoch nicht, sich mit einem Delfin, einem Elefanten und einem Bonobo an einen Tisch zu setzen, denn dann begingen wir denselben Fehler in verstärkter Form und wiederholten die Ungerechtigkeit. Es geht im Grunde nur um eine andere Art der Beobachtung, die auf Respekt, Neugier, Lust, Solidarität und sicher auf Liebe beruht.

Es ist erfreulich, dass in unzähligen wissenschaftlichen Veröffentlichungen diese Einstellung wächst. Fragen wir deshalb die Tiere nicht mehr, *ob* sie sich lieben, sondern schauen wir einfach zu, *wie* sie sich lieben und welche harmonischen Empfindungen das in uns wecken kann. Stellen wir also weniger abstrakte Erklärungsversuche an und zeigen dafür mehr Sensibilität!

Ist die Bindung die Grundlage sozialer Kontakte überhaupt, oder tut sich zwischen Bindung und romantischer Liebe, zwischen Vaterschaft und Mutterschaft eine neue Kluft auf? Führen wir unsere Untersuchung in Tuchfühlung mit den uns umgebenden Gattungen fort, müssten wir eigentlich auf die Trennungslinie – sofern sie existiert – stoßen und naturgegebene und funktionale Unterschiede feststellen oder im Gegensatz dazu die Kontinuität zwischen ihnen hervorheben.

Für Bowlby war Bindung ein aktiver Vorgang, der vom Kind ausgeht und sich auf die Mutter richtet. Bowlby weigerte sich, diesen Begriff für das Verhalten der Mutter zu verwenden, und sprach bei ihr lieber vom »Pflegeverhalten«. Mir fallen dabei sofort Bilder von Affen- oder Hundemüttern ein, wie sie sich mit einer Krankenschwesternhaube auf dem Kopf über ihr Kleines oder ihren Wurf beugen.

Die Strukturen in der Bindung zwischen Kind und Mutter sind bekannt; sie überlagern sich größtenteils und liegen im emotionalen Gehirn, im limbischen System, dessen Regulationsmechanismen und Auswirkungen umso komplexer sind, je stärker der präfrontale Kortex mit einbezogen ist. Die Bindung wird beim Menschen durch symbolische, kulturelle, gelegentlich auch religiöse Dimensionen verstärkt, die wir hier in Bezug auf die Tiere nicht erörtern. Besondere Faktoren in der Umwelt (von ihren Familien getrennte Kinder), in der Politik (Waisenhäuser in Rumänien und in vielen anderen Ländern), in ethischer Hinsicht (minderjährige Mütter, Kinder infolge von Vergewaltigungen) und in der Religion (Verbot empfängnisverhütender Mittel, strikte Ablehnung der Abtreibung, selbst in extremen Fällen von Inzest und Vergewaltigung) können gerade innerhalb der menschlichen Gattung die fundamentale Beziehung zwischen Mutter und Kind massiv beeinträchtigen. Die Bindung erhält durch die Komplexität der menschlichen Zivilisation eine gewichtige unbekannte Komponente.

Das A und O der Bindung bei den Ratten ist das Belecken durch die Rattenmutter. Das Verhalten folgt in seiner Häufigkeit der sogenannten Gauß'schen Normalverteilung und führt zur

Furchtlosigkeit der Jungen. Viele werden ohne Zögern noch einen Schritt weitergehen und behaupten, dass auch beim Menschen das Verhalten der Bindungsperson, meistens der Mutter, für die Entwicklung des kleinen Kindes verantwortlich ist. Das stimmt nur zum Teil, denn neuere Forschungsergebnisse haben gezeigt, dass die Mutter lediglich *ein* Element in den Entwicklungsbedingungen des Kindes ist, auch wenn sie naturgemäß den Mittelpunkt für ihr Kind bedeutet. In den letzten Jahrzehnten waren zu viele Mütter der Kritik ausgesetzt, weil ihnen die Verantwortung für so schwere Krankheiten wie Schizophrenie und Autismus zugeschoben wurde. So musste man anfangen, sich bei ihnen im Namen aller Wissenschaftler zu entschuldigen, die manchmal sehr reduktionistisch vorgegangen waren. Zum richtigen Verständnis bedarf es sicher einer Analyse der gesamten Beziehung und ihrer Auswirkungen, aber dabei muss äußerst behutsam vorgegangen werden, weil überall Gefahren lauern.

Viehzüchter von milchgebenden Tieren wie Kühen, Ziegen und Schafen sprechen ohne Weiteres von einer »guten Mutter« und einer »schlechten Mutter«, je nachdem, ob sie ihren Nachwuchs spontan oder weniger spontan akzeptiert, ob sie viel oder wenig Milch gibt und ob sie ein verwaistes Tier bei sich aufnehmen kann. Die Bezeichnungen »gut« und »schlecht« spiegeln im Bereich der Züchtung die ökonomische und objektive Realität wider. Eine Übertragung auf menschliche Verhältnisse ist unzulässig. Hier liegt für die Bindungstheorie eine große Gefahr. Natürlich kann sie vor allem darauf aufmerksam machen, dass es in erster Linie positive Gefühle sind, die Lebewesen miteinander verbinden, und sie vermag auch alle Variationen, alle verschiedenen Funktionsweisen und alle individuell geprägten Formen der Liebe zu erfassen – sie kann aber auch zu einem fürchterlichen Instrument für eine Kategorisierung der Menschen werden. Wer für Nuancen kein Gespür hat, der läuft Gefahr, aus den Arbeiten zur Bindung voreilig dramatische Schlussfolgerungen zu ziehen:

Mütter sind dann gut oder schlecht; ihr Verhalten führt zu Kindern, die sich mehr oder weniger erfolgreich in der Welt zurechtfinden und entweder Sieger mit grenzenlosem Selbstvertrauen oder schon im Voraus Verlierer ohne solides Fundament sind. Wer als Tier- oder Menschenjunges nicht genug oder gar nicht geliebt wurde, der wird es in der Liebe nicht weit bringen und keine harmonische Beziehung aufbauen. War die mütterliche Bindung – aus welchen Gründen auch immer – unzureichend, dann pflanzt sie sich wie ein Fluch von Generation zu Generation fort. Wen packt nicht der Schrecken angesichts einer solchen Bestandsaufnahme?

Und doch ist es leicht, sich davon zu überzeugen, dass sie nicht zutrifft. Dass es derartige Auswirkungen gibt, ist unbestritten, aber auch sie unterliegen dem Einfluss verschiedenster Faktoren, die andere Perspektiven eröffnen.

Erneut wird die Begrenztheit der Fragestellung »Natur oder Kultur?« in aller Klarheit deutlich. Der Versuch einer präzisen Abgrenzung zwischen den Informationen auf einem DNS-Strang und dem vermittelnden Einfluss der Umwelt führt in eine erkenntnistheoretische Sackgasse, beispielsweise im Fall von Ratten.

Eine erwachsene furchtlose Ratte stammt entweder von einer furchtlosen Rattenmutter ab, von der sie hinreichend geleckt und aufgezogen wurde, oder von einer ängstlichen Rattenmutter und von einer erwachsenen Rattenmutter, die gern und oft geleckt hat und sie auch aufzog. Deshalb ist es so gut wie sicher, dass in einem Wurf von ängstlichen Rattenjungen zwei oder drei darunter sind, die mutiger sind als die übrigen. Ferner muss dabei der Einfluss der Umwelt berücksichtigt werden. In einem widrigen Umfeld haben Ratten mit umsichtigem Verhalten bessere Überlebenschancen als solche, die ihr tollkühnes Verhalten teuer bezahlen. Die Feststellung aber, wie hoch der prozentuale Anteil von ängstlichen und mutigen Ratten ist, hängt von der jeweiligen Definition der Begriffe ab und steht nicht allgemeingültig und objektiv fest. Furchtlose und ängstliche Ratten, wie wir sie heute beobachten, sind in den Augen einer anderen Kultur leichtsinnige und vorsichtige Ratten.

Die verschiedenen Wissenschaftszweige müssen – und das ist der einzige Weg – ihre Ergebnisse in Einklang bringen. Keineswegs sollen damit Forscher an hoch spezialisierter Forschung gehindert werden, aber wichtige Resultate sollten einem Gremium mit Vertretern aus den verschiedensten, oft diametral entgegengesetzten Wissensgebieten vorgelegt werden, um eine Synthese der Erkenntnisse vorzunehmen.

Mutter- und Vaterschaft

Unser Ausgangspunkt ist die Mutterschaft, deren Auswirkungen wir zum Teil schon untersucht haben. Sie erfüllten uns mit Bewunderung und mahnten uns zur Zurückhaltung. Sobald der Grad an Freiheit zunimmt, kommt es zu unterschiedlichen Verhaltensweisen, die aber nichts über die Quantität oder Qualität der Liebe aussagen.

Mütter und Wunder

Ob es sich um Neugeborene bei Ratten, Delfinen, Hunden oder Menschen handelt – alle werden sie von einer Mutter geboren, die sie nicht ausgewählt haben, die ihnen aber für ihr Leben die genetische und epigenetische Ausstattung sowie Verhaltensweisen vermittelt. Schon während der Schwangerschaft und viel stärker noch nach der Geburt spielen Umweltbedingungen eine Rolle. Mütter unterscheiden sich sehr voneinander, und das ist für jede Gattung eine Bereicherung. Die zwei Pole der Bindung – Sicherheit und Wohlbefinden – zeigen sich auf unterschiedlichste Weise und schaffen so unendlich viele Muster von Bindungsverhalten.

Auch wenn wir an diesen Unterschieden festhalten und die verschiedenen Arten, Mutter zu sein, in keiner Weise moralisch bewerten, so scheint mir die Mütterlichkeit immer noch die einfachste Art zu sein, die Kontinuität des Lebens zu empfinden. Die meisten Frauen spüren ein Gefühl der Vertrautheit und Solidarität beim Anblick einer Löwin mit ihren Jungen, einer Delfinmutter mit ihrem Kalb oder einer Elefantenkuh und Schimpansin mit ihren Neugeborenen. Für das, was die Tiermutter empfindet, haben sie ein tiefes Verständnis, und ihre Empathie, ein wichtiger Begriff, stellt sich mühelos ein. Das gilt umso mehr für solche Frauen, die schon geboren haben, aber sogar Frauen, die nicht geboren haben (was keinerlei Abwertung bedeutet) und Freuden und Leiden von Geburt und Mutterschaft nicht kennen, sind oft sehr gerührt.

Konrad Lorenz hatte schon 1943 gezeigt, warum in jeder Gattung der Anblick von Kleinkindern Erwachsene emotional bewegt. Die runde Form der Stirn und die eigentlich zu großen Augen im Gesicht sind lauter Merkmale (Kindchenschema), die bei Erwachsenen ein »Fürsorgeverhalten« auslösen, und das geschieht auch zwischen den Gattungen. Walt Disney hat diesen Sachverhalt sehr gut verstanden, seine Figuren mit positiven Merkmalen entsprechen im Allgemeinen diesem Aussehen.

Männer und Frauen, Jungen und Mädchen sind von solchen Bildern gerührt, auch wenn innerhalb der menschlichen Gattung Mädchen für solche Signale empfänglicher sind und im Allgemeinen etwas empathischer reagieren. Wir gehören einer jener seltenen Art von Säugetieren an, in denen der Vater sich um seine Jungen kümmert – zumindest mehr als in früheren Zeiten ... Forscher schätzen, dass sich bei den Säugetieren nur 3 oder 4 Prozent der Väter an der Pflege des Nachwuchses betei-

Konrad Lorenz

Abb. 2: Kindchenschema – Vergleich charakteristischer Gesichtsproportionen bei Kleinkindern und Erwachsenen verschiedener Spezies

ligen. Das ist nicht viel, zumal auch der Ausdruck »sich an der Pflege beteiligen« relativiert werden muss. Bei den meisten Primaten beschränkt sich die Pflege darauf, das Junge oder die Jungen im Bedarfsfall zu transportieren. Ich möchte meine Artgenossen nicht kränken, wenn ich auf eine aktuelle Umfrage des INSEE[8] hinweise, des staatlichen Instituts für Statistik und Wirtschaftsforschung, wonach die Männer nur 20 Prozent der Hausarbeiten übernehmen. Die OECD ist auch nicht gerade glücklich, dass eine bestimmte Kurve seit dem letzten Jahrzehnt wieder nach unten zeigt: Nachdem der Prozentsatz der Männer, die Hausarbeiten verrichteten, kontinuierlich angestiegen war, ging er während der letzten zehn Jahre von Neuem zurück, und zwar auch dann, wenn die Kinderzahl zunahm. Bei den Vögeln war es genau umgekehrt, und viele Forscher versuchten nun herauszufinden, welchen Nutzen die Männchen haben, wenn sie sich um Jungvögel kümmern.

Wir müssen jedoch Folgendes betonen: Diese Studien untersuchten die Lust an der Pflege des Nachwuchses – ob bei Vögeln oder Säugetieren – und hätten auch die immer neuen Verhaltensweisen im Bereich von Bindung, körperlicher Nähe und Distanz berücksichtigen können. Sie wurden jedoch nie erwähnt beziehungsweise mit zwei Sätzen abgetan.

Zwei Flügel für die Väter

Für die Vögel gilt als wahrscheinlichste Hypothese wohl der Vorteil bei der Fortpflanzung. Die überwiegende Zahl der Vogelarten ist sozial monogam; das heißt, sie bilden eine dauerhafte Paarbeziehung, in der beide Partner die meiste Zeit miteinander verbringen. Der Begriff der »sozialen Monogamie« tauchte auf, als Wissenschaftler das DNA-Profil erstellen konnten und feststellten, dass sogar in der Klasse der Vögel die Befruchtungsrate außerhalb der Paarbeziehung nur in seltenen Ausnahmen gegen null strebte, sondern bei 10 bis 50 Prozent und mehr lag. Der Begriff der »genetischen Monogamie« trifft nur zu, wenn keine Befruchtung außerhalb der Paarbeziehung erfolgt.

Die Kopulationsrate außerhalb des Paares scheint umgekehrt proportional zum väterlichen Engagement zu sein.[9] Je mehr die Weibchen für die Versorgung auf die Männchen angewiesen sind, desto weniger riskieren sie eine »außereheliche Beziehung«, denn dadurch könnten sie die Bereitschaft des mutmaßlichen Vaters schwächen, sich mit ihnen um das Gelege zu kümmern.

Zwei Wissenschaftler, die umfassend das väterliche Pflegeverhalten bei Vögeln untersucht hatten, waren, wie der Bericht über ihre Entdeckungen erkennen ließ, doch etwas frustriert von ihren Schlussfolgerungen.[10] Bei Vogelarten, in denen die Weibchen außerhalb des Paares die wenigsten Kopulationen hatten, beteiligte sich das Männchen aktiv an der Brutpflege. Eine dabei parallel verlaufende Entwicklung führte zu einem nicht oder nur schwach vorhandenen Sexualdimorphismus: Männchen und Weibchen waren in ihrer äußeren Erscheinung so ähnlich geworden, dass eine Unterscheidung schwierig wurde.

Je mehr die Männchen sich »im Hause« betätigen, desto mehr büßen sie ihre spezifischen Merkmale ein, vor allem ihr spektakuläres Gefieder. Um das Weibchen in ihr Nest zu locken, sind in den meisten Vogelarten die Männchen mit ihrem farbenprächtigen Federkleid ausgestattet.

In einer weiteren Veröffentlichung[11] wird zugegeben, dass eine einzige Hypothese nicht alle Beispiele väterlichen Pflegeverhaltens erklären kann. In dieser erschöpfenden Zusammenfassung erinnert C. Cockburn daran, dass nur in 1 Prozent der Arten die Männchen den Nachwuchs versorgen, in 8 Prozent dagegen kommt dieses Privileg den Weibchen zu. Der häufigste Fall ist die gemeinsame Aufzucht, die entweder alle Tätigkeiten umfasst, darunter auch das Brüten, oder auf die Verteidigung des Nestes beschränkt ist.

Wenn Vögel Gegenstand wissenschaftlicher Forschungen sind, taucht nie der Begriff der »Lust« auf. Auf diesen Gedanken muss man erst einmal kommen, und dann mag ein kluger Kopf Mittel und Wege finden, um die Lust zu suchen, sie nachzuweisen und, warum nicht, sie zu messen. Die erste Überraschung, die vielleicht weitere Nachforschungen in dieser Richtung stimuliert, wird für die Wissenschaftler die Erkenntnis sein, dass die Männchen ihre Pflege auch solchen Jungvögeln zukommen lassen, die nicht ihre eigenen sind. Warum soll in den Taxonomien und Evolutionslinien, in denen mehr als 80 Prozent der Männchen an der Aufzucht der Jungen beteiligt sind, nicht von Vorteilen die Rede sein, die ganz anders sind als der schlichte Vorteil bei der Fortpflanzung?

Gnadenlose Väter

Die Verhältnisse bei den Säugetieren sind anders. Die Männchen beteiligen sich selten an der Aufzucht, dafür kommt es häufiger zur Tötung von Jungtieren, ebenjenem Infantizid. Das schockiert uns, weil es Rousseaus These erschüttert, Tiere, darunter auch die Menschen, seien von Natur aus gut, und nur die Kultur hätte sie verdorben.

In der Verhaltensforschung spielt die Moral noch immer keine Rolle (die Untersuchungen zu den Grundlagen der Moral fangen gerade erst an). Wir versuchen daher, folgende Fragen des niederländisch-britischen Ethologen Nikolaas Tinbergen (1907–1988) zu beantworten: Wie sehen in evolutionärer Perspektive die Fernursachen oder ultimativen Ursachen der Infantizide aus, und welchen Nutzen hat der Täter davon?

Die Hypothese ist für Löwen oder Menschen, Delfine oder Affen fast immer dieselbe: Die Auslöschung der Abstammungslinie eines anderen Männchens oder eines Weibchens, mit dem der Täter kopulieren möchte, begünstigt die Verbreitung seiner Gene, denn danach sind viele Weibchen sexuell wieder verfügbar, weil sie keine Jungtiere mehr säugen müssen.

Dieser Sachverhalt ist wahrscheinlich bei der beliebtesten Tiergattung unserer Zeit, den Delfinen, eine so schreckliche Realität, dass Zeitungen sie einem breiten Publikum verschweigen, weil sie nicht in unser Bild von Delfinen passt. Junge Delfine sind die Beute von Haien, wenn sie sich zu weit von ihren Müttern entfernen, aber die größte Gefahr scheint doch von den Männchen der eigenen Art auszugehen. Erschreckend sind die Beschreibungen der Verletzungen von jungen Delfinen: Kopf- und Brustwunden, die nachweislich Zahnspuren anderer Delfine aufweisen; Blutungen in der Lunge aufgrund gebrochener Rippen durch Kopfstöße in die Seiten und zahlreiche innere Verletzungen. In den Kommentaren zu den Statistiken über gestrandete Delfine war lange Zeit die Rede von Aggressionen anderer Arten oder von Zusammenstößen mit Schiffen. Die Wahrheit kam bei der Untersuchung gestrandeter Schweinswale ans Licht. Das sind kleine Wale; ein ausgewachsener Schweinswal ist so groß wie ein junger Delfin (ungefähr 1,25 Meter). Es war bekannt, dass Delfine Schweinswale angreifen. Der Vergleich der Verletzungen bei Schweinswalen mit den Wunden bei toten jungen Delfinen bestätigte nun die Hypothese des Infantizids. Flipper als heimlicher Hannibal Lecter – das ist nur schwer zu vermitteln.

Gut bestätigt ist die erhöhte Sterblichkeitsrate junger Löwen, wenn in einem Rudel andere männliche Löwen die Macht übernehmen, selbst wenn es nur wenige direkte Beobachtungen gibt, die den Nachweis erbringen, dass gerade diese Löwen den Nachwuchs töten. Für viele andere Arten gilt ebenfalls die Feststellung, dass die Männchen manchmal die Jungtiere ihrer eigenen Art umbringen. Das widerspricht dem in der modernen Verhaltensforschung von Lorenz, Tinbergen und dann von Irenäus Eibl-Eibesfeldt vertretenen Dogma, dass Tiere ihre Artgenossen nicht töten.

Die beiden Thesen der Adaptionisten, die sexuelle Verfügbarkeit der Weibchen und die Weitergabe der eigenen Gene, sind für andere Forscher ein Skandal. Sie glauben, die Tötung des Nachwuchses ereigne sich nur selten und stelle eine Pathologie dar. Wir dürfen bei allem Entzücken über die Schönheit der Natur nicht die Augen verschließen, wenn dieser Anblick sich in den schlimmsten Horrorfilm verwandelt. Mir hat der Film »Baxter – Bell mir das Lied vom Tod« sehr gefallen. Es ist die Geschichte eines von Natur aus bösen Hundes, der nur daran denkt, anderen Schmerzen zuzufügen. Auch wenn ich die übergroße Mehrzahl der Hunde nicht für böse halte, so begegne ich manchmal einigen, die ich zur Kategorie »Baxter« zähle. Ich glaube nicht an eine Natur, die nur gut ist und die der Mensch ins Gegenteil verkehrt hätte. Ich glaube auch nicht, dass die Zugehörigkeit zu einer Art und noch viel weniger zu einer Rasse ein zuverlässiger Indikator ist, der uns vorhersehen lässt, ob ein netter, gütiger und hilfsbereiter Mensch oder ein bösartiges, gemeines und aggressives Individuum vor uns steht. Übrigens ist das keine Frage des Glaubens, sondern einfach eine Frage der vorurteilslosen Beobachtung. Auch wenn ich die Lust in den Mittelpunkt stelle, so entdecke ich sie manchmal auch in »negativen« Handlungen wie der Aggression, was mich traurig stimmt, aber das ist kein Grund, hier die Lust nicht sehen zu wollen. Wenn ich in meiner Praxis ein Tier behandle, dann fällt die Prognose verschieden aus, je nachdem, ob ich denke, das Tier beißt aus Angst oder aus Notwendigkeit, oder ob ich spüre, dass die Aggression als solche und der Biss ihm intensive Lust bereiten.

Die Geburt der Väter

Warum gibt es bei Säugetieren so wenig väterliches Pflegeverhalten? Je länger die Trächtigkeit des Muttertieres dauert, umso schwächer wird mit der Zeit der innere Zusammenhang zwischen Paarung und Existenz des Jungtieres, sodass die väterlichen Bemühungen nicht mehr so wichtig sind.

Bei den Vögeln übernimmt das Männchen Elternpflichten bei der Eiablage, bei der Pflege und manchmal auch beim Brüten. Selbst wenn das Männchen nicht brütet, muss es mehr zur Verteidigung des Nestes beitragen und ist in die grundlegend veränderte biologische Situation mit einbezogen. In zahlreichen Arten der Säugetiere zieht das Weibchen ihre Jungen lieber ohne das Männchen auf, vor allem auch deshalb, um den Nachwuchs vor der Gefahr des Infantizids zu schützen. Fast immer folgt dann der Hinweis, dass es dieses Verhalten auch in solchen Arten gibt, in denen Männchen überhaupt keine Gefahr darstellen.

Wie dem auch sei, in einigen Arten bringen die Männchen sich aktiv ein, und seltsamerweise stoßen wir hier auf bereits erwähnte Weggefährten: Es sind, da Delfine und Elefanten zu diesem Thema nichts beitragen können, Tiere aus der Ordnung der Nagetiere, Fleischfresser und Primaten. Sie haben die meisten Arten, bei denen die Männchen mitarbeiten.

Ganz offensichtlich interessieren sich die Wissenschaftler nur wenig für die Vaterschaft als eine ganz besondere Beziehung. Da sie selten vorkommt und nicht leicht zu erklären ist, geben auch die wissbegierigsten Forscher entmutigt auf. Alle Arbeiten zum sicheren Nachweis der Vaterschaft gehen beispielsweise von der Voraussetzung aus, dass Tiere einen Zusammenhang zwischen der Fortpflanzung und der Geburt der Jungtiere herstellen können, was aber nur schwer zu beweisen ist. Es gibt nun logischerweise entweder biologische Marker, anhand deren ein Individuum erkennen kann, dass die Nachkommenschaft von ihm stammt; dann ist jeder Zweifel ausgeschlossen, denn wir könnten zwischen Tieren mit gesicherter Abstammung und solchen, für die es Marker dieser Abstammung nicht gibt, Verhaltensunterschiede feststellen. Oder diese sensorische, biologische Gewissheit gibt es nicht – und sämtliche Beobachtungen gehen in diese Richtung –, dann wirken die Erklärungen ziemlich seltsam.

So sollen in zahlreichen Arten die Weibchen deshalb so viele Partner haben, damit sie Spuren verwischen und die Gefahr von Infantiziden verringern können Die Männchen, die alle mehr oder weniger oft mit diesen Weibchen kopuliert haben, seien nicht sicher, ob sie die Erzeuger sind, und würden deshalb toleranter zu den Jungen sein. Das setzt jedoch das Wissen voraus, dass die Kopulation zur Fortpflanzung führt, und bekanntlich ist für die menschliche Gattung diese Kenntnis relativ neu. Zudem gibt es in bestimmten Gattungen mit ausgeprägter Monogamie und einer fast zweifelsfreien Gewissheit über die Vaterschaft gar keine aktive Mitarbeit der Väter.

Andere Hypothesen betonen den unter bestimmten Bedingungen zu hohen Aufwand für das Männchen, das Muttertier zu verlassen und ein anderes sexuell verfügbares Weibchen zu suchen. Es wäre also ökonomischer, bei der Mutter zu bleiben und zu warten, bis sie wieder kopulationsbereit ist. In einer solchen Art könne väterliches Fürsorgeverhalten auftreten.

Doch die Hypothese, dass väterliches Verhalten von gewissen Lebensformen wie beispielsweise der sozialen Monogamie herrührt, hält einer genauen Überprüfung nicht stand, dafür sind die Gegenbeispiele zu zahlreich. Der Begriff der »Koevolution« kommt der Wahrheit wohl am nächsten: In einigen Gattungen von Säugetieren treten soziale Monogamie und väterliche Mitarbeit tatsächlich fast gleichzeitig auf.

Eine unbefangene Beobachtung, eine klinische Anekdote oder eine beiläufige Bemerkung am Ende eines wissenschaftlichen Artikels können uns darüber mehr Informationen liefern, denn oft tritt hier eine unbestimmte Vorstellung zutage, die in wissenschaftlicher Hinsicht noch nicht ausgereift ist.

Wenn die soziale Monogamie in einer ganzen phylogenetischen Klasse so stark ausgeprägt ist wie bei den Vögeln und in der von Säugetieren so schwach, dann muss der Unterschied erklärt werden. Er scheint auf der Hand zu liegen: Insofern die Bindung auf der Befriedigung des Hungers beruht, eines primären Bedürfnisses, fällt bei den Säugetieren der Mutter der größte Teil dieser Aufgabe zu, ganz unabhängig davon, wie willig und geschickt das Männchen sich dabei anstellt. Natürlich gibt es angesichts der außergewöhnlichen Vielfalt der Natur schnell Beispiele von Männchen, die ihre Jungen stillen können, wie beispielsweise zwei Arten von Fledermäusen in Guinea und Papua-Neuguinea. Das reicht nicht aus, denn es fehlt jeder Beleg, ob es den Männchen Lust bereitet, ihre Jungen zu säugen, zumal das Vorliegen einer Pathologie (Pestizide, Phytoöstrogene in der Nahrung) nicht auszuschließen ist. Wie beim Menschen, so liegen auch bei männlichen Säugetieren der Laktation innere Erkrankungen (Tumor der Hypophyse) oder äußere Ursachen (Medikamente) zugrunde. Bleiben wir also im Bereich der »Normalität« unserer eigenen Stammeslinie, in der Väter nicht die Erstversorgung bei der Nahrung übernehmen.

In der großen Gruppe fleischfressender Wildtiere tragen die Männchen sehr rasch zur Ernährung bei, indem sie die Beute in den Bau bringen. Sie ist am Anfang für das säugende Muttertier gedacht und später für die Jungen. Die Männchen übernehmen die Aufgabe einer Wache und verteidigen den Bau oder das Nest gegen Raubtiere. Das ist alles sehr nützlich, sagt jedoch nichts über die Bindung zwischen dem Männchen und seinem Nachwuchs aus. Die Männchen beteiligen sich ferner an der Pflege der Jungen, holen sie zurück, wenn sie sich zu weit entfernen, lassen sie beim Schlafen neben oder auf sich liegen und dienen im wechselseitigen Austausch als Vorbild im Verhalten.

Die Männchen spielen sogar mit den Jungen! Es ist daher unglaublich, dass in den Beschreibungen solcher Aktivitäten nie das Wort Lust auftaucht. Und schon sind wir wieder bei unserer Präriewühlmaus, deren soziale Monogamie mit einem starken väterlichen Engagement einhergeht. Auch stoßen wir auf das Vasopressin, ein mit Oxytocin* strukturell verwandtes Neuropeptid. Experimente zeigten, dass die Rezeptoren zur teilweisen Steuerung des väterlichen Verhaltens im Septum laterale liegen. Wir befinden uns immer noch im limbischen und seinen Verbindungen zum Belohnungssystem des Gehirns.

Die Männchen kennen nicht die innige Verbindung, die während einer Schwangerschaft entsteht, und auch nicht die körperliche Bindung durch das mehrmals täglich stattfindende Säugen, das beiden Beteiligten Lust bereitet. Dennoch verfügen sie, sofern sie den Nachwuchs nicht töten, über die genetische Ausstattung und physiologische Basis, mit der sie positive Gefühle im Kontakt mit dem Nachwuchs empfinden können.

Wir heben bei unserer Untersuchung der Grundlagen der Bindung die Asymmetrie hervor. In keiner Säugetierart ist Vatersein gleich Muttersein. Kultur und Zivilisation mögen dabei ihre vielfältigen Einflüsse geltend machen, doch hier liegt ein von der Natur gemachter Unterschied vor. Auch wenn ich in der Öffentlichkeit schon einen bestimmten Ruf habe, wage ich doch die Bemerkung, dass es unter den weiblichen Vertretern der Säugetiere oft eine größere Gemeinsamkeit gibt, sobald sie sich um ihre Jungen kümmern, als zwischen den Männchen und Weibchen der gleichen Art. Es geht eigentlich nur um die Anerkennung der Tatsache, dass die Rollenverteilung unterschiedlich ist. Aus Vätern Pseudomütter zu machen ist wahrscheinlich ein neuroethologischer Irrtum. Ich rede zwar von beiden Geschlechtern,

---

* Das Hormon Oxytocin hat eine wichtige Funktion beim Geburtsprozess und beeinflusst nicht nur das Verhalten zwischen Mutter und Kind und zwischen Geschlechtspartnern, sondern auch soziale Interaktionen allgemein.

doch weder will ich einen Keil zwischen sie treiben noch sie auf bestimmte Aufgaben festlegen.

Vom Nutzen, Vater zu sein

Wir müssen auf diejenigen Gattungen schauen, die uns so nahe stehen, dass wir uns mit ihnen ein wenig identifizieren können, und bei denen der Vater an der Rolle, die er spielt, augenscheinlich seine Lust hat (daran halte ich fest!). Diese Variable wird nicht berücksichtigt, aber zwei messbare Daten geben deutliche Hinweise darauf.

Die Lebenserwartung der Frauen ist höher als die der Männer. Gilt das auch für unsere Vettern im Tierreich, und welcher Faktor ist dafür ausschlaggebend? Eine Studie zu zahlreichen Primatengattungen[12] hat gezeigt, dass die Lebenserwartung für das Geschlecht, das sich beim elterlichen Fürsorgeverhalten am stärksten engagiert, signifikant höher ist. Es wäre nicht unlogisch gewesen, das Gegenteil anzunehmen, denn die Tragzeit, die Geburt, das Säugen und die gesamte Pflege des Nachwuchses hätten die Lebenserwartung verringern können. So verhält es sich aber nicht. Wer sich um diejenigen kümmert, die das Überleben der Gattung sichern, sichert sich offenbar eine »Prämie für lange Lebensdauer«.

Die Männchen beteiligen sich an der Pflege des Nachwuchses meistens in der Weise, dass sie die Jungen über weite Entfernungen tragen. Eine sehr vereinfachende Folgerung wäre, die mit dieser Last beschwerten Männchen seien häufiger dem Risiko eines Sturzes ausgesetzt und hätten auch kaum die Möglichkeit, Raubtieren oder anderen natürlichen Fallen auszuweichen. Auch das trifft nicht zu. Das Paradox lässt sich an zwei Affenarten erläutern, den Gibbons und den Siamangs, kleinen Affen, die nicht zu den Großen Menschenaffen (Hominiden) gehören, sondern zu den Kleinen (Hylobatiden) zählen. Auch wenn ihnen weniger Beachtung geschenkt wird, tragen sie doch ihren Teil dazu bei, unsere Fragen zu beantworten. Die soziale Organisation ist bei den Weißhandgibbons (Hylobatus lar) und den Siamangs (Hylobatus syndactylus) gleich. Sie leben als Elternpaar in sozialer Monogamie. Bei den Weißhandgibbons kümmert sich die Mutter allein um die Jungen, bei den Siamangs dagegen nehmen im zweiten Jahr die Väter aktiv an der Aufzucht teil. Nun haben aber die Gibbonweibchen gegenüber den Siamangweibchen den Vorteil einer längeren Lebenserwartung. Es ist hier ähnlich wie bei dem Kartenspiel »1000 Kilometer«: Wer sich um die Jungen kümmert, bekommt die Trumpfkarte »Vorfahrt«.

Andere Studien untersuchen die Größe des Gehirns. Streng genommen steht die Intelligenz damit in keinem direkten Zusammenhang, aber die Wechselbeziehung scheint doch aufschlussreich zu sein. Unter den fleischfressenden Wildtieren haben nämlich Weibchen, die sich um die Jungen kümmern, ein größeres Gehirn. Das väterliche Fürsorgeverhalten beeinflusst die Größe des männlichen Gehirns offenbar nicht, doch darüber gibt es nur wenige Studien. Im Zweifel wäre ich vorsichtig optimistisch, sollte ich mich mit dieser Problemstellung an meine Freunde und möglichen Väter wenden.

Es gibt eben nicht nur eine einzige Art und Weise, Vater zu sein. Die Wechselfälle und Schwierigkeiten des Lebens führen zu verschiedenen Verhaltensmustern. Ich finde in meinen Forschungsfeldern in dieser Hinsicht keine einzige moralisch verpflichtende Grundhaltung vor. Die Menschen stellen ihre Überlegungen zum väterlichen Fürsorgeverhalten gern als Frage an die Tiere und erhalten kaum Antworten wegen der fast unendlich großen Variationsbreite sowohl in der Natur wie in den Kulturen und Gesellschaften der Menschen.[13] Wir sind überzeugt: Eine eindeutige Antwort gibt es nicht, sondern nur neue Denkansätze.

Zur Lust, welche die Bindung mit sich bringt, treten die positive Wirkung des Fürsorgeverhaltens auf die Lebenserwartung und die kognitiven Fähigkeiten hinzu. Sollten wir darauf wirklich verzichten?

Die Lust als Zugabe

Um in der wissenschaftlichen Literatur auch nur den kleinsten Hinweis auf diesen hedonistischen Aspekt zu finden, bedarf es einer ziemlichen Hartnäckigkeit. In einem Artikel über die verschiedene Lebenserwartung bei Männchen und Weibchen heben einige Forscher die Bedeutung der Beziehung zwischen dem Männchen und den Jungtieren in solchen Arten hervor, in denen das väterliche Engagement sehr ausgeprägt ist. Sie weisen darauf hin, dass diese Bindung manchmal stärker ist als die zur Mutter.[14] Zum Schluss schreiben sie: »Es ist denkbar, dass die Stärke der Bindung und ihr neurophysiologisches und hormonelles Substrat die Lebensdauer erhöhen!« Ein Glas Whisky mehr, und die Autoren hätten von der Lust der Männchen beim fürsorglichen Umgang mit ihren Jungen gesprochen ...

Ich kenne die Geschichte eines Katers, der sich liebend gern um Kätzchen kümmerte (er muss wohl diesen Artikel gelesen haben), die aber nicht von ihm stammten. Wir haben schon den klaren biologischen Unterschied zwischen Vater- und Mutterschaft hervorgehoben. Die Beziehung ist nicht vergleichbar, sie beruht weniger auf Verschmelzung und eindeutiger Identifikation. Deshalb ist es nicht erstaunlich, wenn in Arten mit elterlichem Fürsorgeverhalten auch die Männchen über die Fähigkeit verfügen, sich um die Jungen zu kümmern, die nicht von ihnen stammen. Unter den fleischfressenden Tieren sind Kater nicht besonders bekannt dafür, sich um ihre Jungen zu kümmern. In den Katzenkolonien wurden hauptsächlich matriarchalische

Systeme beobachtet. Das Muttertier, die »Tanten« und andere Weibchen können sich um die Jungen kümmern, die sie anscheinend vor den Männchen schützen, auch wenn die Zahl der Infantizide gering scheint.[15] Wer aber in Tierheimen die meisten Kontakte anbahnt und sich am besten auch um fremde Kätzchen kümmert – das sind Kater (die zumeist kastriert waren) ...

Cool, der eben erwähnte Kater, lebte im Haus einer herzensguten Dame, die zahlreiche Katzen bei sich aufnahm. Sie erläuterte mir, wie Cool sich um alle Kätzchen kümmerte, die sie nach Hause brachte. Stießen solche Findelkätzchen in ihrer Hilflosigkeit laute Schreie aus, dann pflegte Cool aufmerksam herbeizueilen, sie zwischen seine Pfoten zu nehmen und abzulecken. Er begleitete sie immer bei ihren Erkundungen im neuen Zuhause und beschützte sie, wenn andere Katzen mit unfreundlichen Reaktionen ihr Revier verteidigten. Bei unangenehmen Ereignissen suchten die Waisenkätzchen bei ihm Zuflucht. Er hatte noch eine weitergehende Funktion: Er war ein echter Friedensstifter in den Beziehungen zwischen den verschiedenen Katzen, die seine Rolle offensichtlich kannten, akzeptierten und schätzten. Die Art und Weise, wie die Dame davon sprach, ließ keinen Zweifel daran aufkommen, dass der wichtigste Antrieb für Cool die Lust war, die er im Kontakt mit anderen empfand. Als er starb, geriet die Kolonie aus dreizehn Katzen ziemlich aus dem Gleichgewicht, sodass ich eingreifen musste. Ich hatte nicht das Vergnügen, diesen Kater kennenzulernen, den man den »Ombudsmann der Katzenrepublik« hätte nennen können. Ich habe mich seither mit vielen Leitern von Tierheimen und Tierschutzorganisationen über dieses Thema unterhalten und festgestellt, dass die Geschichte mit Cool bei Weitem nicht einzigartig ist.

Wenn schon im Zusammenhang mit der Bindung die Lust bei Tieren kaum untersucht wurde, so ist es die Angst noch viel weniger.

Die Pistole an der Schläfe

»›Du, Terry, wie ist es denn so als Vater?‹
›Es gibt nichts Besseres‹, sagte er, ›nichts Besseres und nichts Schlimmeres.‹
Das war seine klassische Antwort. Aber er überlegte noch einen Augenblick lang, dann fügte er etwas hinzu, was er bisher nur gedacht, aber nie gesagt hatte, nicht einmal zu Graciella [seiner Frau]: ›Es ist so, als hättest du von morgens bis abends eine Pistole an der Schläfe.‹«

Michael Connelly

Schutz und Lust sind die beiden Faktoren, auf denen Bindung beruht. Die oft den Vätern überlassenen Rollen, darunter der Schutz des Nests, des Baus und des Hauses, verstärkt die Verknüpfung zwischen Bindung und Angst.

Die Vaterschaft verweist auf Bindung. Das ist beim Menschen ganz offensichtlich, bekommt aber sehr schnell eine hochempfindliche persönliche Note. Unsere Verhaltensweise als Vater hängt davon ab, wie wir Sohn gewesen sind. Es wäre sicher unredlich, wenn ich hier nicht meine eigene Erfahrung mit der Vaterschaft erwähnte. Da sie aber von einer schwer zu entwirrenden Komplexität ist, kann ich nur wenig darüber sagen.

Ich war natürlich zunächst Sohn, bevor ich selbst Vater wurde. Mein Vater besaß eine außergewöhnliche Begabung für Bindung, und wenn ich heute Schutz und Lust als die beiden Faktoren der Bindung ansehe, dann geht das zu einem großen Teil auf ihn zurück. Er bestärkte mich zweifellos darin, Vater sein zu können. Wie viele junge Männer war auch ich davon überzeugt, dass Kinder mein Alltagsleben und meine spontanen Vergnügungen stören würden. Aber ich hatte ein überzeugendes Vorbild, dem ich nacheifern wollte. Wenn ich meinen Kindern in der

Weise Vater sein würde, wie mein Vater es für mich war, dann müsste alles leicht vonstattengehen.

Aber es kommt immer anders, als man denkt! Was ich nicht voraussehen konnte, waren die beeindruckenden sensorischen und körperlichen Empfindungen, die meine Kinder bei mir auslösten. Ich hatte mich auf eine intellektuelle Erfahrung, eine geistige Beziehung eingestellt, stattdessen kam es zu einem engen körperlichen Kontakt, und es berührte mich emotional sehr, wenn zuweilen die beiden Kinder plötzlich an meiner Schulter einschliefen. Erstaunlich war auch, dass ich wie ein Tier für einige Augenblicke ganz wild wurde, wenn ein Fremder meine Kinder zu attackieren wagte. Zwar bin ich nicht groß genug, um anderen Furcht einzuflößen, aber in solchen Momenten packte mich die kalte Wut, sodass ich vor niemandem Angst hatte, und das sollte jeder sehen.

Das Vergnügen kam auch nicht zu kurz, und das bedarf einer Erklärung für diejenigen, denen die Vaterschaft noch unbekannt ist. Die Art und Weise, wie die Kleinen alle Sinne und die ganze Aufmerksamkeit des Vaters in Beschlag nehmen, unterstreicht zusätzlich, dass auch in der menschlichen Gattung die Männer so ausgestattet sind, dass sie rundum ein sinnliches, emotionales und intellektuelles Vergnügen empfinden, wenn sie sich um ihre Kinder kümmern. Noch eine kurze Bemerkung dazu: Es lohnt sich nicht, die übrigen Familienmitglieder mit Tausenden Fotos und Hunderten Stunden Videomaterial zu bombardieren, denn das Vergnügen an den Kindern teilt der Vater nur mit der Mutter!

Man darf die Angst – eigentlich müsste ich sagen: den Schrecken – bei der Vorstellung, den Kindern sei etwas Ernstes zugestoßen, nicht vergessen. Ein Telefonanruf oder das Klingeln an der Tür waren für uns solche Momente, in denen wir ohne Grund und oft zu Unrecht das Gefühl hatten, sie seien in Gefahr und könnten sterben, was für uns den Verlust eines Teils von uns selbst bedeutet hätte.

Ich war natürlich kein solcher Vater, wie mein Vater es gewesen war. Ich war zu oft abwesend und wahrscheinlich nicht so ermutigend, aber ich hoffe, meine beiden Kinder wissen, was sie mir bedeuten. Mehr möchte ich dazu nicht sagen, denn unsere gemeinsame Geschichte geht weiter, und sie müssen sich nun selbst ihre eigene Meinung bilden.

Die Neuerfindung der Vaterschaft

Die Vaterschaft gehört zu den UFOs, den »Unbekannten Forschungsobjekten«, die für die Wissenschaft sehr reizvoll sind, weil sie viel Raum für neue Entdeckungen lassen. Die Wissenschaft als Teil der Kultur und Zivilisation strebt nach Objektivität, will mit dem Alltagsleben nichts zu tun haben und kann doch nur ein Kind ihrer Zeit sein. Die Rolle des Vaters hat sich in Europa und in den Vereinigten Staaten stark gewandelt, und wahrscheinlich werden Wissenschaftler, die Söhne der sogenannten »neuen Väter« sind, einen ganz anderen Blick auf die Natur werfen als ihre Vorgänger. Diese hatten, von einigen Ausnahmen abgesehen, Probleme damit, ohne Vorurteil das väterliche Engagement zu untersuchen. Ich zitiere als endgültigen Beweis und als diskrete Anspielung den Namen, der auf Französisch und Lateinisch einer Art gegeben wurde, in der die Männchen den Nachwuchs auf bemerkenswerte Weise betreuen. Der kleine hübsche Affe aus Kolumbien wurde »Perückenäffchen« genannt ... Die außergewöhnlich langen weißen Haare rechtfertigen natürlich die Bezeichnung, aber die Engländer nennen ihn »Baumwollkopf-Tamarin« *(cotton-top tamarin)*, die Deutschen »Lisztaffe« (zur Erinnerung an die Haarpracht des Komponisten) und die Kolumbianer »Rothaar-Tamarin« *(titi piel roja)* oder »Kleiner Löwen-Tamarin« *(titi leoncito)*. Für mich liegt in der französischen Bezeichnung »Perückenäffchen« Ironie, wenn nicht gar

Abb. 3: »Selber ein Ödipus!«
Saguinus oedipus, der Pinché-Tamarin, ein guter Vater

Geringschätzung, ebenso in dem von Carl von Linné (1707–1778), einem enthusiastischen Mythologiekenner, stammenden Namen. Den Tamarin mit den gelben Pfoten nannte er zwar »Saguinus midas«, weil die Pfoten wie Handschuhe aus Gold aussehen, den Pinché-Tamarin (ein weiterer Name für das Perückenäffchen) aber »Saguinus oedipus«. Ich glaube keine Sekunde daran, dass er dabei die etymologische Wurzel (»Schwellfuß«) im Sinn hatte, sondern die »schwierige« Vaterbeziehung des Ödipus, auch wenn Linné seine Klassifikationen ein Jahrhundert vor Freuds Geburt vorgenommen hatte.

Eine aktive Betreuung durch den Vater verlangt von ihm Einfühlung und Verständnis für die Gefühle, Ängste und Bedürfnisse der Kleinen. Was für die Mutter selbstverständlich sein sollte, ist es für den Vater weniger, aber die Möglichkeit der Empathie besteht.

Empathie

Auf diesen Begriff kommt jeder zu sprechen, der Bindung und Liebe erklären will. Sein Verständnis ist wichtig, und die Analyse der biologischen Faktoren der Empathie leistet wertvolle Dienste, auch wenn Empathie und Bindung nicht zusammenfallen. In der Natur tritt die Empathie überraschenderweise in zwei völlig verschiedenen Bereichen auf: in der Prädation, dem Töten eines Beutetieres zur Nahrungsaufnahme, und in den sozialen und kommunikativen Beziehungen.

Es dauerte sehr lange, bis die Tatsache einer affektiven Empathie bei Tieren akzeptiert wurde. Notwendig war die Preisgabe einer egozentrischen Perspektive und die Berücksichtigung eines äußeren, objektiv gegebenen Bezugspunktes. (Wenn ich der »andere«, sei es Mensch oder Tier, wäre, was würde ich an seiner Stelle empfinden?)

Voraussetzung dieser Akzeptanz ist eine »Theory of Mind«, also die Fähigkeit, sich und anderen mentale Zustände zuzuschreiben. Wer empathisch handelt, muss darüber verfügen. Solange aber die Wissenschaft den Emotionen nur sehr zögerlich ihre Aufmerksamkeit schenkt, kann sie kaum den naheliegenden nächsten Schritt machen und entdecken, dass manche Tiere nicht nur ihre eigenen Emotionen registrieren, sondern auch anderen Tieren Emotionen zuschreiben und danach ihr Verhalten ausrichten.

Von der Prädation zur Solidarität

Die Prädation ist der Wissenschaft schon seit Langem bekannt. Der französische Mathematiker und Philosoph René Thom (1923–2002) – Träger der Fields-Medaille von 1958, der höchsten Auszeichnung für einen Mathematiker überhaupt – hat für die Raubtiere in packenden knappen Formulierungen wie »Das Raubtier ist das Beutetier« oder »Die Katze ist die Maus« am eindringlichsten die Notwendigkeit unterstrichen, die Reaktionen und die Gefühle des anderen zu kennen, um sein erfolgreichster Jäger zu werden.[16]

Wölfe, die im Rudel jagen, koordinieren mit Lautäußerungen ihr Verhalten. Sie töten die ihnen an Größe oft weit überlegene Beute, indem sie aus verschiedenen Richtungen angreifen. Manche sehen darin nur angeborene Eigenschaften am Werk, obwohl die angewandte Strategie und die gemeinsame Aktion doch für sich sprechen. Die Reaktionen des Beutetieres müssen nämlich antizipiert und den anderen Jägern mitgeteilt werden, um eine gemeinsame Vorgehensweise festzulegen. Jeder muss das unmittelbare Verhalten der Beute wie auch der Jagdgefährten kennen.

Es sieht nun so aus, als würde die Prädation uns von der Bindung wegführen. Das Gegenteil ist der Fall, sie bringt sie uns näher! Die Fähigkeit, sich an die Stelle eines anderen zu setzen, kommt bei allen positiven Beziehungen zwischen Individuen derselben Art, aber auch zwischen Individuen aus verschiedenen Gattungen noch viel stärker zum Ausdruck. Gibt es noch ein überzeugenderes Beispiel für Empathie als die Fähigkeit der Mütter, die Bedürfnisse ihrer Kleinen zu verstehen?

Ist das alles nur ein Mutterinstinkt? Es gibt natürlich automatisch ablaufende Handlungen, aber die unendliche Fülle von Verhaltensweisen, die an die spezifischen kindlichen Bedürfnisse angepasst sind, beweisen – sofern das überhaupt noch nötig ist –, dass es in der Mutter-Kind-Beziehung sehr wohl eine vorausschauende, angepasste, ja sogar zielgerichtete Komponente gibt, die nicht auf die Mutter begrenzt ist.

Viele erblickten in dieser Fähigkeit zur Empathie wieder einmal eine unüberwindbare Grenze zwischen Mensch und Tier, was aber dummerweise nicht möglich war, denn schon lange hatten Tierexperimente an Ratten oder Affen den Beweis für ihre Fähigkeit zur Empathie erbracht. Allerdings sind solche Experimente heute ethisch nicht mehr vertretbar.

Die Idee war, das Milgram-Experiment zur Frage des Gehorsams zu wiederholen (siehe unten). Da es aber an Tieren durchgeführt wurde, waren die elektrischen Schläge sehr real, und die Ratten und Affen wurden nicht bloß zum Schein gequält. Es verschlägt einem den Atem, wenn Forscher zum Beweis der Empathie bei Tieren Protokolle ihres Experiments erstellen, die jedenfalls eines belegen: einen völligen Mangel an Empathie gegenüber den Versuchstieren. Natürlich sind solche Experimente im Kontext der Zeitgeschichte zu sehen, aber verwunderlich sind sie dennoch. Sie entstanden vor mehr als fünfzig Jahren, und es dauerte noch mehrere Jahrzehnte, bis andere Wissenschaftler dieses brisante Thema wieder aufgriffen.

Die ersten Experimente fanden an Ratten statt. Bei einem im Jahr 1959 durchgeführten Versuch[17] im Rahmen einer operanten Konditionierung mussten Ratten zunächst einen Hebel drücken, um eine Belohnung zu erhalten. Dieselbe Aktion führte dann zusätzlich zu einem Stromschlag für eine weitere Ratte, die sich vor Schmerzen wand, während die erste Ratte ihre Belohnung bekam. Das Ergebnis war eindeutig: Konnten die Ratten den Schmerz bei einem Artgenossen sehen, unterbrachen sie in vielen Fällen die mit einer Belohnung versehene Aktivität. Das traf umso mehr zu, wenn die Ratten selbst schon elektrische Schläge bekommen hatten und die damit verbundenen Schmerzen kannten.

Eine kurze Bemerkung zum Experiment von Milgram

Der amerikanische Psychologe Stanley Milgram (1933–1984) erfand für die Überprüfung der Gehorsamsbereitschaft vor einer Autorität eine paradigmatische Experimentieranordnung, die in ihrer Bedeutung weit über die gestellte Frage hinausgeht. Sein Test wurde unter vielfach veränderten Ausgangsbedingungen wiederholt.

Die Teilnehmer waren alle Freiwillige. Sie erhielten in einem wissenschaftlichen Labor eine Einweisung in den Verlauf des Experiments, das angeblich die Gedächtnisleistung untersuchte. Zu diesem Zweck lernte eine Testperson Wortpaare auswendig. Traten dabei Fehler auf, mussten die Teilnehmer ihr einen elektrischen Schlag verabreichen, dessen Stärke bei jedem weiteren Fehler auf Anordnung des Versuchsleiters erhöht wurde, sodass physische Schäden und sogar der Tod die Folge sein konnten. Den Teilnehmern waren die jeweiligen Stromstärken bekannt.

Was sie aber nicht wussten: Die angeblichen Testpersonen, die mit Stromschlägen rechnen mussten, waren Schauspieler, welche die Schmerzen nur simulierten.

Die Ergebnisse fielen je nach den Ausgangsbedingungen des Experiments unterschiedlich aus, doch stets waren mehr als 30 Prozent der Teilnehmer bereit, auch tödliche Stromstöße zu verabreichen.

Die Frage ist natürlich, wie es zu einer solch unglaublichen Unterwerfung unter eine Autorität kommen kann. Dass einer Anleitung gefolgt wird, die den Tod für eine belanglose Aufgabe vorsieht, weist auf einen eklatanten Mangel an basaler Empathie hin.

Die Manipulation der Teilnehmer – sie waren, ohne es zu wissen, die eigentlichen Testpersonen – wurde heftig kritisiert, weil die Teilnehmer nach dem Test mit ihren mitunter tödlichen Entscheidungen konfrontiert waren, was für sie nicht ohne Risiko

> war. Zu seiner Verteidigung führte Milgram die Tatsache an, dass die nach dem Test gegebenen Erläuterungen sowie die einige Monate und Jahre später erfolgten Untersuchungen keine Traumatisierungen erkennen ließen.

Einige Jahre später wurde ein weiteres Experiment durchgeführt,[18] das aber nicht so grausam war. Einige Ratten hingen an einem Traggurt und quietschten in ihrer Not. Weitere Ratten kamen hinzu und wollten ihnen beim Herabklettern behilflich sein, auch wenn sie zuvor eine derartige Situation nicht kannten. Die Botschaft war deutlich. Da Spiegelneuronen damals noch unbekannt waren, sprach man nicht von Empathie, sondern von Altruismus. Der Befund ist jedoch der gleiche und weist darauf hin, dass Tiere wie die Ratten imstande sind, die Gefühle anderer Artgenossen nachzuempfinden und möglicherweise ihr Verhalten dadurch zu verändern.

Ratten sind also für ihre Empathie bekannt, auch wenn ihr Grenzen gesetzt sind. Auf der Suche nach der Schnittstelle zwischen Empathie und Egoismus kam derselbe Forscher auf die Idee, das Aufhängen durch elektrische Schläge zu ersetzen.[19] Erneut benutzten die Ratten nicht den Hebel, um ihre Belohnung zu erhalten, und bestätigten damit das Experiment von 1959. Sind sie dagegen in demselben Käfig wie ihr Artgenosse, der die elektrischen Schläge erhält, dann eilen sie ihm nicht zu Hilfe. Sie spüren am Schmerz des Opfers, dass ein Eingreifen offenkundig gefährlich ist. Solidarität findet daher nicht statt.

In einem Artikel der renommierten Fachzeitschrift *Science*[20] wird abermals die neu entdeckte Empathie bei Tieren untersucht. In einem raffinierten und die Tiere kaum verletzenden Experiment zeigten Ratten ihren Willen, Artgenossen zu helfen. Sie befreiten zunächst die in einem Käfig eingeschlossenen Ratten; hatten sie aber die Wahl, ein Gehäuse mit einer eingesperrten Ratte zu öffnen oder ein Gehäuse mit einer Schokolade darin, dann zogen sie ihren Artgenossen vor. Wenn es ihnen möglich war, öffneten sie aber beide Gehäuse und teilten die Schokolade mit der eben befreiten Ratte!

Der Artikel vom Dezember 2011 dokumentiert, wie hartnäckig Vorurteile sind. Die Autoren kommen zu dem Schluss, dass im vorliegenden Fall die Empathie wohl bewiesen sei, die Ratten dabei ein proaktives Verhalten an den Tag legen und das Konzept der Empathie sich immer mehr durchsetze, obwohl manche Wissenschaftler immer noch skeptisch blieben. Ginge es um die Physiologie des Herzens oder der Verdauung, würde niemand so vorsichtig formulieren. Die Analogien bei organischen Funktionen bereiten den Menschen also keine unlösbaren Probleme.

Und dann waren es auch noch Ratten! Manche Wissenschaftler räumen zwar ein – wenn auch etwas halbherzig –, dass unsere nächsten Verwandten, die Menschenaffen, die Fähigkeit der Empathie besitzen. Doch bis zu dem Eingeständnis, zu diesem kleinen Kreis derer, welche die Gefühle anderer verstehen können, gehöre auch der Überträger der Pest und das Tier mit den meisten Versuchsopfern, ist es noch ein weiter Weg. Er würde die Wissenschaftler mit der Realität der vergangenen und gegenwärtigen Tierversuche und den damit verbundenen Leiden konfrontieren. So ist ihr Wunsch erklärbar, das beobachtete Verhalten keineswegs als Empathie, sondern als bloße Konditionierung zu interpretieren. Heute können wir hoffen, dass niemand mehr an dieser überholten Auffassung festhält.

Im Zusammenhang mit früheren unethischen Tierversuchen möchte ich noch ein letztes Experiment mit Rhesusaffen erwähnen.[21] Ich gestehe, dass ich auf mein Menschsein nicht sehr stolz war, als ich den Inhalt des Artikels mit den oben zitierten Ergebnissen des Milgram-Experimentes verglich. Um zu ihrem Futter zu gelangen, mussten fünfzehn Affen an einer Kette ziehen, die dann gleichzeitig einem anderen Affen einen schmerzhaften elektrischen Schlag versetzte. Von den fünfzehn Affen haben drei ihr Verhalten nicht geändert, zehn haben ihre Futteraufnahme auf das Notwendigste beschränkt, und zwei haben kein Futter zu sich genommen und gefährdeten dadurch ihre Gesundheit. In diesem umgekehrten Milgram-Experiment geht die Empathie einiger Tiere bis hin zur mitschwingenden Betroffenheit im strengen Sinne. Sie weigern sich, den elektrischen Schlag auszulösen, und zwei Affen sind sogar bereit, ihr Leben aufs Spiel zu setzen.

Ein Spiegel, um die anderen zu sehen

Bindung beruht wie schon erwähnt auf Lust und Angst. Angst ist sehr ansteckend und lässt sich leicht messen, das Übertragungspotenzial der Lust dagegen ist schwieriger zu beobachten, wie Experimente zur Empathie deutlich machen. In sehr komplizierten und ziemlich sadistischen Versuchen haben Wissenschaftler in den 1960er-Jahren nachgewiesen, dass zwei Affen Angstgefühle leicht, Lustempfindungen aber viel mühsamer miteinander teilen können. Ein Ergebnis brachte diese randständige Wissenschaft: Wurde das Lustgefühl übertragen, schlugen die Herzen im gleichen Takt.[22] Einen neuen Aufschwung erfuhr die Empathieforschung durch die Entdeckung der Spiegelneuronen bei Affen im Labor von Di Pellegrino im Jahr 1992. Wie so oft bei wissenschaftlichen Entdeckungen half ein glücklicher Zufall.

Für ein unspektakuläres Experiment hatte man einem Affen Elektroden zur Aufnahme der Aktivitäten bestimmter Neuronen implantiert, als ein Wissenschaftler das Labor betrat und dabei ein Sandwich aß ... und schon knisterte es in der Apparatur. Erstaunlich daran war nicht die Reaktion des Tieres, die Aktivierung seiner Sinne oder der sensorischen Übertragung, sondern das Areal, in dem die Neuronen feuerten. Es war nicht für sensorische Rückmeldungen bekannt, sondern steuerte als motorisches Areal die Bewegungen. Als Areal F5 im ventralen prämotorischen Kortex gelegen, enthält es Neuronen, die nicht durch einfache Bewegungen wie zum Beispiel Weglaufen erregt werden. Das Areal scheint für intentionales Handeln zuständig zu sein. Im Großen und Ganzen reagierte das Gehirn des Affen so, als ob der Affe selbst kaute.

Diese zufällige Entdeckung führte zu zahlreichen weiteren Experimenten. Dabei wurde ein komplexes System gefunden, mit dem wir uns die Handlungen eines anderen Menschen vorstellen können. Als der Affe den Wissenschaftler essen sah, wurden in seinem Gehirn die gleichen Neuronen aktiviert, als wenn er selbst gegessen hätte. Es gibt also ein Gehirnareal, das dafür sorgt, dass wir uns an die Stelle eines anderen setzen und dadurch im Gehirn, also im Körper, spüren können, was der andere gerade erlebt. Die neuronale Grundlage der Empathie war damit entdeckt – und zwar beim Tier. Im Jahr 1996 brachten die berühmten Arbeiten des italienischen Neurophysiologen Giacomo Rizzolatti sehr rasch die Bestätigung, dass auch beim Menschen im Gehirn das gleiche Areal für solche Reaktionen zuständig ist.

Alle, die noch immer daran festhalten, dass eine Kluft Mensch und Tier trenne, stehen hier vor harten Fakten.[23] Viele sehen in der Fähigkeit, einem anderen Individuum näherzukommen und es zu verstehen, ein Zeichen des Göttlichen im Menschen und damit das Merkmal einer auserwählten Gattung, die grundverschieden von anderen ist. Und nun gelang die erste Lokalisierung dieser Fähigkeit ausgerechnet bei Makaken, die nicht einmal Menschenaffen sind, denen noch immer ein solches Verstehen der eigenen Artgenossen abgesprochen wird.

In raffinierten Versuchsabläufen konnte F. Grammont zeigen, dass eine derartige Fähigkeit entwicklungsfähig ist. Makaken nehmen spontan kein Werkzeug in die Hand. Grammont wies nach, dass der Anblick eines Menschen oder eines Artgenossen, der sich die Nahrung mit einer Schneckenzange holte, bei einem unerfahrenen Tier noch keine Aktivität der Spiegelneuronen auslöste. Wenn es aber einmal gelernt hatte, mit einer Zange umzugehen, dann aktivierte schon der Anblick des Gebrauchs einer Zange das Repräsentationsareal. Die Empathie funktioniert besser, wenn eine gemeinsame Erfahrung vorliegt.

Wenn wir weitere Arbeiten berücksichtigen, die eine empathische Haltung im Gefühlsbereich nachweisen (der erste Nachweis betraf die Handlung), so verstehen wir, dass die bisher erwähnten Tiere die Grundlagen für das Verstehen des Gegenübers und das Mitempfinden seiner Gefühle besitzen. Das Gefühl der Solidarität ist daher bei allen Gattungen, von denen hier die Rede war – und bei vielen anderen auch –, mindestens so stark ausgeprägt wie ihre Aggressivität. Deshalb ist auch die Empörung des niederländischen Zoologen und Verhaltensforschers Frans de Waal verständlich, der dagegen protestiert, dass von Tieren immer nur im Zusammenhang mit dem Gesetz des Stärkeren gesprochen wird, das eine stark wettbewerbsorientierte menschliche Gesellschaft rechtfertigen soll. Ehrlicherweise müssten solche Beispiele, die es im Tierreich natürlich gibt, mit solchen konfrontiert werden, die auf positive Beziehungen hinweisen und Solidarität, gegenseitige Hilfe und alle Sozialkontakte betreffen, deren neuronale Grundlagen sogar schon bekannt sind. Sie sind weitaus wichtiger und zahlreicher, da sie häufiger auftreten.

Einige Wissenschaftler sehen gegenwärtig in der biologischen Fähigkeit zur Empathie das Fundament der Moral. Das ist eine spannende Diskussion, die uns zu weit weg von der Bindung führt. Wer aber durch diese knappen und nicht tiefschürfenden Ausführungen zu den experimentellen Beweisen einer tierischen Empathie neugierig wurde, wird diese Diskussionen zweifellos weiterverfolgen, die oft genug unter den Philosophen zu heftigen Auseinandersetzungen führen.

Eine Mutter braucht Empathie

Die Bindung zwischen Kleinkind und Mutter ist nach Bowlby eine vitale Funktion und braucht deshalb keine Empathie, auch wenn ähnliche Phänomene häufig zeitgleich auftreten. Dennoch weisen Mütter und Pflegepersonen ständig auf die Fähigkeit hin, sich in die Lage des Kindes hineinzuversetzen. Über Wochen und Monate hin ist die Kommunikation des Kleinkindes kaum absichtsgesteuert. Wer für das Überleben des Kindes Verantwortung trägt, muss dessen Bedürfnisse »erraten«, um darauf antworten zu können.

Fast alle Erstgebärenden plagen sich ängstlich mit der Frage: »Bin ich dazu imstande?« Nun zeigt die Erfahrung, dass sie es in den allermeisten Fällen sind. Und doch handelt jede Mutter anders. Zwischen Mutter und Kind, Welpe und Hündin oder Delfinkalb und Delfinweibchen besteht zwar eine Gemeinsamkeit, und doch ist diese universell vorhandene Beziehung gleichzeitig eine einmalige, individuelle Erfahrung.

Die Weibchen der Säugetiere haben im Allgemeinen eine stärkere Veranlagung zur Empathie als die Männchen, und das trifft natürlich auch für die Menschen zu. Das weibliche Geschlecht reagiert wahrscheinlich leichter auf jenes Gehirnareal, das die Reaktionen des Gegenübers anzeigt.

Ein Vorgang in China hat nicht nur Tierfreunde tief erschüttert. Dort wird gefangen gehaltenen Bären ein Verweilkatheter in die Gallenblase eingeführt, um den Gallensaft zur Herstellung von Medikamenten zu gewinnen. Im Westen würden wir die Lebensbedingungen der Tiere generell als unwürdig bezeichnen. Mehr als zwanzig Jahre schon gibt es solche Verhältnisse. Die seit alters bestehende und früher eher nebensächliche unselige Praxis wurde in den 1980er-Jahren systematisch ausgebaut. Es entstanden Farmen, die sich auf die Gewinnung des Gallensafts spezialisierten.

Im August 2011 berichteten mehrere Webseiten von einem Ereignis, das noch verifiziert werden muss, das aber, wenn es wahr ist, auf tragische Weise die mütterliche Empathie verdeutlicht und über das idyllische Bild vom Wohlbefinden der Kleinen hinausgeht. Eine Bärenmutter, die das Korsett zur regelmäßigen Gallenentnahme trug, hatte ein Junges. Wie das möglich war, etwa durch künstliche Insemination, bleibt unklar. Als die Mutter sah, dass die Angestellten ihrem Sohn das schmerzhafte Korsett anlegten, gelang es ihr, den eigenen Käfig zu öffnen, nicht aber den Käfig ihres Jungen, den sie befreien wollte. Sie zog es zwischen den Gitterstäben heraus und erstickte es. Dann warf sie sich mit solcher Wucht gegen eine Mauer, dass sie an den Folgen starb.

Ein Teil der Welt reagierte mit Entsetzen auf einen Vorgang, der ein bloßer Kulturschock hätte sein können, aber selbst in China gab es zahlreiche Stimmen, die für ein Ende dieser Praxis eintraten. Das Herstellungslabor wollte eine Aufklärungskampagne durchführen und lud Journalisten ein, aber keine ausländischen (die französische Nachrichtenagentur AFP wurde abgewiesen). Doch die Aktion war für das Labor ein Rückschlag. Fang Shuting, der Präsident der chinesischen Ärztekammer, erklärte: »Die Entnahme der Galle verläuft im Grunde so wie das Drehen an einem Wasserhahn: schmerzfrei, natürlich und einfach.« Als den französischen Ethologen Boris Cyrulnik die Schmerzensschreie von Versuchstieren in der Physiologie ziemlich bekümmerten, sagte jemand zu ihm: »Herr Cyrulnik, wenn Ihr Fahrrad quietscht, dann sagen Sie doch auch nicht, dass es leidet. Und hier ist es genauso ...« Ist diese Aussage so verschieden von der des chinesischen Arztes?

Letztlich ist es nicht ganz so wichtig, ob der geschilderte Vorfall wahr ist oder nicht. Viel wichtiger ist die Tatsache, dass inzwischen ein Teil der Bevölkerung nicht mehr ausschließt, dass er möglich sein könnte. So fragte ein Blogger: »Wenn sogar ein misshandelter Bär Selbstmord begehen kann, welcher Unterschied bleibt dann zwischen Tier und Mensch?«

Es gibt zweifellos noch genügend Unterschiede und in vielerlei Hinsicht bedeutsame graduelle Abweichungen. Aber die Erkenntnis, dass es bei den Tieren Empathie gibt, muss zwangsläufig dazu führen, gewisse Positionen zu überdenken. René Thom bemerkte dazu: »Die unbefangene Realitätsbetrachtung geht ontologisch der wissenschaftlich erforschten Realität voraus.«[24]

Die Empathie ist dafür ein überzeugendes Beispiel. Lange vor der Entdeckung der Spiegelneuronen bestätigten viele Berichte diese Hypothese. Die Beobachtungen von Ethologen, aber auch von Zoowärtern oder Privatpersonen waren eindeutig, ob sie nun in einer natürlichen oder künstlichen Umwelt gemacht wurden.

Ein empathischer Allesfresser

Hunde- und Katzenhaltern muss ich nicht erzählen, dass ihre Tiere zur Empathie mit ihren Besitzern fähig sind. Sie ist das Fundament ihrer Beziehung.

Wir könnten noch lange Diskussionen über das Wesen dieses weitverbreiteten Phänomens führen, aber Skeptiker finden wahrscheinlich immer noch einen Grund, um nicht der Hypothese von Strukturen und Phänomenen zustimmen zu müssen, die ihrem Wesen nach übereinstimmen und je nach Art mehr oder weniger stark entwickelt sind. Aber lohnt sich das? Es gibt nun einige wissbegierige, sehr aufgeschlossene und brillante Wissenschaftler, die anfangen, wirklich weiterführende Fragen zu stellen, und diese Forscher gilt es zu unterstützen. Auf radikale Positionen müssen wir achtgeben, denn sie rufen bestimmte Tierschützer auf den Plan. Ihre verständliche, aber illusorische Absicht, alle Tiere zu schützen, verleitet sie dazu, Lösungen vorzuschlagen, die für die menschliche Gattung schädlich und daher abzulehnen sind. Ein dritter Weg könnte darin bestehen, auf Lagerdenken und Auseinandersetzungen zu verzichten und die Energie darauf zu verwenden, eine gemeinsame Lebensgrundlage in größtmöglicher Harmonie zu finden. In ihr herrscht ein Gleichgewicht zwischen der Beute und dem Raubtier, zwischen dem, der zupackt, und dem, der entkommt. Das bedeutet kein ökumenisches Miteinander, sondern ist eine unausweichliche Notwendigkeit. Schnelles Handeln ist hier nötig, sonst wird es zu spät sein.

Die gleichen Schwierigkeiten tauchen auf, wenn von Empathie, von der Möglichkeit verschiedener Weltbilder oder von der »Theory of Mind« die Rede ist. Die Auffassung, es gebe keinen Unterschied, ruft sofort Ablehnung und Geringschätzung hervor, und voller Herablassung schaut man auf die etwas beschränkten Gesprächsteilnehmer. Die umgekehrte Position, die dem Tier jede dieser Fähigkeiten abspricht, sollte genauso energisch zurückgewiesen werden. Offensichtlich beruht ein großer Teil unserer westlichen Zivilisation und unserer Wirtschaft immer noch auf dieser Denkweise, die manchmal bis zum bitteren Ende verteidigt wird. So verlangt die Industrie von Wissenschaftlern, Legehennen mit möglichst kurzen Beinen – wenn möglich, sogar ohne Beine – zu fabrizieren, um die Zahl der zerbrochenen Eier zu reduzieren, die deshalb entstehen, weil die Hennen angesichts ihrer Lebensbedingungen die Eier nicht auf normale Weise ablegen können, indem sie sich auf den Boden kauern. Eine solche Forderung ist völlig unvernünftig, und dabei handelt es sich noch um ein moderates Beispiel.

Ich bin von Natur aus und aus kulturellen Gründen kein Vegetarier. Ich glaube, dass ich einer omnivoren Gattung angehöre, einer Gattung also, die sich von Tieren und Pflanzen ernährt. Ich bleibe dabei, weil ich aus einer Familie stamme, in der die Berufe immer mit Fleisch zu tun hatten: Ein Großvater war Metzger, der andere Veterinärtechniker im Schlachthof, und mein Vater und mein Onkel betrieben zusammen eine Feinkostmetzgerei mit Catering. Ich habe beruflich viele Zuchtbetriebe besichtigt und kenne Orte, wo ich gern gelebt hätte, wenn die Arbeit für den Konsum meine Aufgabe gewesen wäre. Es gibt aber auch Orte, die eine Schande für die lange bestehende Beziehung zwischen Mensch und Haustier sind. Ich möchte Fleisch essen, dabei aber genau wissen, dass die Tiere unter angemessenen Bedingungen aufgezogen und geschlachtet wurden. Um das zu ermöglichen, müssen wir weniger Fleisch essen, und darin sind sich immer mehr Menschen einig.

Beim Kalbfleisch wurde mir diese Problematik sehr deutlich. Die Franzosen haben eine Vorliebe für weißes Kalbfleisch. Am Geschmack ist der Unterschied zwischen rotem und weißem Kalbfleisch kaum festzustellen. Um weißes Kalbfleisch zu bekommen, ist Sonnenlicht für das Kalb absolut verboten. Wer einen Kälbermastbetrieb besucht, der sieht, wie die Kälber mit zwei Wochen in einem Stall in eine Box kommen, die sie zu einem Viertel besetzen. Dort verbleiben sie noch einige Wochen bis zur Schlachtung. In den beiden letzten Wochen ist die Box so eng, dass ein Umdrehen nicht möglich ist. Aber ihr Fleisch wird weiß sein.

Als ich einmal von dem Besuch eines solchen Betriebs zurückkehrte, sah ich auf der Wiese eine Kuh mit ihrem Kalb. Es hüpfte herum, wie es ganz junge Kälber tun, holte sich am Euter der Mutter ein wenig Milch, um seinen Hunger zu stillen oder um sich zu beruhigen. Auch dieses Kalb wird eines Tages geschlachtet. Sein rotes Fleisch wird nicht hoch im Kurs stehen, denn die Aufzucht des Kalbes ist stärker vom Zufall abhängig, weil die Bedingungen im Freien immer noch schwer zu beherrschen sind. Doch seither bemühe ich mich, Kalbfleisch nur dann zu essen, wenn ich weiß, dass dem Tier ein solches Leben zugestanden wurde.

Ich habe nicht das Recht, denjenigen Völkern auf der Welt, deren Lebensgrundlage von der Jagd oder familiären Zuchtbetrieben abhängt, vorzuhalten, dass ihr Verhalten für die Erde und die Tiere schädlich ist. Und ich habe dazu umso weniger das Recht, weil ich es nicht glaube. Ich weiß, dass solche Völker eine starke Beziehung zu ihren Tieren haben, deren Bedürfnisse oft genau kennen und sie bis zur Schlachtung mit großem Respekt behandeln.

Als hochgelobter Ersatz für das Fleisch galten lange Zeit die Sojaproteine, und jetzt warnen einige Wissenschaftler vor ihrem Verzehr. Das Pendel muss nicht von einem übermäßigen Fleischkonsum ohne jede ethische Grundlage zu einem strikten Verbot ausschlagen. Es bleibt zu hoffen, dass es aus Verantwortungsbewusstsein zu einem respektvollen Gleichgewicht kommt.

»Erlebte Geschichten sind Daten«

Kehren wir zu unseren Haus- und anderen Tieren zurück, mit denen wir zusammenleben und deren Alltag sich unter den Blicken von ihren Besitzern, von Zoowärtern und manchmal sogar von Wissenschaftlern abspielt. Wenigstens führt die Bemerkung, dass es Empathie bei ihnen gibt, nicht zu der heiklen Frage, ob man Tiere essen soll oder nicht.

Marc Bekoff[25] zitiert einen klassischen Aphorismus: »Erlebte Geschichten sind Daten.« Es gibt einen Moment, in dem die Häufung von Erlebnissen es unmöglich macht, eine Hypothese auszuschließen, auch wenn kein Wissenskorpus im strengen Sinne vorliegt.

Ein Tierarzt mit einer wissenschaftlichen Bildung und Ausbildung unterhält sich in seiner Praxis mit den Besitzern von Hunden und Katzen. Was sie mitteilen, ist weit entfernt von der präzisen Sprache der Grundlagenwissenschaften, zeigt jedoch ihre tiefen Empfindungen und Gefühle, die aus der Beziehung zu dem Haustier stammen. Manche Tierärzte wollen davon nichts hören, und so wissen die Besitzer nicht so recht, woran sie sind. Die meisten Tierärzte hören jedoch zu und versuchen ihre theoretischen Kenntnisse mit den Empfindungen und dem Alltag ihrer Klienten zu verbinden. Das verändert oft ihre Sichtweise, vor allem dann, wenn sie selbst Besitzer von Hunden, Katzen oder einem anderen Tier sind, mit dem sie durch ein affektives Band verbunden sind.

Vereinfacht ausgedrückt, kann man sagen, dass schon der Besuch bei einem Tierarzt im Rahmen der Allgemeinmedizin ein Beweis für die Empathie vonseiten des Besitzers ist. Der von Veterinären zweifellos am häufigsten gehörte Satz lautet: »Ich glaube, es geht ihm nicht gut ...« Daraus spricht menschliche Empathie.

Es genügt dann bloßes Zuhören, um fast genauso viele Beispiele von Empathie bei Tieren zu vernehmen: »Wenn ich weine, kommt er und leckt meine Tränen ab«, »Wenn ich weine, legt er sich zu mir und rührt sich nicht mehr, während er sonst immer lebhaft ist« ...

Subtilere Beispiele erlauben die Unterscheidung zwischen einer schlichten emotionalen Ansteckung und den echten Anzeichen einer Empathie. In Momenten der Traurigkeit, so erzählte mir eine Besitzerin, kam ihre Hündin zu ihr und berührte sie: »Der Kontakt mit ihrer Schnauze genügte mir manchmal, um aus meiner melancholischen Stimmung zu kommen. Zeigte ich aber keine Reaktion, dann lief Candy kurz weg und kam mit einem von ihren Spielzeugen zurück. Wenn das immer noch nicht ausreichte, nahm sie die Spielhaltung ein, wedelte mit der Rute und lag mit dem Brustkorb fast auf dem Boden. Das tat sie, ohne zu übertreiben, und ich verstand: ›Sei nicht traurig, komm, spiel mit mir!‹« So sind unverbildete Privatpersonen mit ihrer Beziehung zu einem Tier manchmal der Wissenschaft voraus.

Eine solche Empfindung würden manche gern als Anthropomorphismus abtun, als Übertragung menschlicher Eigenschaften auf das Tier. Sie stimmt aber mit unserem heutigen Wissensstand überein. Wenn Candy ihre Herrin in diesem Zustand sieht, hat sie nicht die gleiche Empfindung; sie ist daher nicht traurig, weiß aber, dass die Besitzerin es ist. Sie versucht, diese Stimmung zu beeinflussen, und schlägt Spiele vor, die in ihrer Hundewelt wohl »lustig« sind. Hier liegt für mich ganz offenkundig die Grenze der Empathie eines Tieres: Die Dezentrierung ist auf die im Gehirn mögliche Vorstellung beschränkt. Daraus folgt, dass Candy eine Vorstellung von der Stimmung ihrer Herrin hat und die Idee, dass sie darauf Einfluss nehmen kann. Sie tut dann das, was für ein Malteser-Schoßhündchen ein lustvolles Spiel ist. Ein vergleichbares Verhalten zeigen Katzen, wenn sie uns ihre Beute bringen, die sie nicht fressen. Für die meisten Menschen ist es nicht sehr lustig, wenn sie in ihrem Bett eine mit Nackenbiss getötete Ratte finden. In der Welt der Katzen aber liegt dann ein sehr schönes Geschenk vor, das von menschlichen Entsetzensschreien nicht angemessen gewürdigt wird.

Ich hätte es gern, wenn einmal die Gegner die Beweislast trügen: Wenn sie mir beweisen, dass im Hunde- und Katzenhirn keine Spur des Gegenübers im Sinne der Theory of Mind zu finden ist, werde ich das akzeptieren, aber vorerst neige ich dazu, die Existenz dieser Spur anzunehmen.

Für die Empathie der Tiere sprechen auch die Fälle, in denen sie dem Menschen zu Hilfe eilen. Schon im antiken Griechenland waren die Delfine für diese Fähigkeit bekannt. Sie retteten Menschen vor dem Ertrinken oder vor den Angriffen von Haien. Auch hier ist es aufschlussreich, dass das Tier dann eingreift, wenn in solchen Situationen ein sinnvoller Bezug zu seiner Delfinwelt besteht. Delfinkälbern droht der Tod durch Ertrinken, und deshalb haben Delfine die Fähigkeit, die gefährliche Lage zu verstehen, und können daher eingreifen. Insofern hat die vom

Hai als Raubtier ausgehende Gefahr für das Leben der Delfine eine herausragende Bedeutung.

Warum eilen sie aber manchmal den Menschen zu Hilfe? Ein Erklärungsversuch geht von einem Irrtum der Delfine aus: Sie verwechseln aus der Ferne einen Menschen mit einem Delfinkalb. Ist das überzeugend? Das altruistische Verhalten einer Gattung mit einem so hohen kognitiven, sensorischen und sozialen Entwicklungsstand soll auf einem Irrtum beruhen? Es scheint eher eine bequeme Lösung zu sein, um nicht über andere Hypothesen nachdenken zu müssen. Die altruistische Einstellung galt lange Zeit ausschließlich als eine Eigenschaft des Menschen. Wenn keine Täuschung bei den Delfinen vorliegt, dann bedeutet dies, dass sie manchmal bewusst beschließen, einer anderen Gattung zu Hilfe zu eilen. Liegt es vielleicht daran, dass diese Gattung ihnen nähersteht als ein gefährliches Raubtier? Oder können sie gar nicht anders handeln, weil ein untrüglicher Instinkt ihnen nur »gute« Handlungen erlaubt? Dennoch ist Flipper, der berühmte Delfin aus der gleichnamigen Fernsehserie, nicht immer nur nett. In den künstlichen aseptischen Delfinparks erinnern ab und zu ein Stoß mit der Schnauze oder ein Biss daran, dass Höflichkeit keine Wesenseigentümlichkeit von Delfinen ist. Wenn also Delfine Haie vertreiben, die Menschen angreifen, und anschließend die Menschen bis an das Ufer begleiten, dann können wir annehmen, dass eine überlegte Aktion vorliegt und kein unbedachter Automatismus.

Einer Legende zufolge sollen Delfine den Dichter Arion gerettet haben. Als ihn eine Schiffsbesatzung über Bord werfen wollte, bat er, ein letztes Lied singen zu dürfen. Die von seinem Gesang entzückten Delfine trugen ihn nach Tainaron; als Belohnung setzte Apollo am Firmament die Sternbilder von Leier und Delfin nebeneinander.

Nüchterner, dafür sehr viel zahlreicher sind die Ereignisse an den Surfstränden von Neuseeland über Australien bis nach Kalifornien. Als ein Surfer sich des Angriffs eines Hais kaum mehr erwehren konnte, so berichtete er, bildeten mehrere Delfine einen Kreis um ihn und peitschten das Wasser so lange mit ihrem Schwanz, bis der Hai verschwand.[26] Ein professioneller Kameramann filmte mehrere Delfine, die Jagd auf einen Hammerhai machten, der sich ihm genähert hatte. Sein Kommentar spricht für sich: »Ich zweifle keinen Moment daran, dass die Delfine sich einmischten, um mich zu schützen.«[27] Es ist schwer vorstellbar, dass ein mit Tauchermaske, Schnorchel und Unterwasserkamera ausgerüsteter Taucher Ähnlichkeit mit einem Delfinkalb hat. Und schwer vorstellbar auch, dass in solch heftigen Gefühlsmomenten die betroffenen Menschen durch den automatischen Charakter einer Handlung derart beeindruckt sein könnten.

Solche Tiere und vor allem wohl die Fernsehserie »Flipper« und der Film »Im Rausch der Tiefe« haben dazu beigetragen, die gängigen kollektiven Vorstellungen, die nur die glänzende Fassade dieser Tiere sehen wollen, zu besetzen. Es ist aber ganz offensichtlich, dass eine unvoreingenommene Beobachtung der Delfine zeigen könnte, dass auch bei ihnen wie gesagt das Beste und das Schlechteste nah beieinanderliegen. Tötungen junger Delfine und altruistische Rettungen von Menschen, dauerhafte Freundschaften und brutale Liebesbeziehungen – Delfine sind komplexe und hochinteressante Tiere, da sie Klischeevorstellungen nicht entsprechen.

Kommen Tierpfleger der Zoos zu Wort, dann haben sie viele Beispiele für Empathie parat. Manche sind so spektakulär, dass sie über den Zoo hinaus auch der Allgemeinheit bekannt wurden. Eins der berühmtesten Beispiele stammt von Binti Jua, einem weiblichen Gorilla im Zoo von Brookfield. Ihre Bilder aus dem Jahr 1996 haben Amerika so sehr gerührt, dass *Newsweek* sie zur »Heldin des Jahres« wählte. Binti Jua kümmerte sich um ein Kind, das mehrere Meter tief in ihr Gehege fiel und bewusstlos war. Niemand glaubte an seine Rettung. Binti Jua nahm es vorsichtig in den Arm, ging mit ihm zunächst an einen sicheren Ort, dann an die Pforte, wo das Zoopersonal sie erwartete. Als sie das Kind überreichte, strich sie ihm leicht über den Kopf – eine Geste, die fast überall auf der Welt bedeutet: »Sei unbesorgt, alles wird wieder gut.« Diese Handbewegung habe ich schon tausendmal bei Eltern gesehen, die ihre Kleinsten in den Kindergarten begleiteten, und auch ich habe damals die gleiche Geste ausgeführt. Binti Jua trug zu der Zeit ihr siebzehn Monate altes Kind bei sich. Vielleicht war dadurch ihre mütterliche Ader stärker ausgeprägt, und sie konnte leichter empathisch reagieren.

Unsere Hypothese soll am Beispiel von Jambo, einem männlichen Gorilla im Zoo von Jersey, überprüft werden. Der Fall liegt ähnlich, aber das Kind war nach seinem Sturz bewusstlos. Der Gorilla bewachte den leblos daliegenden Körper und hinderte so seine Artgenossen daran, sich dem Kind zu nähern. Als das Kind erwachte und zu weinen begann, entfernte sich Jambo mit allen Gorillas, sodass die Pfleger das Gehege betreten konnten.

Auch Hunde können Menschen retten, und die Schwimmbecken liefern ihnen allzu viele Gelegenheiten. Mir gefällt folgendes Beispiel aus der jüngsten Vergangenheit ganz besonders, als in einer Familie der Labradorhund das Leben des vierzehn Monate alten Jungen rettete. Die Mutter befand sich mit ihren beiden Kindern im Garten und stellte plötzlich fest, dass der Junge nicht mehr neben ihr war. Völlig aufgelöst suchte sie ihn und fand ihn im Swimmingpool ... bewusstlos auf dem Rücken des Hundes. Dieser war nach dem Jungen getaucht, hatte ihn auf seinen Rücken gesetzt und befand sich nun in der Mitte des Pools. Er bewegte sich nicht, hielt sich aber gerade noch über Wasser, wobei er nicht so recht wusste, wie er seine kostbare Last ins Trockene bringen konnte.

Und was soll man zu diesem Australischen Treibhund sagen, der ein fünfzehn Monate altes Mädchen rettete, das bei einem Spaziergang mit ihren Eltern verloren gegangen war? Erschwerend kam hinzu, dass der Vorgang sich in Arizona im Winter ereignete und die Temperatur im Verlauf der fünfzehn Stunden dauernden Nachforschung auf bis zu minus 30 Grad Celsius gesunken war (vielleicht übertreibt der Journalist ein wenig). Als der Hubschrauber das Kind entdeckte, lag es eng angeschmiegt am Körper des Hundes. Der Hund nahm beim Eintreffen der Helfer erst eine drohende Haltung ein, als das Kind jedoch aufwachte und den Menschen zulächelte, sprang er stürmisch um sie herum. Die Geschichte enthält viele aufschlussreiche Details: eine sensorische, kognitive und funktionale Empathie; die Aufrechterhaltung des Schutzes, selbst wenn sie uns unangemessen erscheint (aber für einen Hund sind uniformierte Leute, die behelmt aus einem Hubschrauber steigen, nicht gerade die vertrauenerweckendsten Gestalten ...); das Entschlüsseln der von dem Mädchen ausgehenden Signale und die Feinabstimmung damit, denn als das Mädchen zeigte, dass es keine Angst hatte, beruhigte sie den Hund.

Ich liebe die beiden geschilderten Ereignisse, weil sie die Männchen unter den Tieren betreffen und die vorrangige, wenn nicht gar ausschließliche Zuordnung der Empathie zu den Weibchen im Ansatz wenigstens relativieren.

Zum Schluss dieser knappen Auswahl von Hundegeschichten möchten wir einer ghanaischen Hündin den ersten Platz zuerkennen und von einem ganz aktuellen Vorfall berichten. Die Hündin gehörte einer Farmerfamilie und war verschwunden. Schließlich fand man sie nicht weit von der Farm unter einer Brücke; zwischen ihren Pfoten lag ein Baby, das ausgesetzt war und zweifellos gestorben wäre, wenn die Hündin es nicht die ganze Zeit versorgt hätte. Für die Hündin gehörte das Baby nicht zu ihrer Art, nicht einmal zu ihrer sozialen Gruppe, und doch löste es das angemessene Verhalten aus.

Solche Beispiele sind spektakulär und berühren uns emotional, weil das Leben eines Kleinkindes, ein universeller Wert, in

Gefahr war, doch die Tiere warten mit ihren empathischen Reaktionen nicht auf eine sich einmal jährlich einstellende Gelegenheit, sie zu beweisen.

Die Orang-Utans wollen in dieser Hinsicht nichts schuldig bleiben. Einige empfinden Empathie für Vögel. Fotos zeigen ein Orang-Utan-Weibchen, wie es einen in das Wasserloch des Geheges gefallenen Vogel gerettet hatte. Mit einem Zweig holte es den Vogel aus dem Wasser, wärmte ihn mit den Händen und ließ ihn wieder fliegen. Noch erstaunlicher ist folgender von einem Zoowächter beobachteter Vorgang. Ein an den Flügeln verletzter Vogel musste im Gehege von Orang-Utans notlanden. Kuni, ein Orang-Utan-Männchen, nahm den Vogel und wollte ihn aus seiner Hand heraus wieder fliegen lassen. Der Erfolg blieb aus, und so stieg er auf die Spitze des höchsten Baumes im Gehege, faltete die Flügel des Vogels auseinander und warf ihn in die Luft. Dieser Versuch misslang zwar auch, weil der Vogel wahrscheinlich seine Flügel nicht mehr gebrauchen konnte, aber er zeigt, dass es bei Kuni eine innere Vorstellung von der Vogelwelt gab, in der Flügel für das Fliegen und die Höhe für den Abflug eine Rolle spielen. Die Grenze dieser inneren Vorstellung war die Verletzung, denn Kuni glaubte, damit wäre ein normales Fliegen möglich. Aber die Tatsache, dass er sich so weit in sein Gegenüber hineinversetzen konnte, scheint mir ein klarer Fall von Empathie zu sein.

Von der Solidarität über die Lüge zum Humor

Natürlich funktioniert die Empathie innerhalb der gleichen Art am besten. Und schon wird der Instinktbegriff bemüht, um vergleichenden Überlegungen zu Mensch und Tier aus dem Weg zu gehen. Vor allem Morgan warnt eindringlich davor, menschliche Eigenschaften auf Tiere zu übertragen.

Einige Beispiele jedoch lassen an Klarheit nichts zu wünschen übrig, darunter das folgende, von Frans de Waal zitierte Beispiel. Ein Orang-Utan-Weibchen suchte in einem Termitenhügel nach Insekten und benötigte dafür ein Werkzeug, das es aus Ästen herstellen wollte. Nach einigen vergeblichen Versuchen gab sie auf. In der Nähe saß ein Männchen, der diese Aktion beobachtet hatte, ohne einzugreifen. Erst als das Weibchen resignierte, fügte er die Äste zu einem passenden Gegenstand zusammen und reichte ihn dem Weibchen. Diese Alltagsszene verdeutlicht, dass der männliche Orang-Utan eine gewisse Theory of Mind des anderen besitzt, weil er dem Weibchen die Absicht zuschrieb, eine begonnene Handlung zu Ende zu bringen, weil er wusste, warum die Äste des Weibchens ungeeignet waren, und weil er – als er ein richtiges Werkzeug daraus gemacht hatte – es nicht selbst benutzte, sondern es dem Gegenüber gab, damit dieses sein Vorhaben verwirklichen konnte. Die erste Wahrnehmung dieser Art geschah zwar im Zoo, doch viele Affenforscher berichten ähnliche Geschichten aus natürlichen oder geschlossenen Lebensräumen.

Manchmal fragt man sich, was die Tiere noch tun müssen, damit dieser offenkundige Sachverhalt einfach akzeptiert wird. Vielleicht muss man nur mit Nachdruck erneut darauf hinweisen, dass die dem Tier geschuldete Anerkennung dem Menschen nichts wegnimmt, sondern im Gegenteil den außergewöhnlichen graduellen Unterschied zwischen Tier und Mensch hervorhebt. Es zeigt doch schon der Blick auf die tatsächlichen Verhältnisse, etwa zwischen den zwei Ästen und einer Rakete, dass die Absicht, ein Werkzeug für einen bestimmten Zweck herzustellen, zwar die gleiche ist, aber Planungsgrad, Ausführung und generationenübergreifende Weitergabe nichts miteinander zu tun haben.

Zwei weitere Gesichtspunkte erhärten die Hypothese einer Empathie bei Tieren. Es geht um alle jene Fälle, in denen Verständnis für die Welt des anderen und seiner Absichten vorherrscht. Als Reaktion darauf ist seine Täuschung möglich oder – vom Menschen aus gesehen – ein Anflug von Humor.

Wer eine Theory of Mind besitzt und damit die Reaktionen eines anderen auf die eigene Handlung voraussehen kann, der hat die Möglichkeit zur Lüge. Die Natur ist voller Täuschungsmanöver. Die schönsten sind entweder diejenigen, die unfreiwillig geschehen, oder solche, die ein unverhofftes Resultat des Selektionsdrucks sind oder eines uns unverständlichen Willens wie bei den Schmetterlingen, deren Farben zum Verwechseln so aussehen wie die Farben der Feinde ihrer eigenen Fressfeinde. Dann gibt es bei einigen Gattungen auch die Möglichkeit, die Mitglieder der eigenen Gruppe oder anderer Gattungen absichtlich zu täuschen. Um diese Tatsache einzusehen, brauchte der Mensch einige Zeit, da er überzeugt war, das einzige Wesen mit der Fähigkeit zum Lügen zu sein. Nur sehr zögernd gestand er diese Fähigkeit auch nicht menschlichen Primaten zu.

In den vergangenen Jahren nahmen die Beobachtungen zu, die für zahlreiche Gattungen zeigen konnten, dass sie durch falsche Signale das Verhalten von anderen beeinflussen konnten. Schon in natürlichen Lebensräumen beobachteten viele Ethologen Weibchen oder Jungtiere, wie sie die Entdeckung einer Nahrungsquelle in einer bestimmten Richtung vorspielten. Als die dominanten Tiere dorthin aufbrachen, gingen sie zu ihrem eigentlichen Fundort in der entgegengesetzten Richtung und taten sich dort gütlich. Die Beobachtung wurde auf experimentelle und wissenschaftlichere Weise wiederholt, und das Resultat war immer dasselbe.

Sogar Hunde können simulieren. Viele Klienten erzählen davon, und dieser Sachverhalt ist aufgrund der zahlreichen Berichte von Tierärzten sogar zu einer Diagnose geworden, das Syndrom simulierender Hund. Als Jugendlicher war ich Augenzeuge eines solchen Vorfalls, der mir im Gedächtnis geblieben ist. Wie schon erwähnt, besaßen meine Eltern eine Feinkostmetzgerei mit Catering. Manche Kunden betraten das Geschäft mit ihrem Hund, was die Gesetzgebung in den 1970er-Jahren noch erlaubte. So kam Toby, ein Bretonischer Jagdhund, mit seinem Besitzer ab und zu in unsere Metzgerei. Eines Tages kam er hinkend in das Geschäft. Sein Besitzer erzählte, dass ein Auto den Hund angefahren habe. Voller Mitleid gab ihm meine Mutter ein Stück Schinken. Nach über einem Jahr kam Toby wieder vorbei. Als meine Mutter bemerkte, dass er hinkte, gab sie ihm wieder ein Stück Schinken und fragte den Besitzer, ob bei Toby ein neuer Unfall vorliege oder ob die Folgen aus dem ersten nicht verheilt seien. Erstaunt erwiderte Herr D.: »Aber er hinkt doch nicht ...« Er stellte jedoch fest, dass Toby das im Geschäft sehr wohl tat. Um seine Zweifel auszuräumen, ging er mit Toby auf die Straße und ließ ihn ein paar Schritte machen. Das Hinken war verschwunden. Sobald aber der Hund und sein Herr das Geschäft betraten, fing das Hinken wieder an.

Der Humor bei Tieren wäre ein Thema für eine umfassende Studie. Wir werden sie hier nicht beginnen, aber Sie könnten einmal den US-Mimen Robin Williams fragen, was er über seine Begegnung mit dem Gorilla Koko[28] denkt, der es gern hat, wenn man ihn kitzelt. Koko beherrschte die Zeichensprache und formulierte mit ihr seinen Wunsch: »Du – kitzeln – ich.« Es folgte ein zweiter Wunsch, ebenfalls mit Zeichen: »Du – zum Lachen bringen – ich.« Das mag oberflächlich erscheinen, aber das Kitzeln ist inzwischen ein Gegenstand der Wissenschaft. Es ist unmöglich, sich selbst zu kitzeln. Kitzeln ist nur deshalb lustig – oder schrecklich –, weil es nicht kontrollierbar ist. Die Fähigkeit dieses Affen, Lust und Lachen zu antizipieren, stützt ein weiteres Mal die Hypothesenbildung der Empathie.

Was Streiche und Schabernack unter Tieren angeht, so sind zwar die Primaten die Experten dafür, aber nicht nur sie. In meiner Praxis behandelte ich einmal zwei Hunde, von denen einer ein sehr lustiges Verhalten zeigte. Alizée war eine Deutsche Schäferhündin von drei Jahren und lebte bei ihren Besitzern; sie spielte gern, war ausgeglichen und nicht aggressiv. Der andere Hund hieß Tom und war ebenfalls ein Deutscher Schäferhund. Er war schweigsam und ängstlich, spielte gern mit Tennisbällen, aber auf eine etwas zwanghafte Weise. Er konnte auch fremde Menschen beißen oder solche, die er als fremd ansah. Tom hatte einige Probleme, und die Besitzerin bat mich, ihn zu behandeln. Aber was uns hier interessiert, ist das Verhalten von Alizée.

Um meinen Klienten zu verdeutlichen, wie sehr Angst die Anpassung behindert, spreche ich oft vom Sinn für Humor. So schwierig es für mich ist, diesen Begriff vor Kollegen auf einer wissenschaftlichen Tagung zu verwenden, obwohl sie mich kennen und an meine exzentrischen Ideen gewöhnt sind, so leicht verstehen die Hundebesitzer, was ich sagen will und was ich in meiner Praxis beweisen kann. Ich mache plötzlich ein sehr eigenartiges Geräusch und verpasse dem Hund einen Schlag auf die Kruppe und beobachte die Reaktion. Hyperaktive Hunde springen vor Freude auf, normale Hunde drehen sich mit fragender Miene um und nehmen oft die Spielhaltung ein, ängstliche Hunde fliehen oder greifen an. Von depressiven Hunden kann ich nichts sagen, weil ich bei ihnen auf diese Handbewegung verzichte.

Die Erklärung fällt nun leicht, dass die Tiere sich aus Angst nicht die Zeit nehmen, über dieses seltsame Geschehen nachzudenken. Sie bemerken nicht, dass es mehrdeutig sein kann, aber nicht immer ein feindlicher Vorgang ist. Das macht für mich bei unseren Haustieren den Sinn für Humor aus: Sie können einsehen, dass Menschen manchmal seltsame Dinge tun, die aber nur in ganz seltenen Fällen Schaden bei ihnen anrichten.

Die Besitzerin von Tom, der ich das mitteilte, sagte zu mir: »Ich verstehe sehr gut, was Sie mir sagen wollen. Alizée hat viel Humor und kann übrigens Tom wütend machen.« Als ich sie fragend anschaute, wollte sie ihre Bemerkung im Garten mit den beiden Hunden demonstrieren. Dort nahm die Dame einen Tennisball in die Hand, der sofort die Aufmerksamkeit von Tom erregte. Er ließ ihn nicht mehr aus den Augen. Alizée dagegen verhielt sich etwas seltsam. Sie hielt ein wenig Abstand von Tom und beobachtete ihn ganz genau. Als der Ball geworfen wurde, sprang Tom sogleich hinterher. Alizée aber rannte hinter Tom her, packte mit ihrer Schnauze seine Rute, ließ sich auf den Rücken fallen und einen Augenblick lang mitschleifen. Tom war vom Tennisball so fasziniert, dass er über eine Sekunde brauchte, um seinen blinden Passagier zu bemerken. Er hielt an und wollte Alizée beißen, aber sie war schon weit weg mit aufgestellter Rute und einem so weit geöffneten Maul, dass es einem breiten Lächeln täuschend ähnlich sah.

Scherze machen können Affen, wenn sie die Zeichensprache beherrschen, und deshalb können auch wir sie verstehen. Koko, der Gorillafreund von Robin Williams, bot Steine als Nahrung an mit dem Zeichen für »Iss«. Washoe, die berühmte Schimpansin von Robert und Beatrix Gardner, stellte eine Schachtel vor ihren Fuß und nannte sie »Schuh«. Sie stieg, kecker geworden, ihrem Pfleger Roger Fouts auf die Schultern und urinierte auf ihn mit dem Zeichen für »lustig«. Es fragt sich nur, für wen ...

Tiere treiben im Allgemeinen Schabernack auf Kosten anderer, so wie die meisten Menschen auch. Manche Delfine tauchen gern geräuschlos hinter einem Meeresvogel auf, zupfen ihm eine Schwanzfeder aus und entfernen sich offensichtlich frohgestimmt.

Wissenschaft und die Empathie der Tiere: die Wende

Andere zu täuschen oder sich auf ihre Kosten zu amüsieren scheint mit der Bindung überhaupt nichts zu tun zu haben. Doch all diese Geschichten und rührenden Beispiele entwerfen im Ansatz eine sehr breit gefasste Theorie von der Empathie der Tiere. Es verwundert deshalb nicht, dass Wissenschaftler sich wieder vorsichtig mit diesem Forschungsfeld beschäftigen und vor allem nach Beispielen suchen, die Empathie, Bindung und soziale Beziehung miteinander verbinden.

Ein Artikel im *Journal for Ethology*[29] versucht von der offensichtlichen Empathie unter Tieren zu sprechen. Mit äußerster Behutsamkeit begibt sich die Autorin auf diesen steinigen Weg und berichtet mit aller gebotenen wissenschaftlichen Strenge folgende Geschichte. Die junge Schimpansin Tia, eine Erstgebärende, und ihr Säugling Aimée wurden von Wilderern angegriffen. Ihre Hunde hatten die Mutter verletzt, die Männer den Säugling gefangen. Einige Wissenschaftler konnten das Affenbaby zurückbekommen und retteten es, indem sie es fünf Tage lang ernährten. Sie achteten darauf, wenige Kontakte mit ihm zu haben, um eine unangemessene Prägung durch den Menschen zu vermeiden. Dann brachten sie es an den Ort zurück, wo die Mutter und ihre Gruppe lebten. Die Mutter hinkte immer noch, und ihre von den Hunden verursachten Wunden brachen bei jeder Bewegung auf und schwächten sie sehr. Die Wissenschaftler sahen nun, wie Mike, ein junger männlicher Schimpanse, den an sich keine verwandtschaftliche Beziehung mit der Schimpansin verband, das Jungtier in den ersten Tagen sehr viel getragen hat, solange die Mutter es nicht uneingeschränkt tun konnte. Zog die Gruppe weiter, wartete Mike mit Aimée auf Tia, damit sie nicht abgeschnitten wurde.

Wenn wir vergessen, dass von Affen die Rede ist, dann leuchtet ein, dass es hier ganz offensichtlich um gegenseitige Hilfe und Solidarität geht. Es ist so ähnlich wie damals, als Sie langsamer gingen, damit die alte Dame, deren Tasche Sie trugen, Ihnen ohne Mühe bis zum Auto folgen konnte. Doch hier sprechen wir von Tieren, und es sind Wissenschaftler, die darüber reden. Der Mut der Autorin ist zu loben, die mit der Veröffentlichung dieser

Geschichte und einer kühnen Hypothese noch immer ein beträchtliches Risiko auf sich nimmt. Man möchte ihr gern helfen, so wie sie Aimée und Tia geholfen hat, so wie sie Mike beobachtete, der Tia aus Mitleid seine Hilfe ohne Gegenleistung angeboten hatte. Und man möchte Werbung für ihre Arbeit machen, um sie vor den Aggressionen dominanter Männer zu schützen, die von einer Empathie bei Tieren nichts wissen wollen.

Es ist aufschlussreich, dass in diesem Artikel, dessen Thema gerade die Empathie ist, nichts über die Gefühle und die Motivation der Wissenschaftler steht. Die gewalttätige Wilderei wird »ein Vorkommnis« genannt, die Art und Weise, wie die Wissenschaftler das Affenbaby zurückbekamen, wird nur zart angedeutet, weil hier die Regel der Nichteinmischung im Verlauf wissenschaftlicher Beobachtungen gebrochen wurde – meiner Meinung nach zu Recht. Die Tiere werden beim Namen genannt, dann für die Zwecke einer Veröffentlichung auf zwei Initialen reduziert. Das Mitgefühl für die Schimpansin, die von den Hunden in die Genitalien gebissen wurde und die bei jedem Schritt blutet, wird nicht beschrieben, aber die Fakten werden gerade noch berichtet. Der Artikel ist in vielerlei Hinsicht bewundernswert: In seinem wissenschaftlichen Ansatz sehr neutral und deskriptiv gehalten, weckt er doch Emotionen, als müsse die Empathie auf einer Metaebene demonstriert werden. Die Autorin berichtet Tatsachen, die sich an den Verstand richten, aber unsere Gefühle ansprechen. Die Behinderung der Schimpansin und die von dem jungen Schimpansen angebotene Hilfe sind messbare Sachverhalte (etwa die Länge der Strecke, die Mike mit Aimée zurücklegt, oder die Zeitspanne, die er auf Tia wartet), die eine Gefühlsebene offenbaren, die zur Nachahmung einlädt.

Der Rock 'n' Roll der Empathie und der Bindung

Unser roter Faden bleibt die Bindung. Ihr Verhältnis zur Empathie ist komplex. Die erwähnten Beispiele setzen eine frühere Bindungsbeziehung nicht zwingend voraus. Der Delfin oder das mütterliche Gorillaweibchen haben keine Bindung zu den Tieren, die sie retten. Sie verfügen nur über die Möglichkeit, das für das Wohlbefinden und das Überleben des anderen Notwendige zu tun – und sie tun es. Gibt es als Kind, als Mutter, Vater, Bruder und Freund oder in sozialer Hinsicht eine Bindungsbeziehung, ist die Empathie mit beeindruckenden Beispielen vertreten. Eine Mutter, die weiß, was gut für ihr Kind ist, setzt ihre Empathie ein, um ihre mütterliche Liebe umzusetzen. Beide Mechanismen können sich aber entkoppeln, sodass alle möglichen Leiden entstehen, wenn ein Irrtum bei ihrem Funktionieren entsteht: Wie viele Eltern, deren Liebe nicht in Zweifel zu ziehen ist, glauben zu wissen, was gut für ihr Kind ist, und schaden ihm doch völlig unabsichtlich bei der Ernährung, durch zu viel oder zu wenig Pflege und durch Verweigerung der Autonomie? Und wie viele Eltern machen, was getan werden muss, aber aus persönlichen oder mehr zufälligen Gründen empfinden sie dabei keine Bindung oder teilen sie nicht mit dem Kind? Ohne Bindung hingegen ruht die Persönlichkeitsbildung auf einem schwankenden Fundament.

Die Empathie kommt in der mütterlichen Bindung am deutlichsten zum Ausdruck. Alle Theorien stimmen in diesem Punkt überein: Wer das Kind versorgt (und bei Säugetieren ist es immer die Mutter, sei es allein oder mit Unterstützung eines Partners), der muss seine Bedürfnisse verstehen, um seine Überlebenschancen zu erhöhen, ob im Dienste der Gattung oder weil dieses Individuum an sich wertvoll ist. Jedes Individuum muss daher über die Fähigkeit verfügen, die Welt des anderen zu begreifen, auch wenn das in unterschiedlichem Maße geschieht. Bei sozialen Tierarten stärkt die Empathie den Zusammenhalt, gestaltet das Leben in einer Gruppe harmonischer und bereitet kooperatives Verhalten vor. Die Beziehung ist dann sehr effektiv und beglückt beide Partner, wenn Empathie und Bindung zusammentreffen. Das gilt zunächst für das Überleben des Kindes, trifft aber für weitere Situationen in der Mutter-Kind-Beziehung zu, die beiden Lust bereiten.

Ich möchte diesen Gedankengang mit einer Geschichte aus meinem persönlichen Umfeld verdeutlichen. Im Mittelpunkt steht unsere Katze Chiquita, bei deren erster Niederkunft wir schon zugegen waren und deren mütterliches Engagement wir kannten.

Als Chiquita zum zweiten Mal trächtig war, war auch ihre Tochter Hermine gedeckt worden, und beide brachten mit einigen Stunden Unterschied ihre Jungen zur Welt. Als unverbesserlicher Erforscher des Bindungsphänomens und seiner Entwicklung hatte ich eine Wurfkiste ins Badezimmer gestellt und eine Kamera aufgebaut, um das Ereignis zur Erinnerung zu filmen. Ich habe die Bilder sehr oft vor Studiengruppen gezeigt, und sie lösten lange Diskussionen aus.

Die Geburt setzte bei Hermine zuerst ein. Sie war noch jung und unerfahren. Ihre Mutter kauerte in der anderen Ecke der Wurfkiste (ein Behälter von der Größe eines Hasenkäfigs) und beobachtete sie. Die junge Katze war verunsichert, das erste Kätzchen war gekommen, und sie roch an ihm und leckte es ab. Sie war etwas aufgeregt, wusste irgendwie nicht mehr weiter und schien erstaunt über das, was sich da ereignete. Chiquita lag zusammengerollt einige Dutzend Zentimeter entfernt und beobachtete sie, dann gab sie ihre bekannten mütterlichen Töne von sich und kam näher. Beide Katzen tauschten einige Laute aus, dann legte Chiquita ihren Kopf auf den Nacken ihrer Tochter und begann zu lecken. Hermine tat das Gleiche. Dann fing die »Großmutter« mit dem Lecken des Kätzchens an, um anschließend wieder ihre Tochter zu lecken.

Chiquita nahm an der ersten Geburt ihrer Tochter teil, beruhigte sie und stand ihr auf sanfte und wirkungsvolle Weise bei. Nach einigen Stunden begann auch bei ihr die Geburt. Sehr schnell hatten wir das Gefühl, unnütz und überflüssig zugleich zu sein. Wir ließen Mutter und Tochter allein, damit sie gemeinsam neues Leben gebären konnten. In der Frühe lagen zwischen den beiden Katzen sieben Junge, und wer zu wem gehörte, war nur ihnen bekannt.

Ich habe dieses Beispiel oft als Beweis für die Empathie bei Tieren angeführt. In einem diesem Thema gewidmeten Sammelwerk entwirft der französische Neurophysiologe Alain Berthoz mit aller Vorsicht, wie er sagt, eine Theorie der Empathie.[30] Drei Bedingungen müssen ihm zufolge gegeben sein:

1. ein auf das Ich zentriertes Erleben der Situation in kognitiver und affektiver Hinsicht;
2. ein vom Ich gesteuerter Perspektivenwechsel, der es ermöglicht, sich an die Stelle des Gegenübers zu setzen und gleichzeitig den Fluss der Ereignisse ichzentriert wahrzunehmen;
3. ein Wechsel des Bezugssystems (von egozentrisch zu allozentrisch).

Damals hatte ich – um den Liedermacher Claude Nougaro zu paraphrasieren – eine wilde Leidenschaft für vollmundige Begriffe, und so schien es mir offensichtlich zu sein, dass die Geburt bei Chiquita und Hermine in jeder Hinsicht der anspruchsvollen Definition von Berthoz entsprach:

1. Chiquita hatte schon eine Geburt hinter sich und stand vor einer neuen; damit besaß sie zweifellos ein persönliches Erleben der Situation, das ichzentriert war in allen affektiven Dimensionen (wir haben schon auf ihre Beziehung zu den Kätzchen hingewiesen) und kognitiven Dimensionen (Katzen

wissen – diese Überzeugung sei mir gestattet –, dass sie Mütter sind).

2. Als Hermine ihr erstes Kätzchen bekam, war Chiquita mit allen ihren Sinnen dabei und wusste, was ihrer Tochter bevorstand. Sie nahm die emotionale Seite wahr (die Verunsicherung einer erstgebärenden Katze) und die operationale Seite (zögerliches und ungeschicktes Verhalten gegenüber dem Kätzchen). Da sie in der gleichen Lage war, konnte sie sich sehr leicht an die Stelle des Gegenübers setzen, sie wandte sich mit ihren beruhigenden Lauten an ihre Tochter, und sie tröstete sie, als sie ihren Kopf auf den Nacken legte und sie leckte. Sie stand kurz vor ihrer zweiten Geburt und nahm Anteil an der ersten Geburt ihrer Tochter, damit nahm sie ichzentriert den Fluss der Ereignisse wahr, setzte sich aber an die Stelle des Gegenübers.
3. Sie verfügte daher über die Fähigkeit, von einem egozentrischen zu einem allozentrischen Bezugsfeld zu wechseln, von ihrem eigenen Bezugsfeld zu dem von Hermine. Es gab für sie keine Verwirrung zwischen der Situation ihrer Tochter und ihrer eigenen Lage. Ich bin mir sicher, dass Chiquita nach diesem Ereignis auch bei einer anderen Art unter gleichen Umständen genau dieses Verständnis gezeigt hätte, obwohl sie von uns dazu keine Gelegenheit bekam.

Andere Konzeptionen unterscheiden emotionale, kognitive und operationale Empathie. Die unvergessliche Erfahrung einer zweifachen Geburt scheint mir ebenfalls diesen drei Aspekten der Empathie zu entsprechen:

1. Chiquita spürte die Gefühle ihrer Tochter und beruhigte sie; aber sie teilte die Gefühle nicht; mit ihrer Erfahrung hatte sie keine Angst vor dem, was kam, aber sie konnte sich die Gefühle ihrer Tochter vorstellen und besaß damit eine emotionale Empathie.

2. Sie wusste, was in diesem Augenblick sowohl für die Kätzchen wie auch für ihre Tochter zu tun war. Sie achtete dabei darauf, nicht zu aufdringlich zu sein. Es liegt also eine echte operationale Empathie vor.
3. Nach meiner Auffassung – die nicht jeder teilen wird, was nicht schlimm ist –, wusste sie, was sich ereignete, und weil sie eine Vorstellung von der Situation hatte, konnte sie die Bedürfnisse der Tochter antizipieren. Es liegt also eine kognitive Empathie vor.

Die Reaktion vieler Leute auf die Geschichte von Chiquita und Hermine ist leicht zu erraten. Ich musste sarkastische Bemerkungen oder häufig mitleidiges Lächeln einstecken. Es gab aber auch einige irritierte Blicke, weil manche Gewissheiten ins Wanken gerieten. Einzelne wurden sehr nachdenklich und sagten sich: »Warum eigentlich nicht?«

Auch wenn meine Geschichte in einer anderen, vertrauteren Umwelt stattfand, so wirft sie doch die gleichen Fragen auf wie der Artikel über die Hilfsbereitschaft des jungen Schimpansen. Was wir hier sehen, müssen wir nicht glauben, es existiert einfach. Was wir daraus machen, sagt etwas über uns aus. Der eine sieht darin nur eine elementare Instinkthandlung, der andere entdeckt Anhaltspunkte für ein reiches Innenleben bei Tieren. Beide beurteilen eine Lebensweise, für die unser Blick und unsere Meinung bedeutungslos ist. Ich ziehe es vor, in einer Welt zu leben, die den Lebewesen, mit denen wir unser Alltagsleben teilen, ein reiches Gefühls- und Vorstellungsleben zuerkennt. Bei ihnen finde ich Empathie und Bindung in einer Art Rock 'n' Roll, bei der die Partner sich nahe kommen, sich wieder trennen, gemeinsam herumwirbeln oder sich wegstoßen.

Ich weiß, dass andere, ebenso respektable Auffassungen möglich sind, so wie es nicht nur eine einzige Art der Bindung gibt, sondern unzählige, die mehr oder weniger Lust oder Schmerz,

Freude oder Verzweiflung bereiten und in Freiheit oder im Gefängnis stattfinden.

Jedem seine Bindung

Die universelle Gültigkeit der Bindung sollte jetzt für den Leser so selbstverständlich sein wie für mich. Dennoch sind die Erscheinungsformen dieses Phänomens genauso wichtig wie seine reine Existenz.

Seltsame Typen!

Nachdem Bowlby die Bindungstheorie aufgestellt hatte, hielt es Mary Ainsworth (1913–1999), eine frühe Mitarbeiterin, für notwendig, verschiedene Bindungstypen zu beschreiben. Dieses Vorhaben war wichtig und nützlich. Doch lag darin schon der Keim für schmerzliche Erfahrungen und Schuldgefühle, denn nach ihr gab es gute und schlechte Bindungsformen, gute und schlechte Mütter und – wenn schon – gute und schlechte Kinder oder Kleinkinder. Die Bezeichnung der Bindungstypen lässt eine moralisierende Haltung erkennen. Das erklärt zum Teil die Schwierigkeiten bei der Übersetzung (wir behalten deshalb zwischen Anführungszeichen den englischen Ausdruck bei). Mary Ainsworth unterschied drei Bindungstypen:

1. Der B-Typ wird »secure« genannt, und die Übersetzungen sind sehr verschieden: »solide«, »geborgen«, »behütet« oder »beruhigend«. Kurz, hier liegt eine »gute« Bindung vor, aus der glückliche und lächelnde Kinder hervorgehen, die für immer die Gewissheit haben, liebenswert zu sein. Wird ein Kind im Verlauf des Tests von der Bezugsperson allein gelassen,

protestiert es zwar, hält aber mit einer fremden Person im Raum noch Kontakt, jedoch wesentlich weniger oft als mit seiner Mutter. Kommt die Bezugsperson wieder zurück, wird sie voller Freude begrüßt, und das Kind macht mit seinem Spiel und seinen Unternehmungen weiter. Ist es ganz allein, so beklagt es sich kurz und erkundet dann den Ort, wo es sich befindet.

2. Der Typ A ist »insecure-avoidant«, was mit »unsicher-vermeidend« übersetzt werden kann. Ein solches Kind reagiert kaum auf Trennung und wirkt teilnahmslos. Doch seine körperlichen Werte weisen auf ein hohes Stressniveau hin, das die Gehemmtheit auslöst. Die Verunsicherung kommt direkt physisch in einem veränderten Herzrhythmus und weiteren organischen Anzeichen der Angst zum Ausdruck.
3. Der Typ C heißt »insecure-ambiguous«, ein »unsicher-ambivalentes« Verhalten. Vor allem die Ambivalenz ist typisch für diese Kategorie. Das Kind reagiert mit gewalttätigem Protest gegen die Trennung und tut nichts anderes mehr. Auch das Wiedersehen bringt keine Beruhigung, und das Verlangen nach Kontakt und aggressives Verhalten wechseln sich ab (Tränen wechseln mit Fausthieben ab).

Mary Main, eine weitere Mitarbeiterin, ergänzte einige Jahre später die Einteilung um eine vierte Kategorie, den Typ D als »desorganisierte Bindung«, insofern keines der klassischen Bindungsmuster der anderen Typen hier gefunden wurde. Diese Kinder sind in ihrem Verhalten unberechenbar; sie zeigen zwar Verhaltensweisen der anderen Kategorien, aber in Mischform und sind nicht reproduzierbar, wenn der Test wiederholt wird.

Der Fremde-Situation-Test oder vielmehr der Situationstest in Gegenwart eines Fremden

Mary Ainsworth entwickelte einen standardisierten Test zur Beobachtung des Bindungsverhaltens von Kindern, die ein Jahr alt waren. Zunächst sei darauf hingewiesen, dass sie für die Validierung ihres Tests die Kinder ein Jahr lang begleitet hat und sie daher sehr gut kannte. Der Test besteht aus acht Episoden zu je drei Minuten:

1. Das Kind ist allein mit seiner Mutter.
2. Eine fremde Frau betritt das Zimmer; die Mutter bleibt drei Minuten.
3. Die Mutter lässt das Kind drei Minuten mit der fremden Frau allein.
4. Das Kind wird allein gelassen.
5. Die Mutter kommt zurück (erstes Wiedersehen).
6. Die Mutter geht, und die fremde Frau nimmt ihren Platz ein …
7. … und lässt erneut das Kind allein …
8. … bis zu einem letzten Wiedersehen mit der Mutter.

Beobachtet und notiert werden Verhaltensäußerungen (Teilnahmslosigkeit, Weinen, erkundendes Verhalten, Annäherung, Ablehnung, aggressive Reaktionen) und körperliche Symptome (erhöhte Herz- und Atemfrequenz) des Kindes.

Die Kinder werden in die vier beschriebenen Kategorien eingeteilt.

Wir brauchen keinen Doktorgrad in Psychologie, um unseren Kindern eher die Kategorie B der »sicheren Bindung« zu wünschen als andere Kategorien ... Einige Wissenschaftler wie der englische Zoologe Robert Hinde[31] haben versucht, diese Blickrichtung mit dem Hinweis zu ändern, dass es eine gute Kategorie von Bindung nicht gibt, aber die Auflistung der Risiken, die im Gefolge einer anderen Bindung als die von Typ B eintreten, lässt kaum einen Zweifel über die vorherrschende Auffassung:

- Die »unsicheren« Kinder im Alter von zwei Jahren sind frustrationsanfälliger.
- Die gleichen Kinder haben im Vorschulalter ein größeres Risiko, von anderen abgelehnt zu werden.
- Sie zeigen für Kinder, die wütend sind, weniger Sympathie.
- Sie haben geringere Kontakte zu freundschaftlich gesinnten Erwachsenen.
- Sie werden von ihren Klassenkameraden nicht besonders gemocht.

Genug der Risiken, das reicht ... Jeder wünscht, zur auserwählten Kategorie zu gehören, vorzugsweise natürlich die eigenen Kinder!

Ich interessiere mich seit fünfzehn Jahren für dieses Thema, und es ist mir seither wichtig, die Bindungstypen in einem anderen Licht erscheinen zu lassen. Das ist Schwerarbeit! Niemand kam bisher auf die Idee, zu untersuchen, welche Vorzüge die Zugehörigkeit zu Bindungstyp A, C und D hat. Die Erwähnung dieser Typen geschieht immer in Beziehung zu psychischen Störungen oder problematischen Veranlagungen. Einige Wissenschaftler weisen jedoch darauf hin, dass die aufgrund des Musterbeispiels von Mary Ainsworth und Mary Main gewonnenen Ergebnisse in den verschiedenen Zivilisationen und Kulturen fast immer gleich bleiben und die 65 Prozent für die sichere (»secure«) Bindung, die 15 Prozent für die vermeidende Bindung, die 15 Prozent für die ambivalente Bindung und die 5 Prozent für die desorganisierte Bindung (mit steigender Tendenz) eine für die Art günstige Verteilung zu sein scheint.

Schwer nachzuvollziehen ist die Vorstellung von Bowlby und Ainsworth, dass der Bindungstyp B der natürliche Typ und die anderen mehr oder weniger abnormale Variationen seien. Es ist ein wenig unverhältnismäßig, wenn fast jede bekannte Zivilisation eine zu 35 Prozent abnormale Bevölkerung haben soll. Sozialanthropologen haben deshalb diese Ergebnisse neu überdacht, und sie sehen darin verschiedene reproduktive Strategien in Abhängigkeit vom jeweiligen Umfeld. Ein »vermeidendes« oder »ambivalentes« Verhalten ist zweifellos besser, um sich anpassen oder überleben zu können, wenn beispielsweise die Ressourcen sehr knapp sind. Es ist besser, wenn man gelernt hat, nicht zu viel Verzweiflung zu zeigen, weil die Mutter einen verlassen hat in einer von Krieg geprägten Welt, in der die Mutter gefangen oder getötet wurde. Wer eine zu »sichere« Bindung hat in der Gewissheit, dass immer jemand für ihn da sein wird, der vertraut irgendwann einmal seinem guten Stern viel zu sehr und kann nicht auf persönliche Ressourcen zurückgreifen.

Wir sollten uns gemeinsam zu dem Zugeständnis durchringen, dass es eine hierarchische Struktur bei den verschiedenen Bindungstypen nicht geben kann. Bewundern wir dafür erneut die Vielfalt der Natur!

Die Verteilung der Bindungstypen scheint günstig für die Art zu sein, aber die einzelnen Bindungstypen müssen auch nützlich sein für ein Individuum, das einem bestimmten Bindungstyp angehört. Sonst müsste abweichendes Verhalten diagnostiziert werden, und man müsste alle diejenigen behandeln, die nicht zur »richtigen« Kategorie gehören.

Geliebt, aber unverstanden

Beim Menschen gibt es vier Bindungstypen. Wenn unsere Ausgangshypothese eines kontinuierlichen Bindungsprozesses zwischen den Gattungen richtig ist, dann müssten wir auch bei den Tieren Anzeichen für die verschiedenen Bindungstypen finden.

Für Haustiere wie Hund und Katze gibt es Beweise dafür. Bevor wir darauf näher eingehen, wenden wir uns weiteren Weggefährten zu, den höheren Säugetieren und den hoch entwickelten Vögeln. Diese Betrachtungsweise ist viel zu neu und hat bei frei lebenden Tierarten noch keine fundierten Studien geliefert. Es ist verständlicherweise schwierig, verlässliche Daten zu bekommen zu Verhaltensmustern der Jungtiere von Elefanten in der Savanne, von Schimpansen, die in Großgruppen leben, und von Delfinen im Ozean. Eine standardisierte Situation wie beispielsweise ein angepasster Fremde-Situation-Test nach Ainsworth ist in den meisten Fällen gar nicht vorstellbar, nicht einmal dann, wenn die Tiere in Gefangenschaft sind, denn ein Jungtier mit einem unbekannten Tier aus derselben Art, und sei es ein Weibchen, allein zu lassen stellt ein beträchtliches Risiko dar. So ist es kein Wunder, dass die Wissenschaft zu diesem Thema nichts sagen kann.

Gleichwohl gehen einige Artikel kurz auf dieses Problem ein. Wir verdanken den Forschungsteams von der Shark Bay im australischen Monkey Mia, die Delfine studieren, die besten Längsschnittstudien. Seit nunmehr 25 Jahren wird dieselbe Delfingruppe beobachtet und betreut. Ihr Verhalten wird aufgezeichnet, wobei das klare Wasser es erleichtert, die Delfine voneinander zu unterscheiden. In manchen Publikationen werden die Unterschiede hervorgehoben, aber eher im Hinblick auf die Sozialisation als auf die Bindung. Der Begriff taucht nicht ein einziges Mal auf, weder in einer Doktorarbeit von 35 Seiten[32] noch in einem Artikel zur Entwicklung der Frühsozialisierung bei jungen

Delfinen[33] und nicht einmal in einer Studie zu verschiedenen mütterlichen Verhaltensweisen.[34]

Die Studie mit dem vielversprechenden Titel »Mütter sind nicht alle gleich« weist dennoch darauf hin, dass junge Delfine ein unterschiedliches Verhalten haben, weil ihre Mütter verschiedene Haltungen an den Tag legen. Einige Mütter sind sehr kontrollierend, andere sehr nachgiebig, und manche Mütter ändern ihr Verhalten je nach Entwicklungsstand des Jungtieres. Wenn die jungen Delfine einer bestimmten Gruppe nach einigen Jahren noch am Leben sind, dann ist es schwierig, zu sagen – so die sehr zutreffende Feststellung der Autoren –, welcher mütterlichen Verhaltensweise bei Delfinweibchen der Vorzug zu geben ist!

Verschiedenartige mütterliche Verhaltensweisen führen zu verschiedenartigen Verhaltensweisen unter den Delfinen, diese eindeutige Tatsache ergibt sich zwingend aus der Untersuchung. Erstaunlich ist aber, warum die Wissenschaftler nicht fragen, ob das Verhalten der Mütter auch von dem Verhalten ihres Nachwuchses bestimmt wird. Das weckt die Erinnerung an die Jahrzehnte, in denen die Mütter autistischer Kinder beschuldigt wurden, mit ihrem Verhalten die Krankheit hervorgerufen zu haben. Erst wissbegierige und aufmerksame Forscher bemerkten, dass die Mütter häufig nur auf die fehlende Kommunikation des Kindes reagierten und nur der Spiegel einer »leeren Festung« waren, von der der österreichisch-amerikanische Psychoanalytiker Bruno Bettelheim (1903–1990) schon im Jahr 1967 sprach, bevor neue wissenschaftliche Erkenntnisse die alte Sicht widerlegten.

Die Wahrheit liegt sicher in der Mitte und besteht in einer ständigen Suche nach einem harmonischen Ausgleich der Verhaltensweisen von Mutter und Kind. Je nach Veranlagung ist diese Übereinstimmung bei manchen Kindern leichter zu finden als bei anderen. Es gibt Kleinkinder, die bestimmen, wo es langgeht, und es gibt tyrannische Eltern. Doch Absprachen und Kompromisse bilden die Grundlage der meisten Mutter-Kind-Beziehungen. Das Geschlecht spielt bei den verschiedenen Prägungen eine Rolle: Mit großer Wahrscheinlichkeit übernehmen weibliche Delfine die Art, zu jagen und Nahrung zu suchen, von ihrer Mutter, während männliche Delfine allmählich das mütterliche Vorbild aufgeben. Das amerikanische Sprichwort »Ein Sohn bleibt ein Sohn, bis er heiratet, eine Tochter bleibt eine Tochter ihr Leben lang« muss wohl auf das Verhalten der Delfine zurückzuführen sein! Oder es ist eine Wahrheit für diejenigen Gattungen, deren Entwicklung in der Bindung an den Schatten einer mütterlichen Gestalt geschieht.

Zahlreiche Studien zu Affen stützen sich auf das Klassifikationssystem von Ainsworth, als ob es auch für diese Gattung gesichert sei, was meines Wissens nicht bewiesen ist. In einer neueren Dissertation erforscht die Autorin die Beziehung zwischen Verhaltensstörungen und Bindungstypen mit dem Schwerpunkt auf der »desorganisierten« Bindung.[35] Sie geht von der Annahme aus, dass die drei »klassischen« Bindungstypen alle organisiert sind und nur der später von Mary Main als desorganisiert eingeführte Bindungstyp D regelmäßig mit erhöhten Risiken für psychische oder körperliche Krankheiten in Verbindung gebracht wurde. Sie untersucht die einzelnen Verhaltensstörungen, aber auch die körperlichen Krankheiten, welche die Affen im Verlauf von zwanzig Jahren bekamen. Tatsächlich findet sie ein zusätzliches Risiko für Verletzungen, für Erkrankungen der oberen Atemwege und für stereotype Bewegungsstörungen.

Es gibt, um diesen oft frustrierenden Ansatz zusammenzufassen, bei Delfinen und Großaffen, ob sie in Gefangenschaft oder in Freiheit leben, zahlreiche Möglichkeiten, die Beziehung mit dem Jungtier zu gestalten, und weder die Jungtiere noch die Mütter sind alle gleich! Eine offene Tür einzurennen ist ganz wunderbar, aber sie für einige im Kopf zu öffnen ist ziemlich schwer. Die Korrelation zwischen dem desorganisierten Bindungstyp und den erhöhten Risiken für Gesundheit und Verhalten festzustellen ist nur dann von Nutzen, wenn es dadurch zu einer frühzeitigen Betreuung kommt. Dient sie nur zur Voraussage und damit zur Verschärfung eines unabwendbaren Schicksals, dann ist ihr Schaden größer als ihre Relevanz.

Der Zusammenschluss der Mütter der ganzen Welt

Wie steht es nun mit unseren Haustieren? Bevor wir uns den verschiedenen Bindungstypen zwischen den Besitzern und ihren Haustieren widmen, wenden wir uns zunächst den Hunden zu.

Es gibt gegenwärtig keine fundierte Studie über die verschiedenen Niveaus einer Bindung zwischen einer Hundemutter und ihrem Welpen. Solche Studien stehen erst noch am Anfang. Hoffentlich werden sie weiter- und zu Ende geführt, denn die ersten Ergebnisse mit ihren aufschlussreichen Darstellungen verschiedener Bindungstypen sind sehr ermutigend. Die wissenschaftliche Literatur in der ganzen Welt sieht bei aller Anerkennung der Varianten immer mehr die strukturelle Gemeinsamkeit der verschiedenen Bindungstypen. Es wäre deshalb schade, wenn man es bei der Frage bewenden ließe, ob es zwischen der Hundemutter und dem Welpen überhaupt eine Bindung gibt, von einer Untersuchung der verschiedenen Bindungstypen ganz zu schweigen.[36] Dabei genügt es doch, selbst einen Wurf großzuziehen oder den Reden der Züchter Gehör zu schenken, um den Zusammenklang von Einheit und Vielfalt zu vernehmen. Die Welpen sind ganz unterschiedlich, ihre Pflege ist daher sehr individuell, weil sich ihre Mütter anpassen. Alle, die privat oder beruflich einmal mit einer Hundemutter und ihren Welpen direkt zu tun hatten, ist diese Tatsache wohlvertraut, dennoch muss sie weiter untermauert werden.

Wir haben zwischen Empathie und Bindung unterschieden und wissen, dass Mütter Empathie benötigen, um das Notwendige bei der Pflege zu tun. Bindung bringt dem Erwachsenen einen zusätzlichen Nutzen, der das Belohnungssystem in Gang setzt: Wer Fürsorge und Pflege übernimmt, erhält Liebe und Lebenslust zurück – auch wenn es sich um eine Hunde- oder eine Katzenmutter handelt. Bei Katzen ist die Forschung noch nicht weit fortgeschritten, wir müssen uns vorerst an Erfahrungsberichte halten, die entscheidende Hinweise geben. Ich komme daher noch einmal auf unsere Katze Chiquita zurück, den Inbegriff einer »guten Mutter«.

Chiquita machte sich große Sorgen um Harry, eine junge Katze mit ausgeprägtem Erkundungsverhalten. Als ich diesen Satz niederschrieb, hätte ich beinah »machte sich große Sorgen« in Anführungszeichen gesetzt, wahrscheinlich wieder aus Angst, dem Vorwurf des Anthropomorphismus ausgesetzt zu sein. Da Chiquita eine so übergroße Wachsamkeit zeigte, wenn Harry umherstreifte, ihm häufiger hinterherlief als sonst und ihre Lautäußerungen verstärkte, um ihn zurückzuholen, ist dieser Ausdruck berechtigt und nicht zu hoch gegriffen, denn solche Eindrücke bleiben einfach haften. Chiquita widmete keinem ihrer Kätzchen das gleiche Maß an Energie und Sorge. Wahrscheinlich brauchten sie nicht denselben Grad an Regulierung und Aufsicht. Drei Kätzchen hatte Chiquita aufgezogen, und da wir glücklicherweise wussten, bei wem sie unterkamen, konnten wir feststellen, dass Chiquita gute Arbeit geleistet hatte. Die drei sind ausgeglichene Katzen geworden, alle Verhaltensweisen stehen ihnen zur Verfügung: von Zuneigung und abenteuerlustigen Erkundungen über die Suche nach Schutz bis hin zum zärtlichsten Schmusen.

Wie wir von den Delfinen wissen, verhalten sich nicht alle Mütter in gleicher Weise, und diese Auffassung ist jetzt weit verbreitet und findet sowohl in der ethologischen Forschung wie in der Humanpsychologie Berücksichtigung. Wer mit Welpen, Kätzchen und ihren Müttern Kontakt hat, wird bestätigen, dass bei fleischfressenden Müttern jede einzelne eine ganz besondere Verhaltensweise hat und sie an das Verhalten der Kleinen anpasst und verändert. Züchter sagen oft: »Das Kätzchen hier gleicht ganz seiner Mutter. Es ist so feinfühlig wie sie und wird genauso gut jagen wie sie, aber erschrecken darf man es nicht ...« Oder auch: »Dieser Welpe ist wirklich ein Draufgänger, und seine Mutter hat schon viel mit ihm mitmachen müssen, aber wenn er vor Angst zittert, liegt er zwischen ihren Pfoten ...«

Zweifel sind also leicht widerlegbar. Im Übrigen haben Untersuchungen zum Verhältnis zwischen Herr und Hund und sogar zwischen Katzenbesitzern und ihrer Katze gezeigt, dass die jeweiligen Bindungen unterschiedlich sind und verschiedene Bindungstypen ergeben. Sie sind zwar nicht deckungsgleich mit den Kategorien von Ainsworth, beschreiben gleichwohl eine vielfältige und komplexe Wirklichkeit. Wie kann man glauben, dass unsere Haustiere so verschiedenartige Bindungen mit uns eingehen können, wenn sie nicht von Anfang an in einer Bindung lebten oder nur eine eintönige Bindungsart kennten?

Eine solche Theorie scheint manchmal zu deterministisch zu sein und das Leben in festgefügte Bahnen zu lenken. Doch steckt auch Freiheit in ihr. Wir können nicht wählen, wer wir sind und in welcher Gattung wir geboren werden, ja nicht einmal die Mutter. Das bedeutet aber nicht, dass alles von vornherein entschieden ist. Es gibt die Empathie und mit ihr die Möglichkeit, den anderen kennenzulernen und dabei Lust zu empfinden. So entwickelte sich die Vaterschaft dort, wo nichts darauf hindeutete, und die tausend Gesichter der Liebe entstanden, unter denen eines uns glücklich machen kann.

Die Schönheit der Liebe

> »Weißt du, was den Kerker öffnet? Das tut jede tiefe, ernste Zuneigung. Freund oder Bruder sein, lieben, das öffnet den Kerker durch höhere Macht, durch einen sehr wirksamen Zauber.«
>
> *Vincent van Gogh*

Die Bindung ist nichts, was man sich aussucht. Sie ist etwas Herrliches. Für alle Mitglieder der großen Familie der Gattungen, die sich in ihrem Bannkreis entwickeln, ist sie selbstredend ein Geschenk, das immer komplexere Verhaltensformen hervorbringt. Viele, ob Mensch oder Tier, leben die Bindung ohne Geschichte, aber einige machen daraus ein Kunstwerk.

Manche bleiben bei dieser ersten Form der Liebe stehen und gelangen nicht zur Autonomie; andere suchen ihr ganzes Leben lang nach dem affektiven Band, das sie nie kennengelernt haben, das nie Licht in ihre Welt gebracht hat, so als wären sie Planeten ohne ein Zentralgestirn. Für die meisten aber ist die Bindung das feste Fundament, auf dem sie neue, individuelle Beziehungen aufbauen können. Obwohl diese den Stempel ihres individuellen Lebens annehmen, schöpfen sie doch aus dem Vertrauen und dem Glück, zu lieben und geliebt zu werden.

Lebewesen unterschiedlicher Gattungen entwickeln sich seit Tausenden, Hunderttausenden, ja Millionen von Jahren gleichzeitig. Diejenigen Gattungen, die sich in der affektiven Bindung entwickeln, zeigen die höchsten kognitiven Leistungen. Wie wir gesehen haben, basiert das komplexe System, das sich aus dem Band zwischen Mutter und Jungem oder zwischen Eltern und Brut entwickelt, auf der Fähigkeit, die Bedürfnisse des anderen zu verstehen, es ist also keinesfalls ein simpler Automatismus. Vieles muss zusammenkommen, Schutz und Wohlgefühl, die Sehnsucht nach Nähe und das Glück der Geborgenheit, die Vorausschau der Gefahren und die Vorfreude auf das Wiedersehen, die Fähigkeit zur Einfühlung, auch wenn es kein Artgenosse ist, und das Gefühl der Zusammengehörigkeit im Augenblick des Kontakts, Trennungsschmerz und Wiedersehensfreude.

Es wäre doch jammerschade gewesen, wenn solch ein schönes System, solch ein perfekt eingespielter Verhaltensmechanismus nur ein einziges Mal im Leben eingesetzt würde, wenn die neuronalen Netze, das Gleichgewicht der Körperfunktionen durch endokrine Hormone, die Neurotransmitter und ihre Rezeptoren nach wenigen Wochen oder Monaten der nicht autonomen Entwicklung allesamt in den Orkus befördert würden.

Die Natur bastelt gern mit ihrem Spielzeug. Und das hier ist vielleicht ihr schönstes. Es sollte nicht weiter verschwendet werden! So hat sich im Lauf der Evolution und je nach Gattung oder Individuum auf ganz unterschiedliche Weise die Möglichkeit aufgetan, andere Individuen, Freunde, Sexualpartner, andere Artgenossen oder sogar Lebewesen, die nicht zur gleichen Gattung gehören, zu lieben. Die Bindung ist eine hybride Blume, sie stammt aus einem Samenkorn, das die Merkmale seiner Gattung nicht verleugnet. Ein Hund liebt wie ein Hund, ein Papagei wie ein Papagei, ein Mensch wie ein Mensch. Aber die Erde, in der das Samenkorn sich entwickelt, die Umwelt, die von der anderen Gattung vorgegeben wird, kann die Farbe der Blüte ändern, ihre Buntheit und ihre Pracht, und sie kann zwei Individuen zusammenbringen, die eigentlich nicht dazu gemacht waren, sich aneinander zu binden. Die Tatsache, dass in der Kindesliebe, in der Freundschaft, in der Liebe sich zwei Individuen mit Körper und Hirn zusammenschließen, grenzt an ein Wunder. Deshalb haben die Gattungen, die die Schönheit der Liebe kennen, wohl auch die besten kognitiven Fähigkeiten. Ihre Gehirne stimulieren sich gegenseitig, sie bemühen sich um Übereinstimmung mit dem anderen, sie versuchen sich vorzustellen, was gut für ihn ist, was geschehen wird, wenn sie zusammen sind, und wie dieses Zusammenkommen zu bewerkstelligen ist.

Das wird im Folgenden unser Thema sein: Wie ist es möglich, dass der evolutionär angelegte Bindungsmechanismus in die Fähigkeit zu lieben übergeht?

Wir vertreten die Auffassung, dass die Bindung den Ursprung anderer Formen emotionaler Beziehungen bildet. Können wir das mit Gewissheit behaupten? Oder tut sich eine neue Kluft auf, zum Beispiel zwischen Bindung und romantischer Liebe?

Wenn wir nun unseren Spaziergang durch die Vielfalt der Gattungen fortsetzen, müssten wir auf die Grenze des Bindungsbegriffs stoßen, wenn es denn eine gibt, und die Unterschiede in Natur und Zweck erkennen oder aber ganz im Gegenteil die Kontinuität dieses Phänomens zur Darstellung bringen.

Offene Türen

Vergewissern wir uns zunächst, ob man uns auf unserem steinigen und manchmal schwierigen Weg auch tatsächlich folgt.

Beim Menschen existiert eine starke affektive Bindung zwischen Mutter und Säugling. Die Bindung des Kleinkindes verwandelt sich in Liebe, und die Liebe der Mutter nährt diese Bindung. Ähnliche Beziehungen, die dem Schutz und dem Überleben der Nachkommen dienen, existieren auch bei vielen Tierarten. Mütterliche Fürsorge und Liebe sind im gesamten Reich der Natur und zu verschiedenen Epochen der Naturgeschichte anzutreffen, auch wenn die jeweiligen Erscheinungsformen ganz unterschiedlich sind.

Aus Untersuchungen beim Menschen geht hervor, dass eine große Gemeinsamkeit in den neuronalen Netzen besteht, die für die Kindesliebe und andere affektive Beziehungen wie Freundschaft oder romantische Liebe zuständig sind. Dies legt den Gedanken nahe, dass es zwischen diesen Prozessen, die die gleichen Neurotransmitter und die gleichen oder doch ähnlichen Strukturen verwenden, eine Verwandtschaft besteht. Bei den Tieren, die sich in der Bindung entwickeln, sollten wir also auf analoge Phänomene stoßen.

Gewiss, die mütterliche Fürsorge und Liebe verfügen nicht über große Handlungsspielräume, aber je weiter sich die affektiven Beziehungen zwischen zwei Wesen unterschiedlicher Gattung von diesem Muster entfernen, desto eher dominieren der Zufall, die Ungewissheit und das, was den Zauber einer solchen Beziehung ausmacht. Michel de Montaigne (1533–1592) hat dazu mit Blick auf seinen Freund Étienne de La Boétie (1530–1563) die klassischen Worte gefunden: »Weil er es war und weil ich es war«.

Erkunden wir die gewundenen Wege, das geheimnisvolle Geflecht, durch das zwei Einzelwesen den Taumel der Vereinigung, aber auch das Gift der Eifersucht und die Bürde der Trauer kennenlernen. Wir gehen wieder von den gleichen Gattungen aus, doch erlauben wir uns diesmal im Namen der Einheit alles Lebendigen auch Vorstöße in die Sphäre der Menschen.

Weil er es ist, weil ich es bin

In meinem Beruf werde ich Zeuge verschiedener Formen der Liebe. Manchmal ist es gekränkte Liebe, manchmal schmerzhafte Liebe, aber ohne Bindung ist eine Therapie nicht möglich, ja in diesem Fall wird gar nicht nach einer Therapie gefragt. Im letzten Kapitel dieses Buches werden wir uns mit der Pathologie der Bindung befassen. Hier aber möchte ich einmal mehr behaupten, dass mich 35 Jahre Praxis als Veterinär zu einer unerschütterlichen Gewissheit geführt haben: Zwischen Mensch und Tier gibt es Liebe. Ich höre schon den Aufschrei jener, die mir einen inflationären Gebrauch dieses Begriffes vorwerfen. Aber ich verwende den Begriff bewusst und in Übereinstimmung mit der gängigen Definition, wonach dem geliebten Wesen, dem Liebesobjekt, eine herausragende Stellung im Bewusstsein des Einzelnen eingeräumt wird und es für ihn einen ganz besonderen Wert darstellt. Weil das so ist, hat der Einzelne Genuss im Umgang mit ihm, Schmerz bei der Trennung, und er empfindet Freude beim Wiedersehen. Dies geschieht auf vielfältige Art und ist von Beziehung zu Beziehung verschieden.

Welchen anderen Begriff sollte ich denn verwenden? »Bindung«, gewiss, aber seine wissenschaftliche Bedeutung ist auf die Beziehung der Mutter zu ihrem Jungen beschränkt. »Kindesliebe« gibt nicht die symmetrische Beziehung wieder, von der ich jetzt spreche. »Affektion« klingt fast schon pathologisch. Bei »Freundschaft« vermisse ich das Risiko des Leidens. Und »positive Beziehung« ist zu fad ...

Manchmal verfällt man auf diese Begriffe, um ermüdende Wiederholungen zu vermeiden, doch möchte ich nicht, dass der Leser glaubt, er habe es mit einem unseriösen Verfasser zu tun. Deshalb sage ich noch einmal ausdrücklich: Wir reden hier tatsächlich von Liebe im eigentlichen Wortsinn. Dass es dieses Phänomen zwischen Mensch und Tier gibt, ist schwer zu beweisen, vor allem da es sich um einen Begriff handelt, den die Wissenschaft nicht oder kaum verwendet.

Zur Beziehung zwischen zwei Lebewesen, die verschiedenen Gattungen angehören, möchte ich eines noch mal festhalten: Diese Beziehung existiert, ich begegne ihr täglich in meiner Arbeit, meine Sinne bezeugen ihre Existenz, mein Verstand ebenfalls, und mittlerweile sind hierzu auch Untersuchungen veröffentlicht worden, sodass man von einem anerkannten Faktum reden kann.

Freilich darf man auch nicht sentimental oder esoterisch werden. Oft ist diese Beziehung banal und ohne rechte Gestalt, die Bindung zwischen den beiden Protagonisten ist leicht austauschbar und wird schnell vergessen. Sie reicht gerade so zum Leben und hat nichts wirklich Bedeutsames. Möglicherweise trifft diese Beschreibung aber auch auf nicht wenige Beziehungen zwischen Menschen zu. Interessanter ist die Feststellung, dass Beziehungen auftreten, in denen beide Beteiligten in gleicher Weise für den anderen bedeutsam werden.

In der Liebe herrscht fast nie Symmetrie, das trifft für Liebespaare zu, und das Gleiche gilt auch für Beziehungen zwischen verschiedenen Gattungen. In einer solchen Beziehung scheint sich das Tier seinem Wesen gemäß in der abhängigen Position zu befinden. Das Tier ist am häufigsten der Schwächere von beiden, da sein menschlicher Partner vorrangig Bindungen zu anderen Menschen unterhält und erst dann zu Tieren. Doch dessen ungeachtet beobachten wir neben Tieren, die von ihrem Herrchen oder Frauchen geradezu hypnotisiert sind und von der Präsenz eines einzigen Wesens abhängen, auch Menschen, die die größere Last der Beziehung tragen und das Risiko eingehen, beim Tod des Tieres in echte Trauer zu verfallen.

Doch zunächst muss von der Existenz dieser Beziehung gesprochen werden.

No limit

Kann der Mensch eine Bindungsfigur für das Tier werden? Manche sagen bekanntermaßen, die Beziehung zwischen Herr und Tier sei nur eine anthropomorphe Projektion, die Beziehung beruhe auf einer Verwechslung. Jeder glaube, das zu finden, was er brauche, doch eigentlich seien die Beziehungen ganz unterschiedlicher Art. Wer aber zusammen mit einem Haustier in einer normal funktionierenden Beziehung lebt, zweifelt nicht eine Sekunde lang, dass die Beziehung wechselseitig und gleicher Natur ist. Zweifel mag für ihn sogar unpassend oder gegenstandslos erscheinen.

Und doch hat die Wissenschaft die Aufgabe, zu beweisen und zu widerlegen. Die gestellte Frage führt oft zur Antwort und spiegelt die Überzeugung der Forscher wider. Die ersten wissenschaftlichen Untersuchungen hierzu zielten alle auf die Existenz der Bindung. Mit Ausnahme einer Nische: Manche Akademiker haben sich vorgenommen, die Theorien anderer Forscher zu ruinieren. Hier meine ich nicht die mutigen und kühnen Geister, die herkömmliche Sichtweisen und herrschende Lehrmeinungen infrage stellen und einen neuen Weg bahnen, oft zum Schaden ihrer Karriere. Solche Geister haben ihre Überzeugungen und verzichten auf alle Bequemlichkeit, um sie zu verteidigen. Das sind Forscher von Galileo Galilei (1564–1642) bis Thelma Rowell, die der Menschheit ihre Freiheit und ihr eigenständiges Denken zum Geschenk machen. Mit ihrer Anerkennung macht die Wissenschaft einen beträchtlichen Schritt nach vorn. Nein, ich meine solche kritischen Geister, die ihre begrenzte Macht dazu verwenden, eine reduktionistische Sicht durchsetzen zu wollen. Aber eine andere Erklärung bieten sie nicht an!

Beginnen wir auf einer sicheren Grundlage: Manche Tiere gehen mit Menschen Beziehungen ein. Zwischen ihnen entwickelt sich eine solche Nähe, dass es ihre einzige Beziehung wird. Eine Trennung bedeutet für diese Tiere Leiden oder doch negative Empfindungen. Sind sie wieder beisammen, stellt sich Freude ein, auch der regelmäßige Kontakt verschafft ihnen positive Gefühle.

Haben wir es hier mit analogen Phänomenen zu tun (also solchen, die verschiedenen Ursprungs sind, aber mehr oder weniger dieselbe Funktion erfüllen), sind es homologe (haben sie denselben Ursprung und können sie verschiedene Funktionen erfüllen), oder sind sie derselben Natur? Sind die positiven Beziehungen über Gattungsgrenzen hinaus eine Abart der ursprünglichen Bindung der Mutter zu ihren Jungen, oder stammen sie aus einer ganz anderen Quelle? Bei vielen Gattungen ist diese Frage nicht leicht zu beantworten, aber glücklicherweise liegen mittlerweile die Ergebnisse von Forschungen vor, die die Beziehung zwischen Menschen und Hunden, aber auch zwischen Menschen und Katzen untersucht haben.

Menschen und Hunde leben schon seit vielen Jahrtausenden zusammen, und die Experimentalwissenschaft ist bald zwei Jahrhunderte alt. Dagegen sind die ersten wissenschaftlichen Untersuchungen zum Bindungsverhalten beim Menschen erst vor wenigen Jahrzehnten vorgenommen worden. Die Ersten, die den von Mary Ainsworth entwickelten Test zur »fremden Situation« auf Hunde anwendeten, waren 1998 die von Jószef Topál und Ádám Miklósi geleiteten ungarischen Forschungsteams.[37] Ausgehend von 51 Herr-Hund-Paaren, sind die Wissenschaftler zu folgenden Resultaten gelangt:

- Ja, die Hunde entwickeln zu ihren menschlichen Partnern Beziehungen, die der Bindungsdefinition nach Bowlby beziehungsweise nach der modifizierten Definition von Gewirtz aus dem Jahr 1972 entsprechen.[38]
- Nein, nicht alle Hunde zeigen die gleiche Reaktion in der Situation mit einem Fremden, ferner sind unterschiedliche Typen von Bindungsverhalten zu erkennen.
- Vielleicht können bestimmte Typen des menschlichen Bindungsverhaltens gemäß Ainsworth's Definition und bestimmte Typen des Bindungsverhaltens zwischen Mensch und Hund miteinander verglichen werden, aber genaue Korrelationen zu suchen ist weder aufschlussreich noch sinnvoll.

Topál und seine Forscherkollegen – das ungarische Team bildet die Speerspitze in der Erforschung des Verhaltens des Haushundes und ist für das »Family-Dog-Projekt« verantwortlich – sind aber der Auffassung, dass es auch bei diesem Bindungstyp eine Skala auf der Achse »sicher–unsicher« gibt.

Ein italienisches Team hat die gleichen Forschungen an 38 Herr-Hund-Paaren weitergeführt.[39] Tatsächlich haben die Italiener noch eine weitere Episode hinzugefügt. Der Hund wird mit Gegenständen, die sowohl dem Herrn als auch dem Fremden gehören, allein gelassen. Die Untersuchungsfrage war ebenso einfach wie grundlegend: Ist die Beziehung zwischen Herr und Hund eine Bindung? Sie sind zu faszinierenden Schlussfolgerungen gekommen:

- Ja, die Hunde suchen eher den Kontakt mit dem Herrn, sie spielen häufiger in seiner Gegenwart, und wenn er abwesend ist, produzieren sie Klagelaute und suchen nach ihm.
- Ja, die Hunde schränken ihr Explorationsverhalten stark ein, sobald ihr Herr sie verlässt und der Fremde seinen Platz einnimmt.
- Ja, sie verbringen mehr Zeit mit den Gegenständen, die ihrem Herrn gehören.
- Ja, sie lassen sich bei der zweiten Episode dazu gewinnen, mit dem Fremden zu spielen, sofern ihr Herr anwesend ist (so als ob sie verstanden hätten, dass das Verlassen immer nur vorübergehend ist).
- Ja, die Hunde verhalten sich in dieser Situation wie Kinder oder von Menschen aufgezogene Schimpansen, die man derselben Situation ausgesetzt hat.
- Nein, dass es sich um eine Bindung handelt, kann man nicht mit Gewissheit behaupten, aber sicherlich ist es eine affektive Beziehung.

Was nach Auffassung der Forscher fehlt, ist der Beweis für das Vorhandensein der »sicheren Basis«, die laut Ainsworth als die notwendige Bedingung für Bindungsverhalten angesehen werden muss. Sie stellen aber fest, dass die meisten Merkmale vorhanden sind und dass das Fehlen bestimmter Merkmale auch andere Gründe haben kann (so könne ein Hund nur schwer mit Gegenständen spielerisch umgehen).

Wenn sich die Verblüffung gelegt hat, drängt sich eine andere Erklärung auf. Der Artikel ist nach den Arbeiten Topáls und seines Teams erschienen und stellt eine Kritik dar. Da schon zu Beginn Topáls Schlussfolgerungen als voreilig bezeichnet werden, können die Ergebnisse schwerlich dieselben sein. Der schönste Einwand ist sicherlich der Hinweis, die zeitliche Verkürzung des Explorationsverhaltens könne auch auf die Tatsache zurückgehen, dass sich die Hunde an die neue Situation gewöhnen. Was als Beweis für die Grundlage der sicheren Basis gedeutet werden könnte, wird nun aus methodischer Vorsicht disqualifiziert. Aber es könnte noch eine andere Erklärung geben.

Nun, da ich von Natur aus neugierig bin, habe ich recherchiert, ob in der Humanpsychologie dieser Gewöhnungseffekt, dieser Einfluss der Abfolge der Tests, kritisch vermerkt worden ist. Ich habe nur einen vierzig Jahre alten Artikel gefunden, der die Debatte gut zusammenfasst.[40] Dieser Artikel wird in einer neueren schwedischen Dissertation zitiert.[41] Die Autoren hegen Zweifel an der Fremde-Situation, indem sie darauf hinweisen, dass die Ergebnisse altersabhängig variieren und dass die Chronologie des Tests nie selbst untersucht worden ist.

Diese zutreffenden Bemerkungen über die altersbedingte Varianz haben dazu geführt, dass bei Menschen der Test mit Kindern im Alter von einem Jahr gemacht werden muss. Doch davon abgesehen ist der Fremde-Situation-Test seit vierzig Jahren das gängige Instrument in der Bindungsforschung geblieben, auch wenn in jüngster Zeit die Auffassung vertreten wird, solche

Trennungsexperimente solle man nicht mehr durchführen, da sie zu traumatisierend seien.

Was besagt das nun beim Tier? Wie bereits gesagt wurde, ist die »Fremde-Situation nach Ainsworth« (AASS) auch auf Tiere angewandt worden. Im Fall der Schimpansen konnte mit ihr nachgewiesen werden, dass es auch im Tierreich unterschiedliche Typen von Bindungsverhalten ähnlich wie beim Menschen gibt.[42] Damit konnte auch der Einfluss der Bindung auf die Lebensqualität bei Tieren, die im Kontakt mit Menschen aufwachsen, nachgewiesen werden.[43] Bei der Gattung Hund wurde sie vor allem zur Bestimmung der Intensität der Bindung benutzt – beziehungsweise um festzustellen, ob die Beziehung zwischen Mensch und Hund mit derjenigen zwischen Mutter und Kind vergleichbar sei. Beispiele gibt es reichlich, so wurde die AASS benutzt zwischen Versuchshunden und Studenten, zwischen Rettungshunden und ihren Führern, dieselben Hunde und die Familie, in der sie aufgenommen wurden, zwischen ihren Trainern und ihren späteren Haltern, zwischen von Menschenhand aufgezogenen Welpen, Welpen in Familien, von Menschenhand aufgezogenen Wölfen und ihren Pflegern, Arbeitshunden und ihren Führern, in Tierheimen verwahrten Hunden und ihren Pflegern – und so weiter.

Die Kritik der reinen Vernunft

Die AASS ist die Methode der Wahl geworden, darüber herrscht Einigkeit. Doch das sollte das Nachdenken nicht behindern!

Werfen wir zunächst einen kritischen Blick auf diese Untersuchungen. Gewiss, sie haben dem Begriff der gattungsübergreifenden Bindung eine gesicherte Grundlage verschafft. Zunächst überrascht aber das Alter der Hunde. Die Verfasser aller veröffentlichten Untersuchungen gehen von der Annahme aus, dass es eine Analogie zwischen der Mutter-Kind-Bindung und der Herr-Hund-Beziehung gebe, unabhängig vom Alter der Hunde! Bei den erstgenannten Untersuchungen sind Hunde im Alter zwischen einem und zehn Jahren dabei. Zwar ist es schwierig, genaue Altersentsprechungen anzugeben, aber grob geschätzt hieße das, man würde die AASS mit Menschen zwischen sechzehn und siebzig Jahren testen, womit wir weit entfernt von der Standardsituation mit Kindern im Alter von einem Jahr sind. Man kann sich leicht vorstellen, dass das Lebensalter jeder dieser Hunde einen Einfluss auf die in der Testsituation gezeigten Reaktionen hat. Ein zehn Jahre alter Hund hat den größten Teil seines Lebens hinter sich, verfügt über einen reichen Erfahrungsschatz und zeigt Vertrauen oder Misstrauen, je nach den Ereignissen in seinem bisherigen Leben. Nur eine Untersuchung, die einen Vergleich zwischen Welpen und Wolfsjungen im Alter von vier Monaten zieht, hat sichere Resultate über die Existenz einer Bindungsfigur beim Welpen geliefert, unabhängig von den Bedingungen seiner Aufzucht.[44]

Der nächste Punkt ist die Bezugsfigur. Nach Ainsworth's Hypothese ist es immer die Mutter. Seither sind selbstverständlich auch andere Bezugsfiguren wie der Vater oder die Pflegerinnen untersucht worden, aber stets ist dabei der Vorrang der mütterlichen Bindung bestätigt worden. Beim Hund handelt es sich erstens um eine andere Gattung, und außerdem ist es (fast) nie die gleiche Bezugsfigur in den einschlägigen Untersuchungen. Die Palette reicht von Hundehaltern, die ständig mit ihrem Tier zusammenleben, bis zu Studenten, die höchstens ein paar Stunden am Tag mit ihnen arbeiten. In dieser Hinsicht ist die Untersuchung eines italienischen Forschungsteams besonders aufschlussreich.[45] Die Hunde, die für eine Verwendung als Blindenführhunde bestimmt waren, wurden dreimal dem AASS unterzogen. Ein erstes Mal bei ihrer Adoptivfamilie, ein zweites Mal mit ihrem Trainer und ein drittes Mal mit ihrem endgültigen Besitzer, dem

Blinden. Der Welpe zeigte in seiner Adoptivfamilie große Spielfreude und machte wenig Unterschied zwischen der Bezugsfigur und Fremden. Beim Fremde-Situation-Test mit dem Trainer schien er stärker vom Fremden angezogen. In der Familie seines endgültigen Besitzers ergab der Test das erwartete Resultat: eine starke Bindung zwischen Hund und Herr. Dazu muss man wissen, dass von den Adoptivfamilien erwartet wird, die Welpen gut zu sozialisieren, aber eine zu große Herzlichkeit zu vermeiden. Beim Trainer steht die Arbeit im Vordergrund. Selbst wenn die Methoden heutzutage mild sind, bringt die Arbeit doch eine Reihe von Zwängen für den Hund mit sich. Es kommt vor, dass dieser den Anforderungen nicht entspricht und den Trainer viel Nerven kostet, der im Übrigen meist mehrere Hunde zu trainieren hat. Gegenüber dem Blinden wiederum hat der Hund in erster Linie einen Dienst zu erfüllen, doch gibt es viele Zeichen, dass die Bindung von beiden Partnern geschätzt wird und der Hund zu einer differenzierten, guten Bindung fähig ist. Für den Welpen ist die Bindung lebensnotwendig, doch kann sie sich nur optimal entwickeln, wenn sie auf eine feinfühlige Reaktion stößt. Wie alt der Hund auch sein mag, er ist immer bereit, in einer Bindung zu leben.

Schließlich kann man auf den Einwand, dass der Beweis für den Menschen als sichere Basis nicht hinreicht, Folgendes entgegnen: R. Palmer und D. Custance haben 2008 den Beweis erbracht, dass sich der Effekt der sicheren Basis einstellt, selbst wenn man die Reihenfolge der Testsituationen umkehrt.[46] Das entspricht unserer Auffassung, denn wir haben bei unseren Untersuchungen aus dem Jahr 2004 diese Hypothese ebenfalls bestätigt.

Die vier Musketiere

Das Thema »Bindung« ist seit je meine Leidenschaft gewesen und hier vor allem ihre Bedeutung für pathologisches Verhalten, das ich täglich in meiner Arbeit als Tierarzt beobachten konnte. Dies war auch das Thema meiner Zulassungsarbeit für das Diplom als Tierarzt und Verhaltensmediziner.[47] Das Chaos in der Forschung war ein Grund mehr, meinen eigenen Weg zu gehen.

Im Rahmen der Zulassungsarbeit habe ich die Arbeit einer Veterinärin begleitet, die neben ihrer ärztlichen Praxis mutige und sehr interessante Forschungen betrieben hat. Das Gebiet, das uns besonders interessierte, wurde 2004 auf einem internationalen Kongress in Glasgow vorgestellt und im Jahr darauf auch auf Kongressen in Frankreich.[48]

Wir hatten uns selbstverständlich für den Fremde-Situation-Test von Ainsworth entschieden, wollten ihn aber besser dem Lebenslauf der Hunde anpassen. Dazu wählten wir Hunde aus, die gerade erst in ihre Halterfamilien gekommen (weniger als einen Monat) und die zwischen zwei und vier Monaten alt waren. Während unsere Vorgänger den Fehler begingen, erwachsene oder gar alte Hunde für ihre Versuche zu wählen, taten wir in der anderen Richtung des Guten zu viel, indem wir mit Hunden arbeiteten, deren Bindungsverhalten noch nicht gefestigt war. Dennoch hat die Wissenschaftlerin sehr interessante Resultate geliefert. Zunächst konnte auch sie bestätigen, was andere Versuche mit Hunden anderen Alters ergeben hatten und was 2005 auch von Topál bestätigt wurde. Der Mensch ist für den Welpen eine sichere Basis, und er stellt eine Bezugsfigur dar, dank deren er spielerisches und erkundendes Verhalten zeigen kann. Das Verhalten, den Kontakt und die Nähe zu suchen, war gegenüber dem Halter viel ausgeprägter als gegenüber Fremden, was als Beleg dafür dient, dass der Halter die Bezugsfigur ist. Auf der Grundlage von mitgeschnittenen Videobeobachtungen an

59 Welpen und ihren Haltern kamen weitere Erkenntnisse zutage. Die Welpen waren nicht alle nach demselben Bindungstyp mit ihren Haltern verbunden. Tatsächlich schälten sich vier Typen heraus, die aber nicht unter den von Ainsworth und Main definierten Begriffen subsumiert wurden. Aus der zweifachen Bindung des Hundes an seine Bezugsfigur und an sein Lager entsteht eine eigenständige Typologie, selbst wenn es zu Überschneidungen kommen kann. Wir haben es also mit vier Typen zu tun:

1. Wie bei Ainsworth zeichnet sich ein Typus als besonders gelungen aus. Wir haben ihn daher wie Ainsworth ebenfalls »Typ B« genannt. Die Hunde des Typs B beruhigen sich, wenn die Trennung erfolgt ist, im Bereich des Stuhls ihres Herrn, sie zeigen keine Symptome von Unruhe. Wenn ihr Herr wiederkommt, freuen sie sich verhalten, werden gleich wieder ruhig, suchen seine Nähe und bleiben auch dort. Ihre Reaktion gegenüber dem Fremden unterscheidet sich von ihrer Reaktion gegenüber dem Herrn, da nur dieser für sie Geborgenheit bedeutet.
2. Hunde des Typs A zeigen im Fall der Trennung große Unruhe. Für sie hat der Bereich des Stuhls ihres Herrn keine beruhigende Wirkung. Diese Hunde unterscheiden sich auch hinsichtlich der Reaktion gegenüber Herrn und Fremdem. Der Fremde beruhigt sie kaum. Das Lager ist ohne beruhigende Wirkung. Wir finden diese Tiere bei jenen, die einen festen Platz in der Familie haben und Trennungen kaum verkraften. Wenn ihnen ihre Bezugsfigur fehlt, finden sie selbst im vertrauten Umfeld keine Ruhe. Ihre Bindung steht nur auf einem Bein, nämlich auf dem Kontakt zur Bezugsfigur, während die Bindung an das Lager fehlt.
3. Hunde des Typs C kennen keinen Unterschied zwischen Herrn und Fremdem. Sie zeigen kaum Unruhe im Augenblick

der Trennung von ihrer Bezugsfigur. Sobald aber ein Mensch, gleichgültig ob Herr oder Fremder, wieder in ihrem Umfeld auftaucht, ergehen sie sich in einem übertriebenen Begrüßungsverhalten mit angedeutetem Beißen und Knabbern. Sie sind gewissermaßen das Gegenteil des Typs A. Bei ihrer Bindung hapert es an der Beziehung zur menschlichen Bezugsfigur. Diese Beziehung ist nicht gefestigt, und das Beißen ist Ausdruck ihrer Unruhe.

4. Hunde des Typs D scheinen am meisten zu leiden. Bei der Trennung leiden sie Qualen, und die Wiederkehr ihres Herrn verschafft ihnen keine vollkommene Ruhe. Zwar kennen sie einen Unterschied zwischen Herrn und Fremdem, aber ihr Verhalten ist nicht eindeutig. Sie nähern sich dem Fremden, als suchten sie einen verlässlichen Partner. Auch das Lager beruhigt sie nicht. Ein solches Verhalten geht oft auf traumatisierende Erfahrungen zurück (zum Beispiel Welpen, die im Paket verschickt werden und mehrere Tage ohne jede beruhigende Präsenz verbringen müssen). Man denkt an eine zerstörte Bindung, doch offenbar sind das doch zwei verschiedene Zustände.

Unsere Augen, unsere Ohren und unser Verstand bestätigen uns jeden Tag den folgenden Eindruck, den wir nun mit Beweisen schwarz auf weiß vorlegen:

- Hunde haben eine Bindung an Menschen, die für sie eine sichere Basis darstellen. Gemeinsam haben wir die umfangreiche Literatur zu diesem Thema gesichtet und die wissenschaftliche Diskussion verfolgt. Wenn Sie immer noch nicht überzeugt sind, beobachten Sie einmal im Wartezimmer eines Veterinärs, wie sich 90 Prozent der Hunde verhalten. Jeder Zweifel wird dahinschmelzen.
- Selbstverständlich sind nicht alle Hunde gleich und verfügen auch nicht über die gleiche Bindung. Manche sind ängstlich

und beruhigen sich nur im Kontakt mit einem Menschen, andere beruhigen sich sowohl im Kontakt mit der Bezugsfigur als auch mit ihrem Lager, wieder andere haben solche verzehrenden Erfahrungen gemacht oder sind von Natur aus so verletzlich, dass ihr gesamtes Wesen desorganisiert ist.

- Wenn es auch erwiesen ist, dass es vier Bindungstypen beim Hund gibt, so darf man deswegen doch nicht das Bindungsverhalten des Hundes und des Menschen vermengen. Es gibt zwar einen Typus, der »sicherer« ist als andere, einen anderen, der »desorganisiert« scheint, und zwei weitere, die unsicher und ängstlich scheinen. Dennoch, die Existenz der Bindung ist beim Hund eben eigentümlich, sie besitzen die zweifache Bindung an das Lager und an die Mutter, und diese Tatsache findet sich auch in den Bindungstypen wieder.
- Schließlich sei daran erinnert, dass nach Gubernicks Definition der Bindung sie in sechs Punkten bestätigt sein muss (Bevorzugung eines Individuums, Suche nach Nähe, Reaktion auf eine kurze Trennung, auf eine lange Trennung, Reaktion bei der Wiederkehr der Bezugsfigur und Vorhandensein der sicheren Basis) und dass die Hunde wegen des fehlenden Items »Reaktion auf eine lange Trennung« ausgeschlossen werden müssen. Die Wissenschaft sollte mit der Zeit gehen. Es genügt, bei YouTube das Stichwort »Soldier Dog Reunion« einzugeben und sich die Sammlung von Videostreifen anzuschauen, die das Wiedersehen von Hunden und ihren Herren nach langen Monaten der Trennung dokumentieren. Die Bilder geben die Antwort auf die Fragen.

Wir zweifeln nicht daran und können nun sagen, dass Menschen und Hunden die Bindung gemeinsam ist, angefangen bei der Zelle bis zum Verhalten, von den Neurotransmittern bis zu den Gefühlen.

»Du bist meine Katze, ich bin dein Mensch«[49]

Und die Katzen? Die Volksweisheit und die berühmtesten Dichter sehen in der Katze das Inbild der Unabhängigkeit. Der Mensch hat für die Katze Empfindungen, die von Staunen, Bewunderung und Furcht bis zu Achtung und Liebe reichen.

Die soziale Natur des Hundes macht ihn zu einem Tier mit vorhersehbaren, ja teilweise kontrollierbaren liebevollen Reaktionen. Bei den Katzen sind die Verhältnisse komplizierter. Auch sie gehen Bindungen ein und zeigen sogar Liebe, aber ihre Reaktionen sind nicht so vorhersehbar und in ihrer Spontaneität überwältigend. Wenn eine Katze eine enge Bindung mit uns eingeht, grenzt das ans Wunderbare ... Ja, es ist ein Wunder, und es ist immer gefährdet: Eine falsche Geste kann plötzlich Angst auslösen, und fortan ist es mit dem Kuscheln und Schnurren auf dem Sofa vorbei.

Wenn man die Frage Katzenhaltern stellt, antworten die meisten, dass sie sehr an ihrer Katze hängen und dass ihnen auch ihre Katze Sympathie, ja Liebe bekundet. Daraus wird sogar in Fachkreisen der Schluss gezogen, dass Katzen, weil sie Bindungen eingehen können, soziale Tiere sind. Nun bedeutet aber die Fähigkeit, positive Beziehungen zu anderen Lebewesen eingehen zu können, nicht dasselbe, wie einer Gattung anzugehören, deren Daseinsweise durch ein Leben im Kollektiv unter Beachtung strenger Regeln definiert ist. Der Unterschied ist so groß wie zwischen dem, der tausend Freunde auf Facebook hat, und dem, der in ein Karmeliterkloster eintritt.

Katzen sind zu liebevollen Beziehungen fähig und lassen sich von Menschen dazu gewinnen, das ist eine Gefühlstatsache. Aber kann man das auch beweisen? Hat unser gängiges Bild von der Unabhängigkeit auch Bestand vor dem Fremde-Situation-Test? Ist die Bindung an den Menschen untersucht worden? Die Antwort lautet: Ja. Ein mexikanisches Forschungsteam hat

Untersuchungen mit Katzen durchgeführt, die denjenigen mit Hunden sehr gleichen.[50] Viele sahen ein Scheitern des Experiments voraus, da die Veränderung des Lebensmilieus für eine Katze meist mehr mit Erstarrung und Stress verbunden ist als mit Neugierverhalten, wie es bei Hunden erwartet werden kann. Und dennoch, die Ergebnisse sind durchaus vergleichbar. Katzen spielen mehr und erkunden mehr, wenn ihr Halter oder ihre Bezugsfigur anwesend ist, als wenn sie allein oder mit einem Fremden zusammen sind. Statistisch gesehen, zeigten sich Katzen in Anwesenheit eines Fremden deutlich alarmierter, waren sie wieder allein, verharrten sie wie erstarrt. Worüber beim Hund am heftigsten gestritten wurde, das ist bei der Katze als Erstes bewiesen worden: Der Mensch als Bezugsfigur gibt der Katze Geborgenheit, die sie zu erkundendem Verhalten und zum Spielen nutzen kann.

Die zitierte Untersuchung berücksichtigt nicht Unterschiede zwischen einzelnen Katzen, hier geht es um das allgemeine Verhalten. Da ich das Glück hatte, ein Mitglied des Forschungsteams auf mehreren Kongressen zu treffen, habe ich Einsicht in das Videomaterial bekommen. Ohne eine statistische Auswertung zu haben, darf man Folgendes behaupten:

- Katzen sind sehr individuell. Betrachtet man die Videoaufzeichnungen der einzelnen Fälle, so bekommt man einen ähnlichen Eindruck wie in der Fremde-Situation bei Hunden und sogar bei Kindern. Manche zeigen ihre Gefühle, suchen die Nähe ihres Halters, freilich auf Katzenart! Sie kratzen an den Türen und springen auf den Stuhl. Andere sind wie blockiert, bewegen sich nicht mehr; und das sind gewiss diejenigen, die besonders angespannt sind. Bei Katzen äußert sich innere Anspannung oft in der Einschränkung der Aktivität.
- Manche Videoaufzeichnungen zeigen die charakteristischen Merkmale der »sicheren« Bindung, andere verraten unsiche-

re oder ängstliche Bindungen, und wieder andere sehen wie desorganisierte Bindungen aus.

Daraus folgt, dass auch bei dieser Tierart verschiedene Bindungstypen in bestimmter Häufigkeit auftauchen.

Die Katze ist sicherlich das Haustier der Zukunft, schon jetzt nimmt sie in vielen Ländern den ersten Rang ein, weil sie in ihrem Verhalten Selbstständigkeit und Bindung vereint.

Auch bei uns gehören Katzen zum festen Bestandteil unseres Zuhauses. Familienanekdoten können zwar keine wissenschaftliche Fallsammlung ersetzen, aber sie stützen unsere Auffassung. Wie schön, wenn dann wissenschaftliche Untersuchungen unsere Beobachtungen bestätigen. Unter unseren Katzen glich keine der anderen. Chiquita und ihre Tochter Hermine zeigen nicht auf dieselbe Art und Weise ihre Anhänglichkeit. Doch an dieser Stelle erinnere ich mich gern an Minou, unsere erste Katze (ein Kater), die uns liebte wie Katzen junger Leute, die immer auf Achse sind. Sie zählte die Ferien. Minou ist mit uns siebzehnmal umgezogen. Immer wenn wir in ein neues Zuhause einzogen, stellten wir die Katzenkiste auf und sagten zu ihm: »Jetzt sind wir da«, und das genügte ihm. Oder nehmen wir César. Wenn er krank war und in die Tierklinik kam, galt er dort als unsozialisiert. Er ließ sich von niemandem streicheln, jede noch so geringfügige Manipulation musste mit Handschuhen ausgeführt werden. Er fauchte und spuckte jeden an, der sich seinem Käfig näherte. Jeden außer meiner Frau Marie! Sobald diese den Raum mit den übereinander angeordneten Käfigen betrat, begann César zu schnurren und schmiegte sich dann minutenlang an sie. Zur Verblüffung des Personals verwandelte sich die Wildkatze wieder in das verschmuste kleine Katerchen. Daraufhin haben wir entschieden, dass er seine Rekonvaleszenz zu Hause verbringen sollte.

Alle, die mit einer Katze zusammenleben und die besondere Form der Bindung kennen, brauchen keine weiteren Belege. Alle anderen, die noch nie die Liebe einer Katze erfahren haben, die diesen Augenblick nicht kennen, wenn eine Katze plötzlich entscheidet, dass diesem Menschen der angenehmste Platz in ihrem Leben gehört, sich an ihn schmiegt und ihr unverwechselbares Schnurren, den Klang des Friedens und des Wohlgefühls, hören lässt, allen diesen Menschen also kann man nur raten, es einmal auszuprobieren, wenn sie es denn wünschen!

Von dem Gegensatz und bisweilen auch Dualismus zwischen Haltern von Haustieren und Menschen ohne Tiere kann ich nicht schreiben, ohne an meinen Bruder zu denken. Obwohl kein ausgesprochener Gegner von Haustieren, waren ihm die Hunde und Katzen, die wir uns hielten, noch nie sonderlich sympathisch. Die wenigen Male, da er während unserer Ferienaufenthalte im Ausland unsere Haustiere hüten sollte, endeten alle in heillosem Durcheinander oder in Lachanfällen. Bis eines Tages Charly auf den Plan trat. Diese wirklich schöne weiße Katze machte es sich im Garten meines Bruders und seiner Lebensgefährtin gemütlich; kurz, er adoptierte die beiden. Und plötzlich öffnete sich eine neue Welt, die Bindung zeigte sich von ihren beiden Seiten, der Freude und der Angst. Freude immer dann, wenn sich der Kontakt herstellte, und Angst, wenn die Katze verschwunden blieb oder wenn sie mit einer Verletzung nach Hause kam. Charly ist zum Mitglied der Familie geworden, jeder fragt nach ihm, jeder hütet ihn gern, jeder sorgt sich um seine Gesundheit, jeder schätzt seine Zärtlichkeit.

Solche Adoptionen, die von der Katze ausgehen, sind sehr häufig und machen ein gutes Gewissen. Sie geben eine weitgehend befriedigende Antwort auf die ethische Frage, was uns dazu berechtigt, Tiere als Gesellschafter zu halten. Die Philosophin Florence Burgat, die sich aus philosophischer Sicht mit dem Dasein der Tiere beschäftigt, spricht oft von der Ethik des Einverständnisses. Damit meint sie in erster Linie solche Fälle wie die Organentnahme bei Tieren zum Zweck der Transplantation oder das Verzehrtwerden. In all diesen Fällen haben die Tiere niemals ihr Einverständnis zur Teilnahme an einem Fortschritt gegeben, der nur für die Menschen von Nutzen ist. Wenn ich ihre Bücher lese, packt mich bisweilen der Zweifel: Haben wir jemals die Tiere gefragt, ob sie unsere Gefährten sein wollen? Werden wir eines Tages im Namen der Wahlfreiheit des Angehörigen einer anderen Gattung darauf verzichten müssen, unser Leben mit Tieren zu teilen?

Die Katzen, die uns adoptieren, geben auf ihre Weise eine Antwort: Sie haben die Wahl, und sie entscheiden sich dafür, mit uns zu leben. Was die Hunde betrifft, so liegt ihre Antwort schon Jahrtausende zurück. In mehreren wissenschaftlichen Publikationen wird die Auffassung vertreten, dass die Domestizierung des Hundes schon vor mehr als 12 000 Jahren stattgefunden haben muss. Unsere Vorfahren besaßen damals aber noch nicht die kognitiven Fähigkeiten, sich ein Tier zu unterwerfen. Bei ihrer Lebensweise als Jäger und Sammler brachte der Hund auch wenig Vorteile, und doch gehörte er zu ihren ständigen Begleitern. Daraus kann geschlossen werden, dass schon früh Hunde die Nähe der Menschen gesucht haben und dass ihr heutiges Verhalten das Ergebnis einer gemeinsamen Evolution darstellt. Heute entscheidet sich nicht jeder einzelne Hund für den Kontakt zu den Menschen, genauso wenig wie sich jeder einzelne Mensch für eine bestimmte Lebensweise entscheidet, aber die Vorfahren haben diese Entscheidung zu einem gemeinsamen Leben getroffen.

Der Grund für das gemeinsame Leben liegt in der Bindung, in der gegenseitigen Zuwendung, die Menschen und ihre ständigen Begleiter einander spenden. Das rechtfertigt selbstverständlich nicht den Missbrauch, die nicht artgerechte Haltung und die Quälerei von Tieren. Nur sollte man bei einer Ausweitung der Ethik der Wahlfreiheit auf die Tiere die Existenz dieses grundlegenden Bandes zwischen Mensch und Tier nicht ignorieren.

Millionen Adoptionen

Wie könnte man sonst erklären, dass sich Jahr für Jahr Menschen immer aufs Neue für Hunde und Katzen begeistern, um nur von diesen beiden Arten zu reden? Allein von ihnen legen sich Menschen jährlich über eine Million Exemplare zu. Das will etwas heißen! Gewiss, dem stehen jährlich 100 000 Tieraussetzungen entgegen, aber man sollte beide Seiten der Medaille sehen.

Wenn ich es von meiner Seite als Veterinär aus betrachte, könnte ich den Eindruck bekommen, und das werden die freiwilligen Helfer der Tierheime bestätigen, dass alles schlecht geht. Sie und ich, wir sind Zeugen der Misere der Tiere. Ich für meinen Teil habe aber auch die Gelegenheit, bei einigen Fällen heilend einzugreifen. Ferner kann ich auf meine fünfzehnjährige Praxis als Veterinär verweisen, in der ich Gelegenheit hatte, die alltäglichen glücklichen Beziehungen zwischen Menschen und ihren Haustieren zu beobachten.

Nicht zufällig adoptieren wir weiterhin so viele Tiere. Dahinter steht ein tiefes Bedürfnis, das seine Wurzeln im Bindungsverhalten hat. Wenn noch ein Beweis nötig wäre, dass diese Bindung etwas Gutes für beide Partner ist, dann könnten wir auf Welpe und Kätzchen verweisen, die für das Überleben darauf angewiesen sind, ihre erste natürliche Bindung durch eine zweite Bindung an ein Individuum anderer Art zu ersetzen. Warum entschließen sich aber so viele Menschen, sich die Verantwortung für ein anderes Lebewesen aufzubürden, wenn darin nicht ein sekundärer Gewinn, nämlich Liebe und Vergnügen, läge?

Wir sind die Spezialisten der Adoption. Mag die Kindesadoption eine Ausnahme und ein riskantes Abenteuer sein, Tiere zu adoptieren ist für uns normal. Tatsächlich sind die allermeisten Adoptionen erfolgreich, eine Bindung entsteht binnen weniger Tage und entwickelt sich für beide Partner. Und das ist keine Erfindung der Menschen. Auch Tiere sind zu Adoptionen fähig, teils innerhalb ihrer Art, teils aber auch artübergreifend bis hin zu paradoxen Fällen, wo ein Räuber sein Beutetier adoptiert.

In dieser Hinsicht stellt die Geschichte der Löwin Kamuniak ein extremes Beispiel dar. Niemand weiß, was sie in einem kenianischen Naturpark bewogen hat, die Jungen von Oryxantilopen zu adoptieren. Dieses an sich schon ungewöhnliche Verhalten wurde durch den Umstand, dass es sich wiederholte, noch bizarrer. Im Verlauf von zwei Jahren hat Kamuniak, »die Gesegnete«, wie die Einheimischen sie genannt haben, sechs Antilopenbabys adoptiert. Die erste Adoption hat Touristen und Wildhüter gleichermaßen gerührt, und hierüber gibt es viele Videoaufnahmen. Sechzehn Tage lang sorgte sich Kamuniak um ihr Antilopenjunges und ließ es keinen Moment aus den Augen. Sie verteidigte es gegen andere Löwen, sie suchte nicht nach Nahrung für sich selbst und brachte so ihr Leben in Gefahr. Sie hütete den Schlaf des Antilopenbabys, leckte es, aber vermochte es nicht zu ernähren. Alle Wachsamkeit konnte nicht verhindern, dass ein männlicher Löwe das Kleine raubte, auffraß und so die Ordnung der Natur wiederherstellte. Die Löwin zeigte sich darauf verwirrt und verzweifelt, ein weiterer Beweis für die Existenz der Bindung zu diesem Jungtier. Kamuniak ist rückfällig geworden und hat weiterhin unter Umständen, die mehr an Kindesraub als an altruistische Adoption erinnerten, artfremde Tiere adoptiert. Sie ließ nicht zu, dass ihre Schützlinge zu ihren leiblichen Müttern zurückkehrten, und verurteilte sie dadurch zum Hungertod. Deshalb schritten beim zweiten Mal auch die Parkhüter ein und nahmen ihr das Antilopenbaby fort.

An Erklärungshypothesen fehlte es nicht, von Eierstockanomalien bis zur Unfruchtbarkeit. Kamuniak hatte ein kompliziertes Sozialleben: Offenbar war sie aus ihrer Gruppe ausgestoßen worden, mehrmals wurde sie bei Kämpfen mit anderen Löwinnen beobachtet. Nun soll hier keinesfalls eine weitere, nicht haltbare Hypothese vorgestellt werden. Für mich ist es klar, dass das Verhalten dieser Löwin im statistischen Sinn anomal und an der Grenze zum Pathologischen ist. Doch zeigt die Geschichte auch, dass die Bindung seitens des mütterliche Pflege gebenden Tieres so stark sein kann, dass diese Strebung quer zum Interesse und zur Gesundheit des empfangenden Jungen steht. Einige Oryxantilopenbabys versuchten fortzulaufen und ihre leibliche Mutter wiederzufinden. Ihre Bindung richtete sich auf das »normale« Ziel, sie reagierten nicht auf diese deplatzierte Liebe. Die Löwin hingegen sah sich offenbar in der Verantwortung und brachte sich dadurch sogar selbst in Gefahr. Welcher Antrieb sollte die Ursache für ein solches Verhalten sein, wenn nicht das Bedürfnis nach Bindung?

Die Geschichte von Kamuniak hat mich an Klienten aus meiner Praxis erinnert, die den Tierschutz in manischer Art betrieben. Ein Fall steht mir vor Augen. Eine Frau hatte erst 25, dann 30, später 100 und schließlich mehr als 200 Katzen bei sich aufgenommen. Sie stöberte sie in der ganzen Stadt auf, trieb sie in die Enge, fing sie und holte sie in ihr Haus, »um sie zu retten«. Vom Standpunkt der Lebensqualität und selbst der Gesundheit ging es den Katzen auf der Straße besser als bei der Dame. Einmal im Haus der Frau, gab es für die Katzen aber keine Rückkehr mehr, denn an eine Weitergabe ihrer Schützlinge in andere Hände dachte sie nie. Das Beispiel dieser Tierschützerin und das Beispiel der Löwin Kamuniak zeigen, dass die Bindung auch zum Wahn werden kann. Doch das wundert uns nicht. Dass es bei einem so komplexen Mechanismus wie dem Bindungsverhalten zu Fehlentwicklungen und bizarren Erscheinungsformen kommen kann, ist eigentlich nicht erstaunlich.

Normalerweise verläuft die Adoption unter Angehörigen einer Art komplikationslos. Seit Forscher die Tiere in ihrem natürlichen Milieu beobachten, berichten sie auch von Adoptionen. Besonders aufschlussreich ist hierfür die Untersuchung dieses Phänomens bei den Schimpansen.

Unter den Schimpansen kann es zu Rivalitäten innerhalb der Gruppe, aber mehr noch zwischen verschiedenen Gruppen kommen, die in angrenzenden Revieren leben. Hinzu kommt das Risiko von Infektionskrankheiten (Anthrax, Ebolavirus), denen auch erwachsene Tiere zum Opfer fallen. Aus diesen Gründen können sehr junge Schimpansen plötzlich als Waisen dastehen. Wie wir bereits wissen, ist in dieser Tierart die Vaterrolle nicht sehr ausgeprägt, die männlichen Schimpansen kümmern sich wenig um ihren Nachwuchs. Kürzlich ist ein Artikel erschienen, in dem Forscher ihre Beobachtungen zu den Adoptionen in mehreren Schimpansengruppen im Taï-Nationalpark in der Elfenbeinküste mitgeteilt haben.[51] Über einen Zeitraum von 27 Jahren sind nicht weniger als 18 Waisen adoptiert worden, und zwar zur Hälfte von männlichen Tieren. Von den männlichen Adoptierenden war nur einer der biologische Vater, drei waren Brüder, und fünf hatten kein familiäres Band zum Adoptierten. Die Soziobiologie will uns glauben machen, dass altruistisches Verhalten wie die Adoption nur dazu diene, unseren Genen Vorteile zu verschaffen, und dass wir – und das schließt die Tiere mit ein – nur Verwandten helfen. Die Ergebnisse dieser Forschungen scheinen diesem Grundsatz zu widersprechen. Solche Schimpansengruppen legen täglich erhebliche Strecken zurück (oft bis zu 10 Kilometern); und wenn die Jungtiere getragen werden müssen, ist das ein zusätzlicher Kraftaufwand. Aber nicht nur das, auch die Nahrung wird geteilt, und gemeinsames Lausen und Säubern gehört ebenfalls dazu. Dies beweist, dass wir es mit echten Adoptionen zu tun haben. Die Frage stellt sich, da bei den Schimpansen auch »familienfremdes« Verhalten existiert, zum Beispiel bei jungen Weibchen, die sich in der »Mutterrolle« üben. Doch das ist immer nur punktuell und befristet, und keinesfalls geht es dabei um das Überleben des Adoptierenden. Ein Irrtum ist folglich ausgeschlossen, die verwaisten Schimpansenjungen werden von erwachsenen Tieren tatsächlich adoptiert.

In der Wissenschaft ist nach den Ursachen der Adoptionen und nach dem Nutzen gefragt worden, den sie für die Adoptierenden haben. Dazu gibt es zahlreiche Hypothesen: Es sei eine Einübung in die Mutterrolle, es bringe soziale Vorteile (aus den Adoptierten werden einmal Verbündete) und biete Schutz für die gesamte Elternschaft. Die Adoption sei eine Anpassungsmaßnahme, wenn es um Individuen gehe, die gemeinsame Gene haben. Und schließlich könnte der Mechanismus hin und wieder auch irrtümlich ausgelöst werden!

Man stellt immer wieder fest, dass die Wissenschaft an einen Punkt kommt, an dem ihr die Vorstellungskraft für Hypothesen fehlt, die über das ökonomische Erklärungsmuster hinausgehen. Die gesamte Soziobiologie, aber zunehmend auch die Ethologie, die sich beide gegen Finalismus und Anthropomorphismus verwahren, untersuchen Verhalten nur noch unter dem Aspekt des Nutzens und Gewinns. Wenn wir in einer hedonistischen Gesellschaft lebten, wäre es wohl leichter, hinter bestimmten Verhaltensweisen die Suche nach positiven Empfindungen zu sehen. Uns fehlt eine Kultur des Wohllebens und der Lust, dann würden wir das Verhalten der Tiere besser verstehen!

Beim Thema »Adoption« bestimmt das menschliche Vorbild unser Verständnis, insofern als die Erwachsenen die Initiative zur Adoption eines Kindes ergreifen. Erst nach Jahrhunderten ist die Erkenntnis gereift, dass die Säuglinge keineswegs tumbe Wesen sind, sondern durchaus versuchen, Einfluss auf ihr Milieu zu nehmen. Bei den höherentwickelten Tieren verläuft die Adoption oft so, dass das Jungtier bei der Bezugsfigur Druck ausübt, damit es von diesem adoptiert wird.

Man kann diese Erkenntnis aus einigen wissenschaftlichen Veröffentlichungen entnehmen, aber wenn man sich ein Bild davon machen will, muss man sich den Film »Schimpansen« der Produktionsfirma Walt Disney Nature anschauen. In dem halb dokumentarischen Film wird erzählt, wie ein Schimpansenjunges, das die Filmemacher »Oscar« nennen, zum Waisenkind wird, als seine Mutter bei Rivalitäten zwischen zwei Schimpansenklans den Tod findet. Der Film zeigt Oscars Bemühungen, zunächst eine stillende Adoptivmutter zu finden, doch die verschmäht ihn. Nach diesem Misserfolg entscheidet er sich für das Alpha-Männchen der Gruppe und hängt sich im wörtlichen und übertragenen Sinn an ihn!

Franzosen und Amerikaner

Dass die beiden Nationen unterschiedliche Vorstellungsweisen haben, ist schon oft bemerkt worden. Sogar der Anblick eines schlichten Naturschauspiels führt zu verblüffenden Differenzen.

Die Trailer des Films »Schimpansen« geben ein anschauliches Beispiel. Der amerikanische legt den Schwerpunkt auf das Individuum: »Lernen Sie Oscar kennen! Verfolgen Sie die wahre Geschichte eines Schimpansenjungen, das zum Waisen wird!« Der französische begeistert sich für die Gemeinsamkeiten von Menschen und Menschenaffen: »Sie leben wie wir, sie spielen wie wir … und sie lieben wie wir.«

Das zeigt einmal mehr, wenn es denn noch eines Beweises bedürfte, dass unsere Interpretationen kulturell bestimmt sind. Für die Amerikaner symbolisiert Oscar den Erfolg allen widrigen Umständen zum Trotz; für die Franzosen geht es hingegen in seiner Geschichte vor allem um Liebe und Bindung.

Im Film wird oft gezeigt, wie Oscars kleine Hand die Hand des großen Affen ergreift, ihm die darin verborgene Nahrung entwendet und sie sich in den Mund steckt. So verschafft er sich Kontakt und Schutz, und binnen weniger Monate entsteht eine feste Bindung zwischen den beiden. Der Film endet mit einem glücklichen Bild: Dem Adoptivvater und seinem Adoptivsohn geht es gut, Oscar scheint eine schöne Zukunft zu haben. Auf jeden Fall aber zeigt uns der Film, dass die Bindung eine Notwendigkeit und eine Aufgabe für den schwächeren der beiden ist. Oscar setzt alles daran, adoptiert zu werden, um zu überleben. Wenn Tiere eine Adoption eingehen, dann für lange Zeit. In dem bereits zitierten Artikel über Adoptionen, unter Schimpansen in der Elfenbeinküste ist von einem Zeitraum von mehreren Jahren die Rede, sofern der Tod nicht Adoptierte und Adoptierende trennt.[52] Mit einer Ausnahme, die viele Fragen über den Geist aufwirft, den die Schimpansen haben könnten. Ein Männchen der mittleren Rangstufe, wie es in dem Artikel heißt, habe wegen der anhaltenden Schikanen der anderen männlichen Gruppenmitglieder, die sich auf die adoptierten Jungtiere richteten, die begonnene Adoption abgebrochen. Hat er das getan, um sich selbst zu schützen oder weil er die beiden Jungen schützen wollte, die wegen der Bindung an ihn in Gefahr geraten waren? Wir haben keine Anhaltspunkte, um dies aus der Distanz entscheiden zu können. Die Geschichte lehrt uns jedenfalls, welches Risiko eine Bindung auch in sozialer Hinsicht bedeuten kann. Und welch komplexe kognitive und emotionale Vorgänge laufen bei den Tieren ab, wenn adoptierte Kinder zum Gegenstand der Erpressung werden können ...!

Im Disneyfilm hörte der Adoptivvater irgendwann einmal auf, sich um Oscar zu kümmern, um wieder die Leitung seiner Schimpansengruppe zu übernehmen. Der Regisseur ergreift nicht Partei, er lässt uns nur Augenzeuge dieser Episode werden. Er lässt durchblicken, dass der Adoptivvater so tut, als kümmere er sich nicht mehr um Oscar, aber nur, um besser die anderen Mitglieder der Gruppe zu täuschen. Der Fortgang der Geschichte scheint diese Hypothese zu bestätigen, denn nach wenigen Tagen, in denen er die Politik der Gruppe gesteuert hat, geht das normale Beziehungsleben zwischen Oscar und seinem Adoptivvater weiter.

Man werfe einmal einen Blick in die Fachliteratur zum Thema Adoption unter Tieren. Auch wenn sich die Autoren zurückhaltend und vorsichtig dazu äußern und gern andere Begriffe wie »alloparentales Verhalten« oder »Fütterung durch alloparentale Mitglieder« verwenden, sehen sie das Phänomen nun deutlich und tragen ihm Rechnung, auch wenn sie es nicht verstehen beziehungsweise nicht akzeptieren. Zahllos sind die Belege für sein Vorkommen in vielen Vogel- und Säugetierarten. Ganz zu schweigen von den Milchkühen, deren Milchproduktion auf dem Prinzip beruht, ihr eigenes Kalb von anderen Kühen adoptieren zu lassen, was bei dieser Gattung besonders leicht zu gehen scheint.

Ob Vogel oder Kuh, ob Delfin oder Affe, alle kennen das Phänomen der Adoption.

Für die Ökologen spielt es eine Rolle für die Stabilität einer Population respektive für die kritische Größe. Neodarwinisten sehen in ihr einen Vorteil, manche sprechen gar von Empathie und Altruismus. Doch niemand spricht von der Lust und dem Vergnügen, ein anderes Wesen zu lieben. Das wundert uns, denn die Strategien der Adoption erfüllen die beiden Kriterien, die wir für die Bindung aufgestellt haben: Lust und Risiko (oder Angst).

Such dir eine Stütze, oder du stirbst

Alle diese Adoptionen werfen die grundsätzliche Frage auf, wie Widerstandsfähigkeit (Resilienz) und Bindung zusammenhängen. Ob Delfinjunges oder Menschenbaby, ob Oscar oder Kälbchen, wer ohne Eltern dasteht, hat geringere Chancen, zu überleben, und noch weniger, sein gesamtes Entwicklungspotenzial zu entfalten. Findet er aber einen Adoptivvater oder eine Adoptivmutter, beziehungsweise wählt er sich eine solche Stütze, dann verschafft er sich wieder die Chance zu einer erfolgreichen

Entwicklung. Darin besteht ja die Definition von Widerstandsfähigkeit, nämlich sich von einem schweren Trauma zu erholen und wieder zu wachsen. Der Verlust der Bezugsfigur scheint uns das Trauma schlechthin zu sein, vor allem dann, wenn dies in der primären Bindungsphase geschieht.

Viele Tiere sind Muster der Resilienz, und wir hatten schon an anderer Stelle Gelegenheit, sie im Panorama dieses relativ neuen Begriffs vorzustellen.[53] An erster Stelle ist hier der Hund zu nennen. Immer wenn ein Hund von Menschen erfolgreich adoptiert wird, ist das ein Beleg für die Widerstandsfähigkeit dieser Tiere. Zum Begleiter der Menschen zu werden setzt bei Tieren Widerstandskraft voraus, vor allem bei den Hunden. Wir adoptieren Hunde zu einem Zeitpunkt (der gesetzlich festgelegte früheste Zeitpunkt ist der zweite Lebensmonat, wir empfehlen aber neun bis zehn Wochen), wo die Bindung eine wesentliche Rolle in ihrer Entwicklung spielt. Wir muten ihnen dann ein Leben mit ganz anders gearteten Mitbewohnern zu, die eine Symbolsprache und eine komplexe Kommunikation verwenden. Die Kluft zu den in ihrer Herkunftsfamilie geltenden Zeichencodes könnte größer nicht sein.

Wie kommt es nun, dass sich bei diesen Eingangsvoraussetzungen, die alle Kriterien eines schweren Traumas erfüllen, nur in sehr seltenen Fällen echte Probleme entwickeln? Gerät die menschliche Entwicklung gleich zu Beginn ins Stocken, werden Kinder von ihren Eltern getrennt, verkraften manche dieses »wunderbare Unglück«[54], wie es Cyrulnik paradox nennt, und beweisen damit ebenfalls die Fähigkeit, sich wieder aufzurappeln. Andere hingegen leiden ihr Leben lang unter diesem frühen Trauma. Die menschliche Fähigkeit zur Symbolisierung und zur Abstraktion macht das Leiden komplexer, schwerer zu kontrollieren und zu heilen. Das schließt aber gemeinsame Faktoren nicht aus, sodass eine Grundlage zur Überwindung dieser Krise gefunden werden kann, und das wird nur durch das Knüpfen einer neuen Bindung geschehen. Cyrulnik spricht in seinem bereits zitierten Werk von einer »Stütze der Widerstandsfähigkeit«. Dahinter steht das Bild einer Pflanze, die an einem Stützpfahl emporwächst. Die Hauptlast hat dabei das adoptierte Junge, denn es muss wachsen und sich in eine Richtung entwickeln, die ursprünglich nicht vorgesehen war, aber ihm nun als Ziel seiner Reifung vorgegeben wird.

In den allermeisten Fällen werden Hunde mit Freude in Menschenfamilien aufgenommen. Man hat sie ausgesucht, man freut sich auf sie, und man hätschelt sie. Für ihr Abenteuer bieten sich eine oder mehrere Personen als Bezugsfigur an, mit der sie aufwachsen und groß werden können, zwar nicht wie in ihrem natürlichen Milieu, aber doch in einer durchaus realen Harmonie.

Wie der Schimpanse Oscar im Film zeigen auch Hundewelpen ein aktives Verhalten bei ihrer Adoption. Sie gestalten die neue Beziehung, es ist daher sehr schwierig, ihnen die neue Bezugsfigur aufzuoktroyieren. Manchmal kommt es zu Dramen. Kinder wünschen sich einen Hund, Eltern erfüllen ihnen diesen Wunsch, und wenn der Welpe dann ins Haus kommt, wählt er nicht das Kind, sondern eine andere Person zur Bezugsfigur, der er sich anvertraut. Selbst wenn alle vertrauensbildenden Maßnahmen ergriffen werden, also nur die eine Person den Welpen füttert und die meisten Kontakte mit ihm hat, kann man nicht sicher sein, dass sie auserwählt wird. Umso größer ist die Enttäuschung, vor allem wenn der Hund als Mittel gegen das Alleinsein, zum Beispiel bei Einzelkindern, adoptiert wurde.

Ein praktischer Tipp, dem der wissenschaftliche Beweis fehlt, besteht darin, den Welpen schon auf der Fahrt vom Züchter zu seinem künftigen Zuhause derjenigen Person auf den Schoß zu setzen, die zu seiner Bezugsfigur werden soll. Uns will scheinen, dass die Person, die im schwierigen Augenblick der Trennung dem Welpen Geborgenheit spendet, auch die größten Chancen hat, von ihm erwählt zu werden. Allerdings darf der Hund nicht »autokrank« werden, anderenfalls assoziiert er die Übelkeit stets mit der Person, auf dessen Schoß er gesessen hat!

Wir verstehen heute zwar immer besser die neurophysiologische Grundlage der Liebe, die Hormone, Neurotransmitter, die Belohnungssysteme, kurz alles, was dafür sorgt, dass ein Wesen einzigartig und unvergleichlich in den Augen eines anderen wird; aber wir wissen immer noch nicht, was diesen Prozess auslöst. Wir können höchstens günstige Umstände beschreiben und dafür sorgen, dass sie gegeben sind. Bei den meisten Familien, die einen Hund aufnehmen wollen, ist das auch der Fall. Der Welpe findet eine Bezugsfigur und beginnt eine harmonische Entwicklung. Er wird sich nicht so entwickeln wie in einer Horde wild lebender Hunde, die es in unseren Breiten ja als Lebensmilieu kaum noch gibt. Schon seit langer Zeit ist der Lebensraum des Menschen zur ökologischen Nische des Hundes geworden. Wir kennen daher seine Lebensweise als Begleiter des Menschen viel besser als sein Leben in der freien Wildbahn.

Die Beispiele für die harmonische Integration sind zahlreich. Hunde meistern täglich diese gewaltige Herausforderung: Sie werden von einer fremden Gattung von ihrer natürlichen Bezugsfigur getrennt, in ein fremdes Milieu verschleppt und entwickeln sich doch zu idealen Begleitern.

Beim Rückflug aus den USA hatte ich als Nachbarin auf der anderen Seite des Mittelgangs eine Dame, deren Notebookbildschirm ein Familienfoto zierte, wie es vermutlich Millionen gibt. Vater und Mutter, ernst, aber lächelnd, zu ihren Füßen zwei lachende Kinder und dazwischen ein Hund, vor Enthusiasmus sprühend! Eine Familie wie aus dem Bilderbuch, aber doch bezeichnend für die Wichtigkeit der Bindung und für den Platz, den alle Mitglieder der Familie einnehmen ...

Im Flugzeug hatte ich gerade den Disneyfilm über die Schimpansen gesehen, und nun kam mir der Gedanke, dass die Bindung sicherlich die größte Gemeinsamkeit unter allen Säugetieren darstellt, von denen ich bisher in meinem Buch gesprochen habe. Jede Gattung, jedes einzelne Lebewesen nimmt auf seine Art und Weise und je nach Verhaltensrepertoire, physischem Gleichgewicht und schmerzhaften Erfahrungen das Wagnis auf sich, zu lieben, denn das ist die Bedingung für ein ausgeglichenes und erfülltes Leben.

Da ich mich in einem Flugzeug befand, dachte ich an den 11. September 2001, der sich uns allen ins Gedächtnis eingebrannt hat. Aus vielen Berichten wissen wir, dass die Menschen, die in den Türmen des World Trade Center oder als Passagiere des Flugs 93 gefangen waren, herzzerreißende letzte Botschaften verschickt haben. Tausende Botschaften der Liebe wurden an Mütter, Kinder, Familien und Freunde von all jenen gesandt, die wussten, dass es für sie keine Rettung mehr gab. In den Minuten, in denen es bald nichts mehr zu sagen gibt, scheint als einziger Wert nur noch die Bindung übrig zu bleiben. Meines Wissens hat keiner von ihnen den Saldo seines Bankkontos überprüft oder seinen Steuerberater angerufen. Keiner hat als Letztes eine Hassbotschaft hinterlassen. Ehe sie alle zu Staub wurden, haben sie nach Liebe gerufen. Das sollte all denen zu denken geben, die sowohl in der menschlichen Gesellschaft als auch in Tierpopulationen nur das Streben nach Vorteil und Wettbewerb als einzige Triebfedern sehen. Dergleichen gibt es, daran besteht kein Zweifel, aber es ist falsch und beklagenswert, dies ins Zentrum einer jeden Darstellung und eines jeden Verständnisses zu setzen.

Um zu leben, müssen wir uns alle – Menschen, Hunde, Delfine, Elefanten oder Ratten – auf die anderen stützen. Wir brauchen sie, so wie sie uns brauchen. Ihr Wohlergehen ist uns wichtig, ihr Glück erfüllt uns mit Freude, ihr Abschied oder ihr Tod stürzt uns in Schmerz und Trauer. Nicht alle, nicht die ganze Menschheit ist uns wichtig. Manche zu lieben kann uns sogar dazu bringen, andere zu hassen, sofern sie nämlich unseren Lieben Schmerz zufügen oder uns von ihnen gewaltsam trennen. Aus der Existenz der Bindung haben manche sogar die Ursachen des Rassismus ableiten wollen, doch das ist wiederum nur eine reduktionistische Sicht der Wirklichkeit. In diesem Punkt teile ich die Ansicht, der Sting in seinem Song »The Russians Love Their Children Too« Ausdruck gibt. Unsere Fähigkeit zu lieben und denen, die wir lieben, Gutes zu tun, ist das beste Mittel, die anderen zu verstehen und sich darüber klar zu werden, dass wir mit ihnen etwas Wesentliches gemeinsam haben. Mehr als jedes andere Gefühl prägt die Liebe unser Leben, allen Unkenrufen zum Trotz.

Doch kommen wir zurück zur Resilienz. Der Hund ist ein Muster an Widerstandskraft, dieser Auffassung bin ich schon lange. Ich habe das Glück, seit vielen Jahren an Forschungsgruppen teilzunehmen, die unter der Leitung von Boris Cyrulnik über den Begriff der Resilienz nachdenken. Wie nirgendwo sonst hatte ich Gelegenheit zum Gedankenaustausch mit Psychiatern, Psychologen, Linguisten, Sinologen, Philosophen, Medizinern, Neurowissenschaftlern und Biologen. Sollte ich Kollegen weiterer Disziplinen vergessen haben, mögen diese mir das verzeihen. Die Begegnungen stehen unter dem Prinzip, ohne Scheuklappen und Fachzwänge über ein Thema nachzudenken. Dass Biologen und auch ich als Veterinär teilnehmen, beweist den Willen, den Bezug zum Tier nicht zu verlieren und die biologischen Grundlagen des Menschen im Auge zu behalten. Ich werde meine Leser wohl kaum in Erstaunen versetzen, wenn ich außer von der Faszination, die brillante Geister aus unterschiedlichen wissenschaftlichen Disziplinen verbreiten, auch gern von den Spuren spreche, die die herzlichen, freundlichen Beziehungen bei diesen Treffen hinterlassen, mit anderen Worten von den Belegen einer Bindung.

Ob denn auch Tiere widerstandsfähig seien, wurde ich gefragt. Und ich erzählte die Geschichte des Antoine P. Der Mann war Hundezüchter (eigentlich verdiente er diese Bezeichnung nicht) und hatte eine Pitbullzucht zu Beginn jener Periode, die 1999 mit dem Kampfhundeverbot in Frankreich endete. Die Gesetze, die damals auf der Grundlage falscher wissenschaftlicher Annahmen verabschiedet wurden, sind noch heute eine Schande für unser Land. Das Ziel, die Bevölkerung zu schützen, mag ja rühmlich sein, aber das geschah mit sehr anfechtbaren politischen Hintergedanken.

Antoine P. brüstete sich, die gefährlichsten Kampfhunde in ganz Frankreich zu züchten, und konnte sich nicht entblöden, einem Journalisten auszuplaudern, wie er dabei vorging. Gleich nach der Geburt trennte er die Welpen von der Mutter, er allein nährte sie und zog sie auf. Immer wenn er ihnen zu fressen gab, schlug er sie. Hätte er die Erkenntnisse eines Bowlby gekannt, hätte er sich diese Maßnahme sparen können. Angstsituationen aktivieren das Bindungsverhalten, man braucht Hunde oder Kinder nicht zu schlagen, um die Bindung noch stärker zu machen. Es ist aber der Grund, weshalb Welpe oder Kind trotz schändlicher Behandlung seitens des Züchters oder der Eltern dennoch lieben. Antoine zog seine Welpen in einer Welt aus Furcht und Schrecken auf, in der sie sich an nichts festhalten konnten. Als Gipfel der Perversion setzte er die Welpen mit sechs Monaten in eine Kampfarena, wo sie auf seinen schärfsten Kampfhund trafen. Entweder der Welpe stellte sich dem Kampf, dann verkaufte er ihn, oder er kämpfte nicht, dann erschoss er ihn!

Antoine P. wurde in Abwesenheit verurteilt, er hatte sich dem Prozess entzogen. Während seiner Flucht gab er jenes Interview. Das Unglaubliche an der Geschichte ist nicht die Tatsache, dass jemand Hunde mit einer solchen Methode großziehen wollte, sondern die Misserfolgsrate: 50 Prozent der Hunde, die ohne die Mindestbedingungen für eine gedeihliche Entwicklung auskommen mussten, schafften es doch, sich dem Monster von Züchter zu unterwerfen. Sie haben eine Beziehung erfunden und auf die Kommunikation gesetzt. Für die Haltung des Züchters gibt es keine Entschuldigung, während die Haltung der Hunde ihre Fähigkeit beweist, allen Hürden zum Trotz das Abenteuer der Bindung zu bestehen.

Extreme Beispiele wie der Fall des Antoine P. sind nicht nötig, um den Beweis zu haben, dass Hunde Widerstandsfähigkeit besitzen. Selbst mit dem besten Willen der Welt gelingt es Züchtern und Tierheimen nicht immer, ideale Entwicklungsbedingungen zu bieten. Sobald die Tiere aber eine menschliche Stütze finden, die ihren Bedürfnissen nach Bindung entgegenkommt, setzt eine harmonische Entwicklung ein.

Aber Obacht, beim Thema Resilienz wird manchmal der Vorwurf erhoben, das sei eine Einladung zum Laisser-faire, da es ja diese Schadensbegrenzung von Natur aus gebe. Das ist leider nicht der Fall. Tierärzte, Verhaltensmediziner, gewerbliche Züchter und ehrenamtliche Tierschützer arbeiten immer stärker zusammen, um die Lebens- und Entwicklungsbedingungen für Haustiere zu verbessern. Hier sind echte Fortschritte erzielt worden. In gewisser Hinsicht kann man den Wandel mit den Verhältnissen in Waisenhäusern nach der wissenschaftlichen Erforschung der Bindung vergleichen. An erster Stelle hat anfangs die Hygiene gestanden, denn durch Infektionen und Parasitenbefall sterben viele Tiere; aber schon bald hat man erkannt, dass positive Beziehungen unter den Tieren und zwischen Tier und Mensch von herausragender Bedeutung sind. Was nutzt es, wenn die Welpen physisch gesund sind und intaktes Erbgut haben, aber kein Mensch sie berühren darf, weil sie sich vor dem Kontakt mit Menschen fürchten?

Wenn Menschen ein Tier adoptieren, sei es aus einem Tierheim oder vom Züchter, dann geht es ihnen in erster Linie um Kontakt, Zuwendung und Liebe. Das Thema »Schönheit« ist zweitrangig und wird überhaupt nur geschätzt, wenn die erste Voraussetzung erfüllt ist.

Wir arbeiten also gemeinsam an der Verbesserung der Lebensbedingungen der Tiere in solchen Institutionen, aber dennoch ist nicht alles so, wie es sein sollte. Auch sind manche Tiere einfach verletzlicher als andere und tun sich schwer, in solchen Verhältnissen aufzuwachsen, die keine einzelne Bindung erlauben. Umso erstaunlicher ist es, zu sehen, wie Tiere, die unter schwierigen Bedingungen aufgewachsen sind, plötzlich Entwicklungsschritte machen, sobald sie die passende Bindungsfigur gefunden haben, so wie eine Pflanze, die lange Wasser entbehrt hat, wieder aufblüht, wenn sich jemand die Mühe macht, sie regelmäßig zu gießen.

Ich habe hier das Beispiel zweier Schäferhunde in Erinnerung, die ich für eine gewisse Zeit lang bei mir aufgenommen hatte. Die fünf Monate alten Welpen hätten eigentlich schon stubenrein sein sollen, dies war aber nicht der Fall, und das war nicht das einzige Problem. Obwohl von gutmütigem Charakter, waren sie nicht ausgeglichen, sondern zeigten sich ungeschickt und auch brutal. Ich machte mir daher Sorgen wegen ihrer Adoption. Mehrere Interessenten hatten sich gemeldet, um sie sich anzuschauen, aber keiner entschloss sich, sie zu nehmen. Schließlich kam eines Tages ein Herr wegen der beiden Hunde zu mir. Binnen weniger Minuten muss etwas zwischen ihnen geschehen sein. Er hat die Hunde mitgenommen, und als ich mich einige Tage später bei ihm erkundigte, wie es gehe, teilte er mir mit, die Welpen seien jetzt stubenrein und sanft. Sie hatten die fehlende Geborgenheit gefunden und entwickelten sich harmonisch. Gewiss, nicht immer haben solche Geschichten ein glückliches Ende, doch diese beiden Welpen bewiesen einmal mehr, dass Bindung oder Liebe die beste Entwicklungsstütze ist, aber wer wollte das bezweifeln?

Im Dreivierteltakt

Die Bindung hebt ein anderes Wesen aus der Umgebung heraus, macht es einmalig und kostbar. Das ist unbestritten für die Mutter-Kind-Beziehung, aber auch für das Verhältnis zwischen Adoptierendem und Adoptiertem. Das Gleiche gilt aber auch, man hat es schon geahnt, für die Liebesbeziehung. Wir sind auf unserem Erkenntnisweg bereits der Liebe begegnet, die man die romantische nennen kann – im Unterschied zur Mutter- und Kindesliebe.

Die romantische Liebe hat die Paarbildung zum Ziel. In den meisten Fällen besteht das Paar aus Wesen verschiedenen Geschlechts im fortpflanzungsfähigen Alter, aber die Natur kennt auch viele andere Beispiele. Wenn ein solches Paar Geschlechtsverkehr hat, kann dies zur Geburt von ein oder mehreren Wesen führen, die sich ihrerseits fortpflanzen und so die Gattung erhalten. Wie ein Walzer geht dies im Dreivierteltakt: Liebe, Sexualität und Bindung. Alle drei sind miteinander verzahnt, manchmal vermischen oder überschneiden sie sich auch. Obwohl jedes verschieden ist, können sie aufeinanderfolgen, eines kann das andere auslösen, ja, sie können sich so vermischen, dass sie nicht mehr auseinanderzuhalten sind. Dann fällt es schwer zu sagen, was uns am wichtigsten ist und woran wir am meisten leiden.

An den Tieren kann man sehen, woraus die Liebe besteht, aus Monogamie, Treue, Eifersucht. Wir werden sie noch zu Zeugen aufrufen, doch nun wollen wir einmal den umgekehrten Weg beschreiten und vom Menschen ausgehen. Ich musste einst im Rahmen eines Diplomstudiengangs im Fach Sexualwissenschaft Vorlesungen über die Grundlagen der tierischen Sexualität halten und habe mich in das Thema eingearbeitet. Ich verwende dabei oft einen wissenschaftlichen Artikel, der meine Studenten lebhaft interessierte.[55] Die Untersuchung wurde an einer amerikanischen Universität durchgeführt und erstreckte sich über einen Zeitraum von fünf Jahren. Das Ergebnis ist faszinierend!

Die Verfasser verwenden andere Begriffe als die, mit denen wir bisher gearbeitet haben. Sie sprechen nicht von »Bindung«, sondern von »Zärtlichkeit«, »sexuellem Begehren« und »Befriedigung«. Hinter diesen Begriffen steht eine Wirklichkeit, die wir bereits zu kennen glauben.

Zu Beginn des Beziehungslebens junger Paare herrscht vollkommene Synchronie: Sexuelles Begehren und sexuelle Befriedigung sind bei beiden Partnern maximal, das Bedürfnis nach Zärtlichkeit liegt im mittleren Bereich, ist aber für beide gleich. Im Lauf der Jahre jedoch entwickeln sich die Partner auseinander. Vergleichsweise moderat sind die Unterschiede in der sexuellen Befriedigung. Sie nimmt über die Jahre bei beiden Partnern ab, wenngleich die Männer aus der körperlichen Vereinigung weiterhin mehr Befriedigung ziehen als die Frauen. Anders verhält es sich mit dem Begehren. Dieses nimmt bei den Frauen erheblich ab, während es bei den Männern stets auf hohem Niveau bleibt. Bei diesem Parameter ist der maximale Unterschied nach fünf Jahren erreicht, und zwar dann, wenn das Paar immer noch zusammenlebt. Das Bedürfnis nach Zärtlichkeit schließlich ist bei beiden Partnern anfangs mittelmäßig ausgeprägt, nimmt aber bei der Frau ständig zu, während es beim Mann in gleicher Weise abnimmt, sodass auch hier nach fünf Jahren eine fast ebenso große Kluft zwischen der Frau (mit sehr stark ausgeprägtem Bedürfnis nach Zärtlichkeit) und dem Mann (mit sehr schwach ausgeprägtem Bedürfnis) festzustellen ist wie beim sexuellen Begehren.

Ich sage meinen Studenten immer, wenn sie nur das aus meinen Vorlesungen mit nach Hause nähmen, dann hätten sie ihre Zeit nicht verschwendet. Aus dieser Studie kann man ablesen, worin das Vergnügen besteht, als Paar zusammenzuleben, aber auch die Schwierigkeit, es zu bleiben. Alle Keime der Zwietracht, doch auch die Mittel, sie zu verhindern, sind hier offengelegt.

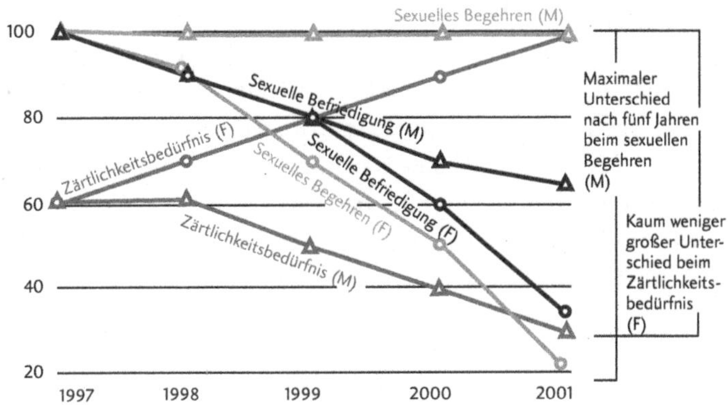

Abb. 4: Eine Abwärtsbewegung
Vergleich der Entwicklungskurven des sexuellen Begehrens, der sexuellen Befriedigung und des Zärtlichkeitsbedürfnisses bei Frauen und Männern

Der Verfasser des Artikels Dietrich Klusmann vertritt einen soziobiologischen Standpunkt und deutet die Ergebnisse nach dieser Theorie, nicht ohne ein paar intellektuelle Verrenkungen. Er behauptet, dass aus evolutionärpsychologischer Sicht die Bindung zwischen zwei erwachsenen Menschen auf die Mutter-Kind-Bindung zurückgehe. Diese Bindung habe also einen nicht sexuellen Ursprung und brauche, um nach der ersten leidenschaftlichen Phase weiterzubestehen, kein intensives sexuelles Begehren. Das weibliche Begehren sei am Anfang intensiv, um den Bindungsmechanismus auszulösen und um ihm die nötige Stärke zu verleihen, damit der Vater in den ersten Entwicklungsjahren des Kindes in der Familie bleibe. Das männliche Begehren bleibe auf hohem Niveau, um die Gefahr der »Karenz« zu verringern, da sonst die Partnerin anderweitig suchen würde, was wiederum der Verbreitung seiner eigenen Gene zuwiderliefe. Die »egoistischen Gene« nach dem Ausdruck von Richard Dawkins,[56] die angeblich nur an ihre Verbreitung denken, würden also eine Falle stellen. Frauen sollen glauben, dass Männer Zärtlichkeiten mögen, und Männer, dass Frauen verrückt nach Sex sind, damit sie aufgrund dieser Täuschungen eine Paarbeziehung eingehen. Dank der Bindung halte diese Beziehung auch so lange an, bis der gemeinsame Nachwuchs ein Alter erreicht habe, in dem er aus dem Gröbsten heraus ist.

Die Soziobiologen verstehen es wirklich, eine romantische und geheimnisvolle Liebesgeschichte so zu analysieren, als handele es sich um die Ergebnisse einer Kommunalwahl!

Die Erklärung hat im Allgemeinen sicherlich ihre Berechtigung, aber sie bildet selbstverständlich nicht die individuelle Geschichte ab. Bei jedem Paar kann die Entwicklung der Beziehung mehr oder weniger stark von dem Schema abweichen, das auf Durchschnittswerten basiert und obendrein eine sehr spezifische Bevölkerungsgruppe untersucht, nämlich junge studentische Paare in Amerika. Interessanter ist für uns der Ansatz, wonach eine Homologie zwischen der Mutter-Kind-Bindung und dem Band, das Verliebte verbindet, zu bestehen scheint. Die Neuroanatomie der romantischen Liebe und die Mutter-Kind-Bindung betreffen, wie wir wissen, benachbarte, wenn nicht gar sich überlappende Hirnareale. In einem Artikel zu diesem Thema[57] erinnern uns die Forscher, dass sie zwar einige Unterschiede feststellen können, dass es sich aber doch um dieselben Zonen handelt, die durch das Foto des eigenen Kindes oder das Foto der geliebten Partnerin aktiviert werden.

Zwei typische Mechanismen wirken hier zusammen. Zunächst einmal ist es so, dass in beiden Fällen diejenigen Areale, die für das kritische Denken, für die negativen Gefühle und für die Vorstellungen anderer von uns verantwortlich sind, nicht aktiviert werden. Die Strukturen des Belohnungssystems und die Wurzeln des Gefühls der Dankbarkeit sind jedoch stark erregt. Alle diese Areale haben sehr viele Rezeptoren für Oxytocin. Liebe und Bindung teilen sich also ihre Neurotransmitter, sie haben dieselbe Lage, und sie sind ihrer Natur nach ambivalent: Angst und Lust. Durch sie wird die Angst in Schach gehalten und die Lust verstärkt. Wir haben es mit zwei unterschiedlichen Beziehungen zu tun, die aber eine gemeinsame Wurzel haben. In der neurowissenschaftlichen Forschung tendiert man dazu, bei einer einmal hergestellten Beziehung eher von einem graduellen als von einem wesensmäßigen Unterschied zu sprechen, wenngleich Ausgangspunkt, Determinanten und Verlauf sehr unterschiedlich ausfallen. Das ist der Tanz aus Sexualität, Liebe und Bindung.

Sexualität kann ohne Liebe und ohne Bindung auskommen, dafür gibt es zahlreiche Beispiele in der Tierwelt und in der menschlichen Gesellschaft. Auch Bindung ohne Sexualität ist möglich, wie die Bindung zwischen Mutter und Kind oder zwischen Adoptierendem und Adoptiertem belegen. Schließlich ist Liebe der Ort, an dem sich bisweilen beides, Sexualität und Bindung, zu einer höchsten Erfahrung vereint. Wenn wir die aktuellen Kenntnisse über Neurotransmitter mit dem verhaltenswissenschaftlichen Befund verbinden, gelangen wir zu einem übergreifenden Schema der romantischen Liebe und können zeigen, dass sie sich in ein bleibendes Band verwandeln kann, sofern sie nicht am Ende der Phase der Leidenschaft stirbt.

Was sich hingegen unserem Verständnis entzieht – und ich weiß nicht, ob wir hier weiterforschen sollten –, ist die Frage, warum es überhaupt zur Begegnung kommt. Aus dem Gesamtbild der physischen, sozialen und individuellen Umstände kann man hinreichend genau ablesen, wer nicht als Liebesobjekt infrage kommt, aber ungleich schwieriger ist es, zu bestimmen, wer es am Ende wird. Man kann das mit dem Urknall vergleichen. Was nach den ersten Augenblicken geschehen ist, kann die Wissenschaft erklären, aber der Ursprung bleibt weiterhin im Dunkel. Und hier ist es ähnlich: Warum er, warum sie? Warum hat dieser Hund, der für den kleinen Jungen gedacht war, nur

Augen für dessen Mutter? Warum lässt sich diese Hündin, die ausschließlich zur Zucht bestimmt ist, nur von der Promenadenmischung decken? Warum verliebt sich Romeo ausgerechnet in Julia, obwohl es doch so einfach gewesen wäre, sich ein Mädchen aus einer mit den Montague verbündeten Familie auszusuchen?

Je nach wissenschaftlicher Denkschule findet man hierzu Gründe: genetische Durchmischung, Fortpflanzungsvorteil, egoistische Gene und so weiter. Alle diese Motive haben etwas Wahres, aber keins gibt eine vollständige Erklärung; und selbst wenn man sie verbindet, wird das Wesentliche doch nicht sichtbar. Doch das ist nicht so schlimm, denn das, was wir zu sehen bekommen, ist schon faszinierend genug!

Fassen wir zusammen: Lassen wir die Alchemie der ersten Sekunden beiseite und gehen wir davon aus, dass der Funke übergesprungen ist. Sie verlieben sich. Die Person, die Ihnen eben noch unbekannt war, erscheint Ihnen einzigartig und begehrenswert.

Die Stimme, der Geruch, die Form der Hände, der Blick, alles an dieser anderen Person erfüllt Sie mit einem noch nie gefühlten Wohlbehagen (ein Dopaminausstoß überflutet den Nucleus accumbens). Noch Jahre später können Sie genau sagen, was das Gegenüber an jenem Tag anhatte, welchen Schal es um den Hals trug, das Getränk, das es gewählt hatte, die Farbe der Tapete des Zimmers, in dem sie sich begegnet sind (der erhöhte Noradrenalinspiegel in den Aufmerksamkeitszentren macht Sie überempfindlich für Einzelheiten der Umwelt). Aber das allein heißt noch nicht verliebt sein, man muss auch blind für Fehler jeder Art werden. Dass sie leicht lispelt, dass er eher klein ist, obwohl Sie doch nur Hochgewachsene lieben, die Kommentare, die über ihn zirkulieren, seine Armbanduhr mit dem Enblem, das ihn als Fan eines bestimmten Fußballvereins ausweist – alles, was Sie eigentlich abstoßen sollte, wird ausgeblendet (der Serotoninspiegel in den kortikalen Zonen des kritischen Verstandes ist rasant gesunken). Sie sind hypnotisiert von dieser warmen Stimme, von diesen Blicken aus Samtaugen, von diesem Parfum, das noch nach Jahren Ihr Begehren weckt, von dieser Haut, die Ihnen verheißungsvoll zart erscheint (vom Dopamin sensibilisiert, sind die Oxytocinrezeptoren jetzt aktiviert und lösen den Bindungsmechanismus aus). Sie fühlen sich glücklich, geradezu euphorisch, und das werden Sie nach dem ersten Beischlaf noch mehr sein, sofern nichts das Fest des Fleisches gestört hat (Oxytocin und die Endorphine sorgen zusammen für ein Hochgefühl).

Von nun an sind Sie »süchtig«! Ich verwende dieses Wort mit Absicht, denn die Endorphine sind die endogenen Entsprechungen des Morphiums aus der Familie der Opiate. Sobald Sie wieder aus Ihrem Hochgefühl »herunterkommen«, haben Sie nur eines im Sinn, nämlich so rasch wie möglich den Menschen wiederzusehen, dessen Nähe Sie glücklich macht und dessen Abwesenheit Ihnen Leiden bereitet.

Diese Entzugserscheinung ist charakteristisch für die Liebesleidenschaft, an ihr scheidet sich die Spreu vom Weizen: Der andere, der vor ein paar Minuten noch ein Unbekannter war, wird unentbehrlich für das psychische Gleichgewicht. Er ist uns lebenswichtig, daher werden wir alles tun, um wieder seine Nähe zu spüren.

Das haben die Liebe und die Bindung gemeinsam. Einen Mechanismus, der gewährleistet, dass zwei Wesen die Nähe suchen und in ihr bleiben. Die erfinderische und auch in Zeiten des Überflusses sparsame Natur benutzt dieselben Werkzeuge, um zu denselben Ergebnissen zu gelangen. Diese beiden haben sich gefunden, also sorgen wir für ein Wohlgefühl, aktivieren wir das Belohnungssystem, schenken wir bei Berührung reichlich Lust, dämpfen wir bei der Mutter und bei den Liebenden den kritischen Verstand, und geben wir eine Dosis Angst hinzu, wenn der andere sich entfernt.

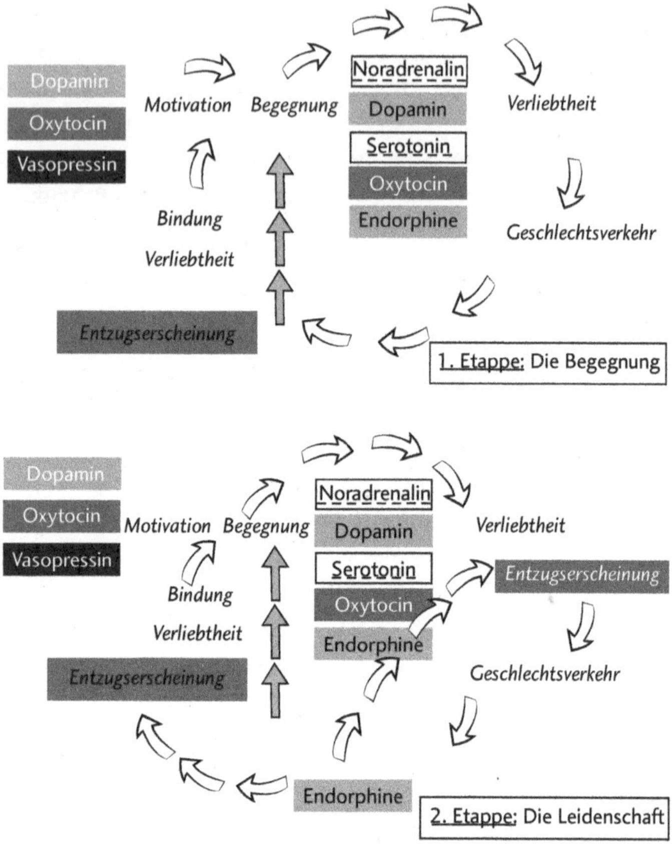

Abb. 5: Kreislauf der Liebe in vier Etappen.
Von der Begegnung zur Bindung – oder auch nicht …

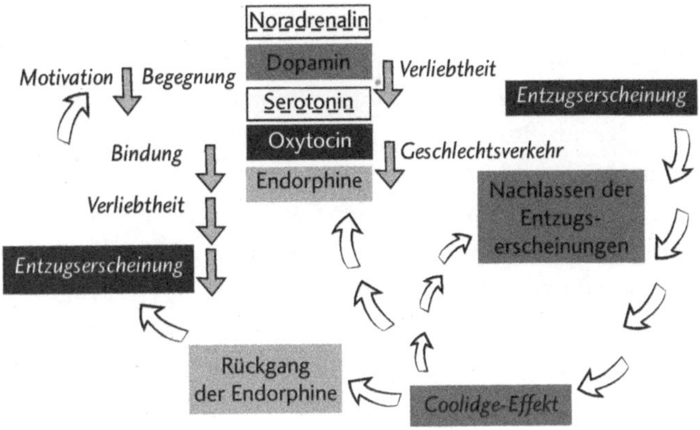

3. Etappe: Das Ende der Leidenschaft

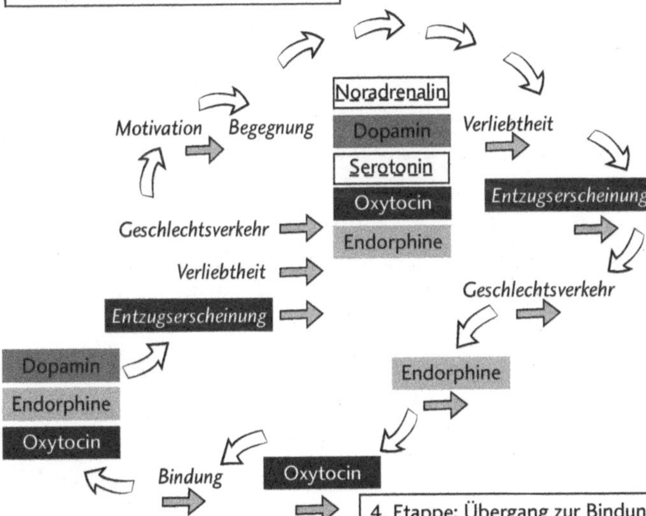

4. Etappe: Übergang zur Bindung

Die beiden Ziele unterscheiden sich durchaus. Bei der Bindung geht es um den Schutz vor Räubern und anderen Gefahren, bei der Liebe um Fortpflanzung. Wir werden noch sehen, wie sich beides ausdifferenziert, aber im Grundsatz handelt es sich um den gleichen Mechanismus.

Die so wunderbar beginnenden Geschichten haben eine Fortsetzung, die nicht so unproblematisch ist. Am Horizont der Bindung steht die Ablösung. Mag die Mutter anfangs nur Augen für ihr Kind haben, mag ihr kritischer Verstand vollkommen ausfallen, mag sie nur an das Wohlergehen denken, so hat das alles ein Ende, sobald das Junge reif geworden ist. In vielen Tiergattungen und selbstverständlich auch beim Menschen besteht die Bindung das ganze Leben hindurch, aber sie ändert ihren Charakter und ist nicht mehr lebenswichtig für den Nachwuchs. Das ist der Grund, weshalb viele Kinder ihre Eltern nicht mehr besuchen. Was zu Beginn der Geschichte undenkbar, ja unmöglich scheint, rückt später immer mehr in den Bereich des Möglichen und Machbaren. Je nach Umfeld und gesellschaftlichen Normen kann das, was anfangs Pflicht gewesen ist, nun zur Option werden. Man kann außerhalb der ursprünglichen Bindung leben, mögen die Schmerzen stark oder erträglich, ununterbrochen oder wiederkehrend sein.

Und die romantische Liebe? Ist die in unserer Kultur verbreitete Vorstellung vom Ehepaar, das ein Leben lang zusammenbleibt und Kinder großzieht, nur ein Luftschloss, oder gibt es Beispiele im Tierreich für dieses Verhalten? Mit anderen Worten: Hat sie eine biologische Grundlage?

Kehren wir zu unserem Schaubild zurück, wo wir stehen geblieben waren, in einem Tumult lustvoller Empfindungen, ohne dass sich leidvolle einmischten. Wer dies schon einmal erlebt hat, wird zugeben, dass die Leidenschaft das Leben in der Gemeinschaft nicht leicht macht. Für die beiden Hauptakteure hat das keine Bedeutung, denn für sie zählt nur der andere, die übrige Welt versinkt. Doch man muss in der Gesellschaft leben. Um dem Augenblick der Trennung etwas von seinem Schmerz zu nehmen, setzt sich ein starker Kompensationsmechanismus durch und mildert das Leiden nach und nach. Das Problem dabei ist, dass nicht nur die negativen Effekte gedämpft werden. Nun ist der Augenblick des Wiedersehens auch nicht mehr so beseligend. Dass sich das Liebesband abschwächt, hat auch eine Verringerung der sexuellen Befriedigung zur Folge, wie wir am Beispiel der amerikanischen Studentenpaare schon gesehen haben. Dieses Phänomen wird »Coolidge-Effekt« genannt, und zwar nach dem dreißigsten US-amerikanischen Präsidenten Calvin Coolidge (1872–1933). Die Anekdote erzählt, dass der Präsident zusammen mit seiner Gattin eine Hühnerfarm besucht hat. Jeder wird getrennt durch den Hof geführt. Dabei sieht die First Lady, dass ein Hahn mehrmals hintereinander kopuliert. Sie spricht den Hühnerzüchter darauf an, und dieser bestätigt ihr, dass dies ein Dutzend Mal pro Tag vorkommen könne. »Sagen Sie das meinem Mann«, sprach's, und die Anweisung ward wenig später ausgeführt. Der Präsident erkundigte sich, ob es sich stets um dieselbe Henne handele. »Nein, jedes Mal eine andere«, lautete die Antwort. Darauf der Präsident: »Sagen Sie das meiner Frau.« So jedenfalls erzählt es der Ethologe Frank A. Beach (1911–1988), dem wir diesen Begriff verdanken.

Das Amüsante daran ist, dass dieser Präsident wohl kein Lebemann war, aber Mr. und Mrs. Coolidge dennoch ein harmonisches Paar bildeten, denn der Präsident schreibt in seiner Autobiografie über seine Ehefrau: »Wir dachten, dass wir wie füreinander geschaffen waren. Fast ein Vierteljahrhundert lang hat sie mit meinen Schwächen vorliebgenommen, und ich habe mich an ihrer Anmut erfreut.«[58] Offenbar war er kein Opfer des Effekts, der seinen Namen trägt.

Worin besteht nun dieser Effekt? Der männliche Organismus hat nach der Paarung eine Phase der Erschlaffung, die aber geradezu spektakulär verkürzt werden kann, wenn er einer anderen Sexualpartnerin begegnet. Gewohnheit, um nicht zu sagen Überdruss, vermindert die Motivation, das Neue hingegen regt das Begehren wieder an. Diese Wirkung ist bei vielen Lebewesen ganz unterschiedlicher Gattungen nachgewiesen – von den Insekten über die Vögel bis zu den Säugetieren. Bei den Männchen scheint der Effekt deutlicher zu sein, obgleich auch die Weibchen ähnlich reagieren, da bei ihnen mehrere Mechanismen vorhanden sind, um mehrmalige Paarungen mit ein und demselben Partner zu verhindern. Ist die Rede von der ewigen Liebe also eine Lüge? Gibt es dergleichen gar nicht? Und doch lehrt ein Blick in die menschliche Gesellschaft, dass es Paare gibt, bei denen die Liebe hält. Und auch im Tierreich gibt es Beispiele dafür. Ehe wir uns fragen, was zur Monogamie und zur Treue (was nicht dasselbe ist) anhält, müssen wir uns den Vorgängen widmen, die eine solche Stabilität begünstigen.

Heutzutage meint es jeder zu wissen: »Die Liebe hält drei Jahre.«[59] Was soll man dann beispielsweise über die Ehe meiner Eltern sagen, die das Jubiläum ihrer sechzigjährigen Ehe gefeiert haben und sich keinesfalls beklagen?

Kehren wir zu dem Schaubild zurück. Wir waren bei der Phase stehen geblieben, wo Trennungsschmerz, aber auch Wiedersehensfreude an Intensität nachlassen. Das ist der kritische Augenblick, der über Zusammenbleiben oder Trennung entscheidet. Bei uns Menschen ist er bekanntlich nach drei Jahren gekommen. Das Kind ist gezeugt und geboren worden, es hat die Geborgenheit mit der Mutter erlebt, hat Laufen gelernt und beginnt mit den anderen Akteuren seines sozialen Lebens zu sprechen. In grauer Vorzeit war nun die Anwesenheit des Vaters nicht mehr erforderlich, und heutzutage ist dank der beruflichen Selbstständigkeit der Frauen und der Familiengesetze eine Trennung ebenfalls möglich. Warum also zusammenbleiben? Zur Erklärung ließen sich viele Faktoren anführen, die nicht in mein

Gebiet fallen und die ich daher hier nicht anführen möchte. Auf jeden Fall ist klar, dass das Paar auch nach dem Flüggewerden der Kinder aus freiem Entschluss zusammenbleiben kann und dass es ihm dabei gutgeht.

Und das ist wieder meine Domäne, denn die Brücke zur Bindung ist evident! Die neuronalen Netze der Bindung sind zu Beginn der Liebesbeziehung aktiv, sie hat an der Festigung der Beziehung mitgewirkt, und sie kann auch dann weiterbestehen, wenn die Leidenschaft mit der Zeit nachlässt. Während uns die berauschte Liebe überrascht und Mechanismen in uns auslöst, über die wir keine Kontrolle haben, wissen wir genau, was die Bindung unterhält. Und man sehe darin keinen Verzicht auf Sexualität. Alles, was das Oxytocinsystem anregt, wobei der Orgasmus ganz oben rangiert, festigt die Bindung.

Während also der Coolidge-Effekt Tag für Tag die Lust erodiert, stabilisieren die Bindungsmechanismen die Wirkung der Endorphine und den Dopaminspiegel. Die Palette der Mittel, die Bindung zu erhalten, zu festigen und zu verschönern, wird sehr groß, und alle langjährigen Paare kennen sie: Es sind vor allem die kleinen Aufmerksamkeiten, die die Bindung stärken, insbesondere wenn sie auch noch die Sinne ansprechen, eine Massage, ein Kuss, ein Strauß der Lieblingsblumen, ein Telefonanruf, der Anblick der geliebten Person. Aus den kleinen Bächen angenehmer Empfindungen werden die großen Flüsse der dauerhaften Bindung. Vorausgesetzt, dass die wohltuende Wirkung nicht durch unpassende Begleitumstände gestört wird. Wenn Blumen ohne einen Gruß in die Vase gestellt werden, wenn teure Geschenke nur gemacht werden, um die sexuelle Begegnung zu »erkaufen«, dann kann schnell der gegenteilige Effekt eintreten. Das menschliche Hirn ist eine fürchterliche Waffe. Es kann nicht immer angenehme Empfindungen und positive Gefühle fördern, aber wenn es darum geht, Harmonie durch kritisches Denken zu stören, ist es unschlagbar.

Für manche wird der Partner, der zu Beginn der Beziehung Gegenstand aller Aufmerksamkeit und Träger aller Qualitäten gewesen ist, mit einem Mal abstoßend. Die Liebe macht blind, die Ehe gibt das Augenlicht zurück! Das trifft auch hinsichtlich der Neurotransmitter zu. Wenn die Hemmung des kritischen Denkens aufgehoben wird (erinnert sei an die Reduktion des Serotonins in bestimmten Frontallappenregionen), springen die Fehler und Mängel plötzlich ins Auge. Immerhin, manche schaffen es auf das andere Ufer, was absolute Leidenschaft war, wird nun tiefes Gefühl. Die Gefühlsintensität ist nicht die gleiche, aber allein schon die Möglichkeit ist ein Genuss.

Wir dürfen auch nicht rührselig werden. Die Paare, die ihr Leben lang zusammenbleiben, sind keine weltfremden Menschen, die hinter den sieben Bergen leben, sich ständig Nettigkeiten sagen, über Blütenteppiche ins Schlafzimmer gehen, sich erst eine Partnermassage gönnen und dann in einen beseligenden Liebesakt gleiten. Vergessen wir auch nicht, dass Gefahrensituationen die Bindung auslösen. Alles, was Unruhe oder Schmerz verursacht, bindet Menschen aneinander in widersprüchlichen Situationen, wenn die einzige Person, die den Trost der Bindung spendet, zugleich diejenige ist, die durch ihre ablehnende Haltung, ihre Feigheit oder ihren Betrug auch Leiden verursacht. Wir bestimmen nicht darüber, was uns bindet, und wir können ohne Bindung nicht leben. Auf dieser Grundlage versucht jeder einen Kompromiss zu schließen und so gut zu leben, wie es eben geht.

Sie haben es schon geahnt, nun wissen Sie es. Wenn ich einer Beziehung, die ein Leben lang hält, ebenfalls den Namen »Liebe« gebe, dann heißt dies, dass es nicht das Gleiche ist wie zu Beginn oder am Ende. Die Geschichte eines lange Zeit glücklich lebenden Paares ist der gelungene Übergang zwischen zwei positiven Beziehungsformen. Leidenschaftlich Liebende geben sich manchmal selber den Tod, um nicht allein weiterleben zu müssen, alte Paare haben das nicht nötig. Es ist gar nicht so selten, dass das

Leben des einen Ehepartners, der den anderen überlebt, aus unersichtlichen Gründen nach kaum einem Jahr ebenfalls endet. Beide Beziehungsformen haben eine gemeinsame neurologische Grundlage, auf die sich die Bindung stützt.

Die Sexualität als unwiderstehlicher Reiz der Anfänge der Liebe fördert die Beziehung und ermöglicht vorrangig die Fortpflanzung. Sie kann aber auch zu einer dauerhaften Bindung beitragen. Unsere heutige Kultur erinnert sich an die Spuren einer jahrtausendealten Weisheit: Lust empfinden macht glücklich und erhöht die Wertschätzung für den anderen, was wiederum die Beziehung stärkt. Das mag erklären, warum heutige junge Leute dauerhaftere frühe sexuelle Erfahrungen haben als vorangegangene Generationen. Heute werden sexuelle Beziehungen leichter eingegangen, sie gelten bei gegenseitigem Einverständnis als erlaubt, und sie stehen nicht mehr unter der Furcht vor ungewollter Schwangerschaft – all dies fördert Lust und Bindung gleichermaßen. Statt sich aus Enttäuschung nach drei Tagen oder drei Wochen zu trennen, bleiben heute ganz junge Paare Monate, manchmal Jahre zusammen. Ich wüsste nur zu gern, ob es nicht der Druck der sozialen Umwelt, der Blick der Gleichaltrigen, die Meinung der Eltern ist, die sie zur Trennung drängen im Namen einer Freiheit, die oft den bitteren Geschmack der Einsamkeit hat.

Die Bindung nimmt dann die Stelle der Sexualität ein, und statt einer Folge wird sie zur Ursache der Beziehung. Das Dasein des Partners, seine Aufmerksamkeiten, das Vergnügen, ihm Lust zu bereiten, sind Gründe genug für eine sexuelle Vereinigung, die nicht mehr von Leidenschaft diktiert wird, aber deren vorhersagbarer Lustgewinn die Bindung stärkt. Wir haben jedoch gesehen, dass die Sexualität nur eine von mehreren Säulen der dauerhaften Paarbeziehung ist, ja dass sie zumindest bei manchen Paaren ganz fehlen kann und die Liebe trotzdem hält und die Bindung fest ist. Und wir wissen auch, dass die Sexualität nicht immer nur Lust bringt, sondern auch gleichbedeutend mit Enttäuschung und gegenseitigem Missverstehen sein kann. Die Gründe für das Scheitern einer Beziehung sind zahlreich: Die Lust bleibt aus, man fühlt sich genötigt und benutzt, fehlende Aufmerksamkeit, systematische Abwertung, Enttäuschungen, die weitere Enttäuschungen hervorbringen, und damit einhergehend das Nachlassen des Begehrens.

Wie uns das Beispiel der amerikanischen Studentenpaare gelehrt hat, kann das Nachlassen des Begehrens durch Zunahme der Zärtlichkeit zumindest bei den Frauen ausgeglichen werden, sofern sich die Beziehung seit Jahren als stabil erwiesen hat.

Wir haben jedenfalls keine Zweifel an der Homologie. Freilich wirft diese Feststellung andere Fragen auf. Wenn dieselben Hirnareale aktiviert sind, was unterscheidet dann Mutter- und Geschlechtsliebe? Wie werden diese Beziehungen geknüpft? Führt diese Austauschbarkeit bei den Tieren dazu, keinen Unterschied zu machen und zum Beispiel die Inzestschranke zu überschreiten?

Das Tier im Menschen

Neben den Vorlesungen im Rahmen des Diplomstudiengangs Sexualwissenschaften bin ich auch zu einem Kongress eingeladen worden, der am Centre Hospitalier La Timone in Marseille abgehalten wurde und der den Titel »Sexuelle Gewalt innerhalb der Familie« trug. Hinter diesem ernsten und aktuellen Thema verbirgt sich viel Leid. Für einen Veterinär ist es nicht leicht, hier seinen Platz zu finden. Die Analogien zwischen Tier- und Menschenwelt werden entweder als unpassend angesehen, oder sie lösen das blanke Entsetzen aus. Ich beschränke mich daher immer darauf, lediglich zu zeigen, ohne beweisen zu wollen. Ich gebe jedem Teilnehmer ganz nach seinem Empfinden, seinem

Wissen und seinen Überzeugungen die Möglichkeit, Brücken zu schlagen und Ähnlichkeiten zu nutzen. Der Kongress wurde von einem Ratsmitglied der Stadt eröffnet. Die Dame hat mir unabsichtlich das Stichwort geliefert, als sie uns aufforderte, nach Lösungen zu suchen, um »die Bestie in uns zu entfernen«. Wenn es überhaupt ein Thema gibt, zu dem uns die Tiere ein anschauliches Beispiel geben, dann zur Vermeidung des Inzestes! Das Zerrbild des tierischen Geschlechtslebens, das angeblich vor verwandtschaftlichen Schranken nicht haltmacht, ist uns aufgedrängt worden, und es ist falsch. Hintergrund hierfür ist das Verhalten von in Gefangenschaft gehaltenen Tieren, die keine Möglichkeit haben, das ihnen natürliche artgemäße Verhalten zu zeigen. Wissenschaftler und Laienpublikum haben aus dem Verhalten solcher Tiere Schlüsse gezogen, die nur ihre bereits bestehenden Vorurteile bestätigten. Tiere, so die Meinung, seien ihren Instinkten ausgeliefert und würden, da ihnen Religion und Moral fehlten, keine Schranken kennen. Diese Auffassung sagt mehr über den Menschen aus und seine Furcht vor Entgleisungen als über die Natur der Tiere.

Würde Claude Lévi-Strauss (1908–2009) heute forschen, könnte er das Inzestverbot nicht mehr als die Errungenschaft des Menschen hinstellen: »Vor ihr [der Inzestschranke] ist die Kultur noch nicht existent; mit ihr hört die Natur auf, beim Menschen unumschränkt zu herrschen.«[60] Man staunt immer wieder, wie viele Wissenschaftler sich auf seine Worte berufen und als eine Tatsache hinstellen, dass der Mensch die einzige Gattung sei, in welcher der Inzest vermieden werde. »Das Inzestverbot ist das Verfahren, mit dem die Natur sich selbst überwindet; es ist der Funke, der eine neue und komplexere Struktur entstehen lässt, welche die einfacheren Strukturen des psychischen Lebens überlagert und integriert, so wie diese die noch einfacheren Strukturen des tierischen Lebens überlagern und integrieren. Es zeitigt und ist selber die Heraufkunft einer neuen Ordnung«,[61] schreibt der Anthropologe weiter. Lévi-Strauss sieht in dieser Regel eine Form der Gabe, ein notwendiges Bündnis unter den Gruppen durch den Austausch der Frauen, mit einem Wort eine Intention, die keinen Notwendigkeiten der Natur unterliegt.

Dabei genügt es, das Verhalten der Tiere in freier Wildbahn zu studieren, um zu der Erkenntnis zu gelangen, dass in den meisten höher entwickelten Gattungen der Inzest wenn irgend möglich vermieden wird. Norbert Bischof hat folgende Zusammenstellung der Strategien zur Vermeidung des Inzests im Tierreich veröffentlicht:[62]

	Familienauflösung	**Unterbindung der Sexualität**
Exogene Phänomene	Verschleppung, Vertreibung	Drohung, Verweigerung
Endogene Phänomene	Isolierung, Emanzipation	psychologische Kastration, Infantilisierung

Die finalistisch denkenden Soziobiologen werden darin ein Mittel sehen, die Gefahr auftauchender letaler Erbdefekte zu minimieren. Das Auftauchen solcher Defekte wird durch die Fortpflanzung unter engen Verwandten begünstigt, die oft Träger der gleichen Allele sind. Der Inzest ist also eine schlechte evolutionäre Strategie, die dem Überleben und der Fortentwicklung der Art nicht förderlich ist. Dies kann sogar in Form einer Variablen angegeben werden, der so genannten Inzuchtdepression. Die Inzuchtdepression kann in vielen Tierarten festgestellt werden (auch bei Pflanzen, aber das ist nicht unser Thema). Sie zeigt sich in einer Reduktion der Überlebensvorteile und der Anpassungsfähigkeit bei Nachkommen aus ingezüchteten Populationen im Vergleich zu Nachkommen aus nicht miteinander verwandten Individuen. Die Inzuchtdepression (die von 3 bis 90 Prozent variiert, zwischen dem Sumatratiger, der wenig anfällig, bis zum braunen Maki, der sehr anfällig ist) wird als Ursache für das Verschwinden kleiner Populationen verantwortlich gemacht. Als typisches Beispiel für dieses Risiko unter den Menschen dienen die »Alpenkretins«, die heute verschwunden sind. Bei ihnen kamen ungünstige Umweltbedingungen (Jodmangel im Salz) und Endogamie (Eheschließungen unter nahen Verwandten) als Folge der Abgeschiedenheit dieser Bergdörfer zusammen. Ohne den Fortschritt in der Medizin und ohne die Erschließung durch Verkehrswege hätte die gesamte lokale Bevölkerung aussterben können.

Unter Tieren ist die Regel also die genetische Vermischung zum frühestmöglichen Zeitpunkt. Die von Bischof aufgeführten Strategien sind zahlreich und vielgestaltig. Für die Arten, die uns hier beschäftigen, können wir sagen, dass alle auf die eine oder andere Weise den Inzest im natürlichen Habitat vermeiden.

Bei Katzen, die fortpflanzungsfähig sind und nicht in einer Zucht gehalten werden, sind viele Sexualpartner üblich. Zahlreiche Spermatozoen konkurrieren miteinander, was viele ungleiche Gameten zum Ergebnis hat. Beim Hund spielen zwei Phänomene zusammen, die in der freien Wildbahn zu einer quasi ausschließlichen Reproduktion des Leitpaares des Rudels führen. Wenn junge Hündinnen (die mit einer gewissen Wahrscheinlichkeit die Töchter des männlichen Alphatieres sind) in die Pubertät kommen, wird ihre Läufigkeit durch die Pheromone der dominierenden Hündin blockiert. Damit sind sie wenig attraktiv für die Rüden. Wenn die männlichen Jungtiere zeugungsfähig werden, drückt sie das Alphatier an den Rand und verwehrt ihnen den Zugang zu den fortpflanzungsfähigen Hündinnen. Die Rüden müssen sich entweder in jahrelangen Kämpfen einen Platz im Zentrum des Rudels erobern, und in diesem

Fall dürfte ihre Mutter kaum noch fortpflanzungsfähig sein, oder, und das ist das Normale, sie wechseln das Rudel und suchen sich dort eine Partnerin. Auf diese Weise ist eine genetische Durchmischung gewährleistet.

Bei den Delfinen ist dies ungleich schwieriger zu sagen. Ihr Leben in den Weiten der Meere und ihre häufigen sexuellen Spiele machen es nicht leicht, die Vaterschaft zu bestimmen. Immerhin zeigen neueste Untersuchungen der DNA der Delfinkolonie von Shark Bay, dass eine gewisse Inzucht vorherrscht.[63] Nachdem ich schon den Mythos des kinderlieben Flipper mit den Belegen für Infantizid beschädigt habe, zögere ich, nun auch von seinem Sexualverhalten zu sprechen, denn auch das macht ihn nicht gerade sympathisch. In der oben erwähnten Kolonie haben die Wissenschaftler häufig beobachtet, wie Gruppen von männlichen Delfinen die Weibchen nötigen, sich mit ihnen zu paaren. Für die Wissenschaftler ist das eine Teilerklärung für das Inzuchtrisiko. Ein Männchen hat seine volle sexuelle Leistungsfähigkeit ab dem dreißigsten Lebensjahr erreicht, während die Weibchen ihre beste Fruchtbarkeitsrate um das zwanzigste Lebensjahr haben. In der Gruppe der bis zu zehn männlichen Delfine, die Jagd auf Weibchen machen, könnten sich ein Halbbruder, ein Onkel, ja sogar der Vater des in die Enge getriebenen Weibchens befinden. Die Studie hält noch ein erstaunliches Ergebnis bereit: Es besteht eine Korrelation zwischen Inzucht und der geringeren Reproduktionsrate, ausgedrückt in der Zahl der Kleinen im Lauf des Lebens. Das hängt mit dem erst sehr späten Abstillen zusammen, als ob dieser Nachwuchs nicht aus der Kinder- und Jugendzeit herauskäme.

Bei der Lektüre dieses Artikels habe ich mich gefragt, welche Schlussfolgerungen die Wissenschaft daraus für die Entwicklung der menschlichen Gesellschaft zieht. Nimmt man dieselben Kriterien zu Hilfe, dann haben Frauen in der westlichen Welt deutlich weniger gute Geburtsraten als Frauen aus anderen Kulturen, und sie haben die Tendenz, ihre Kinder viel länger bei sich zu behalten. Wir empfinden das wahrscheinlich als einen Fortschritt, wohingegen die Wissenschaft im Fall der Delfine darin nur einen Rückgang der Reproduktionsfähigkeit feststellen kann. Die Lebensqualität und die Qualität der Beziehung sind Parameter, die noch nicht auf die Delfine angewendet werden, geschweige denn die mögliche Wahl, weniger Nachwuchs zu haben und sich länger um jeden Einzelnen zu kümmern.

Freilich bleibt es dabei, dass diese Meeressäuger, die wir für ihre kognitiven Leistungen und ihre großartige Anpassung an das Leben im Wasser bewundern, nicht zum Vorbild taugen, wenn es um einvernehmlichen Geschlechtsverkehr geht. Soll man einen Zusammenhang annehmen zwischen fehlender väterlicher Kinderpflege und brutaler Sexualität, die Vergewaltigung und Inzest einschließt? Mir scheint insbesondere, dass wir noch nicht alles wissen. Diese Tierart lässt der Bindung, dem physischen Kontakt, ja dem erotischen Spiel viel Raum. Die jungen Delfine bleiben jahrelang in Kontakt mit ihrer Mutter. Zwar haben wir keinen Anlass, an den Nötigungen und Gewalttätigkeiten in Delfinschulen zu zweifeln, aber das Wesentliche könnte uns immer noch verborgen bleiben. In Artikeln wird mehrfach als Erklärung für die Inzucht vorgeschlagen, dass dies eine bewusste Entscheidung der Delfinweibchen sein könnte, doch wird die Hypothese nicht weiterverfolgt. Mich lässt dieser Gedanke träumen ... Ich stelle mir Delfinweibchen vor, die aus ihrer Kindheit die Erinnerung an Lust am Kontakt und an sexuellen Spielen bewahrt haben und sich nun für weniger Kinder, aber eben bewusst gewählte Partner entscheiden. Ist das utopisch? Nicht ganz. Inzucht gibt es tatsächlich, aber sie betrifft vor allem die jüngsten Weibchen, die der sexuellen Nötigung wenig entgegenzusetzen haben. Mit dem Alter und wachsender Erfahrung stellt sich die aktive Rolle des Weibchens heraus. Auf jeden Fall nimmt die Inzucht der Kleinen ab.

Verbesserte Beobachtungsmethoden in den Tiefen der Ozeane und die Möglichkeiten der genetischen Typisierung sollten in den nächsten Jahren weitere Erkenntnisse liefern, und ich wette, dass positivere Entdeckungen gemacht werden. Wegen unserer beschränkten Sicht nehmen wir nur Brutalität wahr – wie ein Außerirdischer, der, wenn er aus großer Entfernung unseren Planeten beobachtete, nur Krieg und Verwüstung sähe, dem aber die große Solidarität und die Liebe, die die Menschen ohne Pulverdampf und Kanonendonner vereinen, schlicht entginge.

Nun zu unseren Vettern, den Affen. Wenn sie in ihrem natürlichen Lebensraum leben, vermeiden sie den Inzest. Sie sind bereits in dieser »neuen Ordnung«, von der Lévi-Strauss spricht, und sie gehen noch einen Schritt weiter. Bei den Menschen entscheiden die erwachsenen Männer über die Gabe, und das heißt über die Weitergabe der Töchter, Nichten und Schwestern an andere Gruppen. Die Schimpansen machen es ähnlich. Wenn die Männchen im Lauf ihres Lebens nicht die Gruppe wechseln, sind sie Anwärter darauf, von fremden Weibchen als Vater ausgewählt zu werden. Die Weibchen halten sie für sehr attraktiv. Für sie sind diese Männchen eine willkommene Blutauffrischung. Die Reproduktion wird zwar oft vom dominanten Paar sichergestellt, aber auch die nicht etablierten Väter kommen hier zum Zug, sie tragen zur genetischen Durchmischung bei.

Bei manchen Affenarten wie den Bonobos nimmt die Exogamie eine andere, noch höher entwickelte Form an. Der Vergleich mit dem Menschen drängt sich auf, nämlich mit den Kulturen, in denen die Frauen einen höheren Grad an Unabhängigkeit erreicht haben. Bei den Bonobos vergnügen sich die noch nicht geschlechtsreifen weiblichen Jungtiere mit anderen jungen Mitgliedern der Gruppe bei allerhand frivol wirkenden Spielen. Sobald die junge Äffin in die Pubertät kommt, ändert sich ihr Temperament, und sie zeigt sich weniger leichtlebig. Sie beteiligt sich nicht mehr an ausgelassenen Spielen und kehrt ihren Altersgenossen den Rücken. Sie hält sich am Rand der Gruppe auf, und eines Tages verlässt sie sie. Bei den Bonobos ist die Gabe, die Lévi-Strauss ausschließlich für die Menschen beansprucht, nicht das von den Häuptlingen abgesegnete Opfer, sondern die freie Entscheidung der Weibchen. Darin sehen wir einen höheren Grad der Freiheit. Und damit nicht genug. In dieser Art entschärfen die Weibchen viele Konflikte, indem sie Sexualkontakte, auch homosexuelle, anbieten und ausführen. Wir sagen das mit dem nötigen Vorbehalt und gestützt auf Beobachtungen, die in zoologischen Gärten gemacht wurden, in denen die Tiere genug Freiraum besitzen für ein Verhalten wie in freier Wildbahn.

Zu Beginn der Gruppenbildung versuchen die männlichen Bonobos, den homosexuellen Geschlechtsverkehr der Weibchen zu unterbinden. Sie zielen darauf ab, eine ähnliche soziale Ordnung wie bei den Schimpansen aufzubauen, also mit einer männlichen Dominanz. Nach und nach gelingt es aber den Weibchen, ihren Platz in der Gruppe zu erobern und ihre Sexualpraktiken zur sozialen Befriedung durchzusetzen. Dadurch steigen sie zur Führung der Gruppe auf, sie erobern die Macht. Wenn ich provozieren will, sage ich gern, dass wir das fehlende Glied in der Evolution gefunden haben, dazu genügt ein Perspektivenwechsel. Die Bonobos seien das Ziel der Evolution und der Mensch eben das Glied zwischen Schimpansen und Bonobos. Wir sind noch gewalttätig, streitsüchtig, neidisch und besitzgierig wie die Schimpansen, aber manchmal erfinden wir auch neue Formen des Zusammenlebens, die auf Liebe und Sexualität gründen, ganz so wie bei den Bonobos.

Sie ahnen schon, ich meine es nicht ernst, vor allem deswegen, weil wir verschiedene Entwicklungslinien repräsentieren und ich nicht sicher bin, ob wir uns auf einer Endstufe befinden. Die Delfine, die Bonobos und die Menschen entwickeln sich schon lange nebeneinander und erkunden verschiedene Wege der Evolution.

Um den Kreis zu schließen, kommen wir auf die Bindung zu sprechen. Sie ist der wesentliche Faktor bei der Inzestvermeidung. Bei den Arten, in denen das Jungtier lange bei der Mutter bleibt, kommt es vor, dass es paarungsbereit wird und immer noch im Kontakt mit seiner Mutter lebt. Bornierte Geister könnten nun denken, dass dies auf inzestuöse Beziehungen hinausläuft. Aus Beobachtungen an vielen Affenarten geht aber hervor, dass bei ihnen gerade Inzestvermeidung herrscht und zwar, wie die Wissenschaftler sagen, weil die Tiere so etwas wie Verlegenheit zeigen.[64] Balzverhalten gegenüber der Mutter ist unmöglich, weil die Bindung dem entgegensteht. Zu große Nähe hemmt den Reiz. Will man dieses Phänomen genauer bestimmen, muss man auf den Begriff der »Prägung« zurückgreifen.

In vielen Tierarten genügt das schlichte Geborenwerden nicht, um sich zur Art zugehörig zu fühlen. Die Identifikation muss erst zu einem bestimmten Zeitpunkt vollzogen werden. Wir haben dargestellt, wie das beim Hund geschieht und welche subtilen und zugleich tiefen Bezüge zwischen Bindung und Prägung bestehen. Das Bild, das uns die Artzugehörigkeit vermittelt, das uns die Merkmale unserer Herkunft aufprägt, kann nicht sexueller Natur sein. Die Nähe, die in den ersten Augenblicken bis zur Fusion gehen kann, ist der Kern der Bindung. Und sie ist es, die in vielen Tierarten die sexuelle Anziehungskraft ausschaltet.

Die Elefanten, die uns ebenfalls schon eine ganze Weile begleiten, geben Aufschluss über diesen Punkt. Die Tragzeit ist sehr lang (20 bis 22 Monate), die Elefantenkühe gebären erst mit circa dreißig Jahren, und dies wiederholt sich nur im Abstand von mindestens vier bis fünf Jahren. Elefanten leben in Herden, deren Mitglieder zum Teil miteinander verwandt sind, und da stellt sich die Frage, ob in diesen Gruppen ein erhöhtes Risiko der Endogamie besteht. Die Analysen des Erbguts besagen aber, dass es nur sehr wenige Fälle von Inzucht gibt, obwohl weder junge Elefantenkühe noch junge Bullen die Herde verlassen und auch nichts die sexuelle Aktivität zeitlich einschränkt. Mit anderen Worten, die Elefanten erkennen Tiere, mit denen sie verwandt sind, und sie vermeiden es, sich mit ihnen zu paaren.

Wahrscheinlich spielt hierbei die Bindung eine Rolle. Die Zeit mit der Mutter, die Tatsache, dass er in der Bindung an sie die Merkmale seiner Artzugehörigkeit erhalten hat, sind Gründe genug, dass der junge Elefantenbulle keine sexuelle Anziehung hinsichtlich der Mutter spürt. Bei den Elefanten herrscht das Matriarchat, die weiblichen Tiere scheinen weitreichende Entscheidungsmacht zu haben. Da sie Verwandte erkennen können, wählen sie sie nicht als Sexualpartner. Es ist immer wieder amüsant, festzustellen, dass Forscher nur widerstrebend die Hypothese erwägen, die weiblichen Tiere könnten bei der Paarung die Entscheidung treffen. Die Brunst der Bullen ist spektakulär und mit Gewalt verbunden. Mit zunehmendem Alter verlängert sich auch die Brunst von einigen Tagen auf mehrere Monate. Die sonst so friedlichen Tiere werden aggressiv, wenn die Bullen um die Gunst der Kühe streiten.

Bei den Kämpfen der Bullen nahm man anfangs an, sie würden um die ausgewählten Kühe rivalisieren. Neuere Forschungsergebnisse legen den Schluss nahe, dass die Kühe eine wichtige Rolle beim Ausbruch der Kämpfe spielen. Sie suchen diejenigen Bullen aus, die weder Brüder noch Väter sind.[65] Der Kraftaufwand für eine Tragzeit ist so groß, dass die Auswahl der Sexualpartner und die Inzestvermeidung mit der nötigen Sorgfalt vonstattengehen müssen. Es wäre überraschend, wenn in einer matriarchalischen Tiergesellschaft wie dieser – in der erfahrene Elefantenkühe über die Routen, die Weideplätze und Zeiten der Wanderung entscheiden – den männlichen Tieren ausgerechnet die Fragen überlassen blieben, von denen das Überleben der Gruppe abhängt.

Wir sehen also, dass alles in eine Richtung läuft. Die Bindung an die Mutter befähigt erst zum Lieben und erweckt den Wunsch, einen seelenverwandten Partner zu finden, aber sie verbietet, dass die Wahl auf die Mutter fällt. Wenn der Partner gefunden ist, kann die Liebesleidenschaft nach einer gewissen Zeit aufhören oder sich in eine andere Form der Bindung verwandeln. Diese lässt der Sexualität ihren Raum und wird von ihr wiederum gefestigt.

Der Sprung vom Tier zum Menschen ist immer gewagt. Wer einen wesentlichen Unterschied in der Natur des Tieres und des Menschen sieht, wird jetzt schockiert sein, wenn wir behaupten, dass die Kinder der Kibbuzim unfreiwillig die eben erzählte Geschichte illustrieren.

Nach einer Studie über die zweite Generation von Kibbuzmitgliedern ist es unter den jungen Menschen, die ihre ganze Kindheit eng miteinander verbracht haben, weder zur Eheschließung noch zu sonst einer heterosexuellen Beziehung gekommen.[66] Zu erwähnen ist dabei, dass diese jungen Menschen in sozialer und sexueller Hinsicht ein ganz normales Leben geführt haben. Sie haben geheiratet, Kinder in die Welt gesetzt und sind wieder geschieden worden, ganz wie der Rest der Bevölkerung. Einziger Unterschied: Sie haben kategorisch vermieden, ihre Altersgenossen aus dem Kibbuz als Sexual- oder Ehepartner zu wählen. Der Verfasser der Studie betont die Wichtigkeit der Tatsache, dass alle zwischen null und sechs Jahren gemeinsam aufgewachsen sind, und setzt dies mit dem Phänomen der Prägung in Bezug. Dass Prägung und Bindung zusammenhängen, braucht nicht mehr bewiesen zu werden.

Die Bindung und die damit einhergehenden gemeinsamen sensorischen Reize der Kindheit verhindern, den anderen als verschieden wahrzunehmen. Heute wissen wir um die Rolle des Hauptgewebeverträglichkeitskomplexes und erkennen die Wichtigkeit der Sinne und hier an erster Stelle die des Geruchssinnes.

Jeder Mensch hat einen unverwechselbaren Geruch, der sich ebendiesem Komplex verdankt, und das könnte den Hinweis auf eine mehr oder weniger große Verträglichkeit geben. Die in der Kindheit wahrgenommenen Gerüche sind unentbehrlich für das Wissen um unsere Identität und um unsere Herkunft. Wir müssen wissen, von welcher Art, aus welcher Familie wir stammen und mit wem wir keine Nachkommen zeugen dürfen, ganz gleich, ob wir Elefanten, Delfine, Hunde, Affen oder eben Menschen sind.

Allen, die unbedingt an dem wesentlichen Unterschied zwischen Mensch und Tier festhalten wollen, sei gesagt, dass sie nicht mehr auf die Inzestschranke pochen können. Tiere und Menschen verhalten sich im Hinblick auf die sogenannte »Blutschande« ähnlich. Die Grundlage der Moral, auf die wir zumindest in den westlichen Kulturen so große Stücke halten, ist biologisch und geht auf graue Vorzeit zurück. Der Inzest ist eine denkbar schlechte Lösung, die so gut wie nie zum Wohl der Arten gereicht. Prägung und Bindung verhindern, dass das sexuelle Verlangen zwischen Verwandten erwacht, die in einem ständigen sensorischen Kontakt groß geworden sind. »Wenn ich dich als Mutter oder Schwester geliebt habe, verbindet sich alles, damit du kein Sexualobjekt für mich wirst.« Erst in Gefangenschaft, also wenn die freie Objektwahl fehlt, sind Tiere genötigt, sich über die Inzestschranke hinwegzusetzen. Analog können psychische Störungen manchmal Menschen dazu führen, das universelle Inzestverbot zu brechen, auch ihnen ist die Freiheit der Objektwahl genommen. Doch damit betreten wir ein Gebiet, auf dem uns die Tiere nicht mehr von Nutzen sein können.

Sie zeigen uns die Kraft und die Schönheit der Liebe, denn die Liebe beflügelt uns, anderswo zu suchen. Während die Bindung Wohlbefinden und Sicherheit spendet, drängen das Liebesgefühl und die sexuelle Anziehungskraft zur Suche nach neuen Ufern. Hat sie Erfolg, stellen sich Befriedung und Sicherheit ein. Die Bindung, die am Anfang den sicheren Kokon der Kindheit abgab, kann diese Rolle auch im vorgerückten Alter spielen. Doch zuerst muss die Erfahrung der Fremde und des anderen bestanden werden. Lohnen sich aber die vielen Risiken, die wir auf uns nehmen, lohnt es sich, aus der heimatlichen Gruppe herausgerissen zu werden und in die Fremde zu gehen, nur um unseren Genen den Gefallen zu tun, sich vermischen zu können? Das gesuchte andere Wesen, das wie aus dem Nichts auftaucht und manchmal sogar bei den Feinden gewählt wird, bleibt es wenigstens für immer bei uns? Wir könnten also den Tieren folgende Frage stellen: »Gibt es bei euch Beispiele für Treue?« Ist die Monogamie eine biologische, soziale oder kulturelle Lebensform?

Je mehr Stellenwert wir der Liebe und der Bindung geben, desto schwerer fällt es, die Vorstellung des Verlusts hinzunehmen. Freilich, in allen Arten, sogar bei den Vögeln, die einen so guten Leumund haben, hegen die Weibchen immer eine Neigung für den Fremden mit der goldenen Kehle, den gefälligen Proportionen und dem kunstvoll errichteten Nest, vor allem aber, weil er den undefinierbaren Reiz des Fremden hat. Für ihn entbrennen sie in Liebe – zum Wohl der ganzen Art und zum Vergnügen der Einzelnen.

Treu sein, das liegt mir nicht

Entweder wussten Sie es schon, oder Sie haben es im Verlauf unserer gemeinsamen Reise in die mitunter sehr verschiedenen Regionen der praktischen Tierbeobachtung und der Entdeckungen der Wissenschaft längst verstanden: Trotz energischem Willen zur Objektivität ist die Wissenschaft vom Geist und der Moral ihrer Zeit geprägt. Wissenschaftliche Untersuchungen nehmen ihren Ausgang in den Köpfen der Forscher, und die werden in einem bestimmten Land und in einer bestimmten Epoche geboren. Dort werden sie sozialisiert, und dort lieben sie. Die

Treue gehört zu jenen Begriffen, die nur schwer objektiv definiert werden können, so sehr sind sie mit Gefühlen und sozialen beziehungsweise religiösen Vorstellungen und Erwartungen befrachtet. Wenn die Treue eine Errungenschaft von Kultur und Religion ist, dann stellt sich die Frage für die Tiere gar nicht. Sollte sie aber ebenso ein Faktor in der Evolution sein, dann könnten ihre Wurzeln auch in anderen Gattungen zu finden sein und nicht nur bei uns Menschen. Und hier bietet sich wieder die Gelegenheit zur Erkenntnis, dass das, was man als Spezifikum des Menschen angesehen hat, auch in der Natur und sogar noch reiner angelegt ist.

Ja, gewiss, werden Sie einwenden, aber die Tiere haben ja keine Wahl. Entweder werden sie in monogamen Arten geboren oder eben nicht, in jedem Fall aber entfaltet sich hier lediglich ihr genetisches Programm. Also gibt es für sie nicht die Freiheit, mono- oder polygam zu leben. Die Schönheit, nur ein einziges Wesen aus freiem Entschluss und nicht aus Naturnotwendigkeit zu lieben, existiert für sie nicht.

Wirklich? – Ich bin mir da nicht sicher.

Zweifellos können wir behaupten, dass die Tiere nicht wie Menschen über die Fähigkeit zur Selbstreflexion verfügen. Aber ihnen deshalb jede Form der Entscheidung im Leben abzustreiten, zum Beispiel in der Wahl des einen oder der mehrerer Partner in ihrem Fortpflanzungs- oder in ihrem sozialen Streben, das scheint mir voreilig und nicht hinreichend begründet zu sein.

Die Naturphilosophen und später dann die Wissenschaftler haben die Frage der Treue im Tierreich aufgeworfen, und ihre Antworten beweisen, wie sehr unsere vorgefassten Meinungen unser Wissen beeinflussen. Nehmen wir das Beispiel der Vögel. Es hat dreißig Jahre gedauert, bis die herrschende wissenschaftliche Anschauung gefallen ist, wonach 90 Prozent der Vogelarten monogam und treu lebten.

Im Jahr 1968 vertrat der englische Evolutionsbiologe David Lack (1920–1973) die These, dass 93 Prozent der Sperlingsarten monogam lebten und Polyandrie bei ihnen nicht vorkomme.[67] Diese Auffassung wurde von der gesamten Wissenschaftsgemeinde übernommen. Dann bringen die Fortschritte in der Technik der Sequenzierung der DNA einige neugierige Geister auf die Idee, die Lehre von der Treue der Vögel zu überprüfen. Und das Ergebnis ist eine Überraschung. Zur Beschreibung des ermittelten Befundes müssen die Begriffe EPC (*extra-pair copulation* [»Sexualverkehr außerhalb der Paarbeziehung«]) und EPP (*extra-pair paternity* [»Vaterschaft außerhalb der Paarbeziehung«]) definiert werden. Mit ihnen kann man es heute so ausdrücken, dass 90 Prozent der als »treu« geltenden Arten in Wirklichkeit sehr hohe EPP-Raten aufweisen.

Beim Prachtstaffelschwanz (Malurus cyaneus) wurde nachgewiesen, dass 72 Prozent der Vogeljungen aus einer Befruchtung außerhalb der Paarbeziehung stammten und dass in 96 Prozent der Gelege mindestens ein Jungvogel einen anderen Vater hatte als den vermeintlichen, den »offiziellen« Partner des Weibchens. Ohne solche Extremwerte zu erreichen, haben auch ein Viertel der monogamen Sperlingsarten eine EPP-Rate von über 25 Prozent.[68]

Die Wissenschaftsgemeinde hat sich wieder gefasst, allerdings war eine subtile Unterscheidung vorgenommen worden. Da der Begriff »Monogamie« keinen einheitlichen Tatbestand mehr beschrieb, waren zwei Unterbegriffe nötig, zwei Schwestern, die nicht immer friedlich zusammenleben dürften: die soziale Monogamie und die genetische Monogamie. Nun begann das große Aufräumen. Für fast alle Arten, die als monogam und treu galten, wurden genetische Typisierungen durchgeführt, und die Veröffentlichung jedes neuen Artikels feierte man wie die Eroberung einer belagerten Stadt. Von der einstigen herrschenden Lehre blieben bald nur noch Trümmer übrig.

Abb. 6: Ein schöner untreuer Vogel
Beim Prachtstaffelschwanz (Malurus cyaneus)
erreicht die EPP-Rate Rekordhöhe

Bleiben noch die Schwertwale, diese Giganten der Meere, die die Fantasie der breiten Masse seit dem Film »Orca« und auch schon lange vorher beschäftigt haben. Sie leben, so heißt es, streng monogam und sollen, wenn ihnen Waljäger die Lebensgefährtin, womöglich nebst Kind, wegnehmen, aus Wut und Schmerz über den Verlust zu bitterer Rache an den Menschen fähig sein. Fantastische Vorstellungen! Viel Forschungsarbeit war nötig, um die Frage zu klären, wie sich die Sexualität der Schwertwale gestaltet. Ihre angebliche Treue stützt sich auf die Tatsache, dass bei ihnen weder die männlichen noch die weiblichen Jungtiere aus der Gruppe vertrieben werden. Vielmehr bleiben sie von Geburt an gern in ihrer ursprünglichen Gruppe. Schwertwalpopulationen, die dasselbe Revier bewohnen, haben unterschiedliche genetische Marker. Noch stärker fallen die Unterschiede zu den durchwandernden Schwertwalen auf, woraus man schließen kann, dass kein Gen-Austausch mit ihnen stattfindet. Schwertwale pflanzen sich aber nicht innerhalb der ursprünglichen Gruppe fort und auch nicht in den Untergruppen, die sich durch gemeinsame Lautsignale verständigen. Für eine Schwertwalkuh ist der schöne Fremde einer, der nicht wie die anderen pfeift und ruft. Und mit ihm wird sie sich paaren und den Bestand der Population sichern, aber dann lässt sie ihn wieder ziehen. Die Familie geht vor, und zwar in einer matrilinearen Struktur und mit genetischer Durchmischung dank saisonaler Paarungen mit fremden Schwertwalbullen.[69] So endet der Mythos von der romantischen ewigen Liebe der Schwertwale ...

Die Einzigen, die der kritischen Sichtung standgehalten haben, sind die Seepferdchen. Und wie herzig sie sind, besonders für einen Forscher wie mich, der stets auf der Suche nach Beispielen für väterliche Brutpflege ist! Nun haben wir eine Art vor uns, in der die Männchen trächtig werden. Ohne indes ihren männlichen Charakter einzubüßen, wie uns die Beobachter versichern: Männliche Seepferdchen liefern sich heftige Kämpfe um die Gunst des Weibchens. Dieses legt die nach der Paarung befruchteten Eier in der Bruttasche des Männchens ab. Die Männchen nehmen trotz erstaunlicher Promiskuität nur die Eier eines ganz bestimmten Weibchens an. Männchen und Weibchen verbringen die Nacht miteinander und führen beim Abschied am Morgen kleine Tänze auf. Manche Beobachter sprechen sogar von Verbeugungen. Mehr noch, wenn sich das Paar begegnet, schwimmen die »Liebenden« aufeinander zu und geben Zeichen des Wohlgefühls. Der ideale Gatte, könnte man sagen ... Aber nur für eine Saison. Die Seepferdchen wechseln den Partner für jede neue Brut: die ideale Liebe, aber ohne Dauer.

Als Fazit kann man sagen, dass weniger als 1 Prozent der Tierarten eine echte soziale und genetische Monogamie aufweisen. Wir könnten uns fragen, ob die Monogamie im strikten Sinn wirklich eine gute Idee ist. Doch das würde uns den Vorwurf des Finalismus einbringen, wo wir doch nur eine Antwort auf die ferneren Ursachen zu geben versuchen, welche reale Funktion die absolute Monogamie hat. Fest steht, dass viel zu wenige Arten sie praktizieren, um daraus eine Kardinaltugend abzuleiten.

Sie verstehen, worum es geht.

Für meine Forschungen über die Bindung ist die Monogamie von besonderer Wichtigkeit. Wir können sehr lange nach den Grundlagen der menschlichen Monogamie suchen, wir finden Beispiele und Gegenbeispiele in der Natur. Wir können unsere Freunde, die Gibbons, als Beleg anführen. Sie haben dem Menschen sehr ähnliche Sozialstrukturen. Wir können ferner Beweise dafür bringen, dass auch in monogamen Gesellschaften, in denen sich die Ehegatten Treue schwören, je nach Epoche zwischen 3 und 20 Prozent der Kinder nicht vom vermeintlichen Vater stammen. In Zeiten, da die Verhütung schwierig war, hörte man oft, dass nur eine fünfzigprozentige Chance bestand, dass das dritte Kind vom Ehemann stammte!

Moralisten sprechen von Dekadenz, die Soziobiologen sehen darin nur die Macht der Gene, die auf ihrer Vermischung bestehen, die Ethologen erkennen Schlüsselreize, ohne sich darüber hinaus Fragen zu stellen, die Genetiker schließlich fahnden nach dem Chromosom, von dem die Treue abhängt, und glauben es gefunden zu haben. Ich bin der Auffassung, dass wir weder die menschliche Partnertreue noch gewisse Formen desselben Phänomens im Tierreich wirklich verstehen, solange wir nicht den Faktor der Bindung berücksichtigen. Eine Erklärung, die sich nur auf die Fortpflanzung stützt, wird niemals ausreichen. Ich achte unseren biologischen Wesenskern und bewundere seine raffinierte Vielgestaltigkeit, aber ich denke, dass wir ihn manchmal zu zähmen wissen. Von der leidenschaftlichen Liebe, die in uns brennt und die uns beflügelt, wissen wir nie, wie lange sie dauern wird. Der Kummer und der Schmerz des einen Partners rühren oft daher, dass der andere sein Versprechen der Treue nicht gehalten hat. Auf die Frage »Wie erklärt sich diese Vielfalt in der Paarbildung, im Willen und in der Fähigkeit zu lieben?« lautet meine Antwort: »Vergessen Sie nicht die Bindung!«

Das Liebesleben der Wühlmäuse

Alle, die sich für das Thema interessieren, ob Experten oder das große Laienpublikum, kommen nicht umhin, sich mit ihnen zu beschäftigen: Die Feldmäuse sind zum Muster im Tierreich für Bindung und Treue avanciert. Wie kam die Wissenschaftsgemeinde dazu, eine so wichtige Frage an die kleinen Nagetiere aus der Familie der Muridae zu stellen? Die Biologin Lucy Vincent hat ihnen schon 2004 zu großer Publizität verholfen.[70]

Auf eine Sucheingabe »Bindung und Feldmaus« erhält man bei Google etwa 40 000 Ergebnisse (2014), während die gleiche Eingabe in Englisch gleich mehrere Millionen ergibt. Beschränkt man die Suche auf strikt wissenschaftliche Daten, erhält man über 5000 Artikel. Mit anderen Worten, das ist das Thema des Jahrzehnts!

Der Grund für diese Begeisterung ist einfach. Zu meiner Rechten, Microtus ochrogaster, und zu meiner Linken, Microtus montanus. Ein geschultes Auge kann die beiden auseinanderhalten, aber man muss zugeben, dass sich die beiden wie zwei Wassertropfen ähneln. Und dabei ist ihr soziales, sexuelles und, wenn man so will, eheliches Verhalten grundverschieden. Bei der Rocky-Mountains-Wühlmaus ist Polygynie, die »Vielweiberei«, die Regel. Die Männchen haben keine feste Partnerin und kopulieren, wann immer sich die Gelegenheit ergibt. Die Präriewühlmaus führt dagegen ein ganz anderes, streng monogames Leben. Nun ist es für Wissenschaftler verlockend, bei zwei Tieren, die so nah verwandt sind, nach der biologischen Ursache zu forschen, die für den frappierenden Unterschied im Sozial- und Bindungsverhalten verantwortlich ist. Neben der Fortpflanzung

Abb. 7: Wühlmäuse
Oben: Microtus ochrogaster, die Präriewühlmaus – treu!
Unten: Microtus montanus, die Rocky-Mountains-Wühlmaus – untreu!

sind es vor allem die deutlichen Zeichen der Lust und des Wohlgefühls, die die Paare der Präriewühlmaus einander bezeigen, mit denen diese Mäuseart die Wissenschaftler beeindrucken. Bei Käfighaltung verlieren die Tiere alle Symptome von Stress, sobald das Paar in denselben Käfig gesetzt wird. Ganz anders die Rocky-Mountains-Wühlmaus. Die Anwesenheit eines Weibchens hindert sie keineswegs, aufgebracht im Käfig herumzulaufen und ein Transparent hochzuhalten: »Befreit unsere Mitgefangenen!« Was bereits unter Laborbedingungen zutrifft, ist noch ausgeprägter im Leben in freier Natur. Die Paare verbringen viel Zeit miteinander, helfen sich bei anfallenden Aufgaben, und der Vater kümmert sich auch um die Pflege der Jungtiere. Er vertritt die Mutter, wenn sie abwesend ist, und hält das Nest sauber – mit einem Wort: der perfekte Ehemann. Sein Vetter aus den Bergen hingegen kümmert sich nicht um den Nachwuchs, hat nur sporadischen Kontakt mit dem Weibchen und lebt auch nicht im selben Revier.

Diese Tiere sind ein faszinierender Forschungsgegenstand. An ihnen kann man den Zusammenhang zwischen Monogamie und Bindung feststellen, und zugleich weisen sie so ausgeprägte Unterschiede auf, für die man gern eine Erklärung fände. Die Antwort liegt ausschließlich im Bereich der Biologie, in der Neuroanatomie und in der Genetik. Wir finden hier alle Elemente im Mechanismus der Bindung wieder.

Das Oxytocin und seine Rezeptoren sind ausschlaggebend für die Verhaltensunterschiede, die seit zwei Jahrzehnten von Wissenschaftlern erforscht werden.[71] Bei den monogamen Arten findet sich eine größere Dichte an Oxytocinrezeptoren im prälimbischen Kortex im Nucleus accumbens und in der Amygdala. Das Oxytocin wird im Augenblick der Kopulation ausgeschüttet und löst das Phänomen des festen und ausschließlichen Bezugs aus. Bei den Weibchen der monogamen Mäuseart wurde eine dichtere Verteilung von Dopaminrezeptoren im Nucleus accumbens festgestellt. Der Nucleus accumbens ist ein aus grauen Zellen bestehendes Ganglion und spielt eine große Rolle im Belohnungssystem des Gehirns.[72] Zweifel sind nicht erlaubt, das Weibchen verspürt Lust ... Wenn diese Dopaminrezeptoren blockiert sind, stellt sich die Vorliebe für das männliche Partnertier nach der Kopulation wenig oder gar nicht ein. Bei den Männchen geht es um das Vasopressin. Dieses ist unterschiedlich verteilt, je nachdem in welcher sozialen Struktur, ob monogam oder nicht, die männlichen Tiere leben.[73] Die Forschung ist dabei nicht stehen geblieben, und schon bald erregte ein bestimmtes Gen die Aufmerksamkeit der Forscher.

In weniger als zehn Jahren ist aus dem Gen V1A, das die Vasopressin-Rezeptoren regelt, das LE geworden, das über monogames Verhalten oder nicht, Treue oder Untreue bei männlichen und weiblichen Tieren entscheidet. Und daran schloss sich die nächste Frage an, ob nicht auch der Mensch einem ähnlichen Determinismus unterworfen sein könnte. Das wurde dann auch nachgewiesen, wenigstens zum Teil.[74] Das Leben sollte danach leichter werden: »Aber nein, Schatz, ich habe dich nicht betrogen. Mein Gen V1A ist allein schuld daran …« Tatsächlich können beide Geschlechter eine solche Ausrede anwenden, denn auch Frauen unterliegen diesem Determinismus, wenngleich bei ihnen der Nachweis schwieriger zu erbringen ist.[75]

Wie es in solchen Fällen zum Glück oft geschieht, ruft eine so absolute Auffassung Gegner auf den Plan, und heute erscheinen immer neue Artikel, die den genetischen Determinismus relativieren und eine direkte Ursache-Wirkung-Beziehung bestreiten. Und was das Gen APRV1A angeht, das die Rezeptoren codiert, so wird es heute neben seiner Relevanz für das soziale Verhalten und die partnerschaftliche Treue auch mit Autismus, Suchtgefährdung und Talent zum Tanz in Zusammenhang gebracht. Es sei daran erinnert, dass eine Korrelation keine Kausalität bedeutet.

Über die Wühlmäuse ist weiter geforscht worden, mit dem vorhersehbaren Ergebnis, dass auch bei den angeblich monogamen Präriewühlmäusen zwischen sozialer und genetischer Monogamie unterschieden werden muss. In einigen Artikeln heißt es, dass bis zu 56 Prozent EPP (Befruchtungen außerhalb der Paarbeziehung) festgestellt wurden …[76]

Treue und Bindung hängen zusammen, aber es sind durchaus keine Synonyme. Wir sind der Auffassung, dass nur die soziale

Monogamie ein Beleg für die echte Bindung ist, nämlich diejenige, die Lust und Wohlgefühl schenkt, glücklich macht und die Angst vertreibt. Dass im Sexualverhalten absolute Treue nicht vorgesehen ist, hängt mit der biologischen Grundlage zusammen, über die sich viele nicht hinwegsetzen können. Allen, die behaupten, dass menschliche Stärke gerade darin bestehe, dem biologischen Zwang zu widerstehen, der zur Durchmischung der Gene drängt, und nicht dem Trieb zur möglichst weiträumigen Verteilung der Gene beziehungsweise zur Kopulation mit einem vielversprechenden Partner zu folgen, kann ich nur raten, sich nicht die Zahlen der Untersuchungsergebnisse anzuschauen, wenn ihnen ihre Illusionen teuer sind.

Um das Ganze noch komplizierter zu machen, kann auf diesem Feld aus sozialer Monogamie einerseits und genetischer beziehungsweise sexueller Monogamie andererseits auch noch die Eifersucht auftreten. Wir wissen alle, welche Leiden dieses Gefühl auslöst. Aber können Tiere überhaupt eifersüchtig sein?

Just a jealous guy

»Eifersucht entspringt nicht der Melancholie oder dem Denken, sondern dem Körper.«

Marcel Proust

Für mich ist es rührend und amüsant zugleich. Ich weiß, dass ich das Gegenteil von dem schreiben werde, was ich jahrelang behauptet habe. Noch zögere ich vor dem Abgrund: Soll ich den Sprung im Denken einfach zugeben, soll ich ihn als Folge einer Entwicklung erklären, oder muss ich meine früheren Idole jetzt verbrennen? Nichts davon stimmt wirklich, oder von allem ist etwas dabei. Nachdem ich also mit dem Finger auf die Irrtümer oder Vorurteile der Wissenschaft gezeigt habe, mache ich mir ein Vergnügen daraus, bei mir selbst die gleichen Irrtümer und Vorurteile festzustellen.

Ich habe Hunderten von Hundehaltern gesagt, dass ihr Hund nicht eifersüchtig sei. Anfangs tat ich das im Brustton der Überzeugung, später war ich mir nicht mehr so sicher und versuchte zu differenzieren. Wenn heute Hundehalter von Eifersucht sprechen, schweige ich lieber.

Hätte ich auf die direkte Frage »Sind Hunde eifersüchtig?« nur mit Ja oder Nein zu antworten, müsste ich sagen: »Ja.« Zugleich verleugne ich nicht meine frühere Auffassung, denn ich weiß, warum ich damals diese Möglichkeit bestritten habe.

Wenn Hundehalter von Eifersucht sprechen, unterstellen sie oft die komplexe Bedeutung, die dieser Begriff bei uns Menschen hat, nämlich die Möglichkeit, dass der bloße Gedanke, der andere könnte in Abwesenheit untreu werden oder ein anderes Liebesobjekt vorziehen, echte Qualen bereitet. Eine solche Form der Eifersucht kennen Hunde nicht. In dieser Hinsicht stellen wir Eifersucht und Rache auf die gleiche Ebene: Beide Begriffe setzen eine recht hohe Abstraktionsfähigkeit voraus insofern, als man sich vorstellt, was der andere denkt, und man ihm Ansichten unterschiebt. Wenn ein Hundehalter glaubt, dass sein Hund sich räche, unterstellt er ihm die Fähigkeit, mit Absicht etwas getan zu haben, was ihm Kummer und Schmerz verursache. Wir sind aber sicher, dass in diesen Fällen aus den beobachteten Tatsachen nicht ein solcher Schluss gezogen werden kann, da das Tier ein derartiges Verhalten aus Angst und ohne jede Absicht zeigt. Die doppelte Abstraktion »Ich habe eine klare Vorstellung, was mein Herrchen fühlt, und nun stelle ich mir vor, dass er dieses Gefühl auch für einen anderen hat« oder »Ich mache einen Plan, wie ich sein Denken und Fühlen beeinflussen kann«, diese Fähigkeit ist unseren Haustieren nicht gegeben. Der Hund, der die Schuhe seiner menschlichen Bindungsfigur zerkaut, wenn diese ihn allein lässt, tut dies nicht, um sie zu bestrafen! Wir interpretieren dies vielmehr so, dass der Hund in seinem angstvollen Drang, eine sinnliche Spur des ihm Sicherheit gebenden Herrchens zu finden, sein orales Erkundungsverhalten nicht mehr unter Kontrolle hat. Für eine Therapie dieses Verhaltens ist es viel zweckmäßiger, einen Bezug zwischen dem angerichteten Schaden und der Angst des Hundes herzustellen, als von einer Schädigungsabsicht auszugehen. Aus diesem Grund habe ich mir jeden Gedanken an eine mögliche Eifersucht bei Haushunden verboten.

Nachdem ich mich fünfzehn Jahre an dieses Verbot gehalten hatte, kam im Jahr 2009 der Tag, an dem ich mich entschloss, das Tabu zu brechen. Für einen Kongress zum Thema »Bindung« habe ich eine Kollegin gebeten, diesen Begriff einer kritischen Prüfung zu unterziehen.[77] In ihrem Vortrag legte sie dar, dass ein solcher Begriff nur sehr schwer bei Haustieren nachzuweisen sei, dass man ihn aber auch nicht definitiv ausschließen könne. Damit gelang ihr ein Durchbruch. Viele Wissenschaftler und Veterinäre fühlten sich nun endlich berechtigt, laut sagen zu dürfen: Ja, Hunde sind eifersüchtig!

Ich teile diese Auffassung, aber unter der Bedingung, nicht zu pauschalisieren. Bei den Recherchen zum vorliegenden Buch bin ich auf einen brillanten Artikel gestoßen, der schon 1906 in einer amerikanischen Psychologiezeitschrift erschienen ist.[78] Die ersten fünfzehn Seiten dieses sehr langen Artikels bieten ein Panorama der Eifersucht unter Tieren, dargestellt nach Tierarten und ihrem Verhalten. Die Anekdoten wie zum Beispiel diejenige von dem Hund, der ein Kätzchen, das vor seinen Augen gestreichelt wird, schnappt und tötet, sind auch heute noch für den Kliniker relevant. Als ich die Fallgeschichte von Rex las, empfand ich Trauer, aber mich schauderte auch. Schaudern angesichts der Präzision der Darstellung, bei der man nur die heutigen Begriffe einzusetzen braucht, und Trauer über die verlorene Zeit.

Doch nun zu Rex, einem eleganten Setter, der sein Herrchen jeden Tag zu dessen Laden begleitet. Dort thront der Hund neben der Registrierkasse, hinter der der Ladenbesitzer steht. Rex ist das Aushängeschild des Ladens. So geht es zu aller Zufriedenheit, bis sich eines Tages ein Kätzchen in den Laden schleicht. Das ist ein Clown auf Samtpfoten und hat doch die unnachahmliche Anmut der Katzen. Der Ladenbesitzer teilt seine Aufmerksamkeit nun zwischen Hund und Kätzchen, doch der Hund wird immer trauriger. Er mag sich nicht mehr an seinen angestammten Platz legen, er begleitet sein Herrchen immer lustloser morgens zum Laden. Eines Tages weigert er sich rundheraus mitzukommen und bleibt daheim. Er zeigt keinen Appetit mehr und wirkt matt und niedergeschlagen. Heutzutage würden wir als Diagnose eine reaktive Depression als Folge einer Bindungskränkung stellen. Uns fehlt zwar die genaue klinische Untersuchung, anhand deren wir mögliche Ursachen für eine endogene Depression ausschließen könnten, aber wir vergessen nie die Rolle des Körpers bei der Gemütsverfassung des Tieres. Wäre das Organische abgeklärt, dann verdiente dieses Beispiel einer krankhaften Eifersucht, in jedes Handbuch der Veterinärpsychiatrie aufgenommen zu werden.

Nach der naturalistischen Epoche, in der sicherlich zu sehr dem Anthropomorphismus gefrönt wurde, kamen die Jahrzehnte des engstirnigen Behaviorismus und der reduktionistischen Ethologie, die beide die Analogien zwischen tierischem und menschlichem Verhalten ausschlossen. So hat es ein Jahrhundert gebraucht, bis die Wissenschaft ein Phänomen wiederentdeckte, das jedem Hundehalter geläufig ist, aber auch den Besitzern von Katzen, Pferden und Papageien sowie allen, die in engem Kontakt zu Affen und Delfinen leben. Der oben erwähnte Kongress fand 2009 statt, also fast im Anschluss an einen Artikel aus dem Jahr 2008, dessen Thema die Eifersucht ist, ohne allerdings diesen Begriff im Titel zu verwenden.[79] Mit Verweis auf die Ergebnisse ihrer Befragung machen die Verfasser deutlich, dass für die Halter von Hunden, Pferden und Vögeln Eifersucht bei ihren Tieren ohne jeden Zweifel vorhanden sei.

Beim Hund ist Eifersucht, noch vor Angst, die am häufigsten angegebene sekundäre Emotion. Die Verfasser haben daraufhin eine zweite Untersuchung zur genaueren Erkundung dieser Emotion durchgeführt. Ihr Ansatz ist interessant: Damit der Begriff der Eifersucht an Genauigkeit gewinnt, haben sie die Halter gefragt, ob sie sich bei ihren Aussagen auf eine Empfindung stützen oder ob sie auch konkrete Umstände und ganz bestimmte Verhaltensweisen anführen können. Ferner wollten sie wissen, ob die Halter statt Eifersucht auch andere Auslöser der genannten Verhaltensweisen nennen können. Zwei Drittel der Befragten konnten keinen anderen Grund nennen; das restliche Drittel konnte sich auch andere Gründe vorstellen, hielt aber Eifersucht für die plausibelste Erklärung.

Ansonsten hat sich wissenschaftlich nicht viel getan, wie Jaak Panksepp, der berühmte estnisch-amerikanische Psychologe und Experte in der Erforschung der Gefühle, es in seinem *Handbook of Jealousy* unter Hinweis auf den zitierten Artikel bestätigt.[80] Selbst in den größten Enzyklopädien über Gefühle, affektive Störungen oder das Gehirn wird das Thema der Eifersucht kaum behandelt und niemals unter dem Gesichtspunkt der Neuroanatomie und der Neurotransmitter.

Selbst der große Psychiater und Begründer der dynamischen Psychiatrie Henri Ey (1900–1977), dem wir ein Buch mit dem Titel *Psychiatrie animale* zu verdanken haben (das Buch verfasste er in Zusammenarbeit mit einem Veterinär zu einer Zeit, da dies als kulturelle Revolution galt), schneidet das Thema »Eifersucht« nur einmal kurz an und setzt im Übrigen ein Fragezeichen dahinter.[81]

Heute können und müssen wir über die Eifersucht sprechen. Wie könnte man auch den Mechanismus der Bindung darstellen, der uns gemeinsam mit den Tieren zu einer Familie des Lebendigen macht, und nicht die Eifersucht erwähnen, die doch, wie Proust sagt, ihre Wurzeln im Körperlichen hat?

Ehe wir uns mit der Eifersucht beschäftigen, benötigen wir zunächst eine Definition. Hierzu wähle ich diejenige von Panksepp: »Die Eifersucht unterstellt die Existenz eines sozialen Bandes, das durch den Eingriff eines Unbekannten absichtlich oder unabsichtlich in Gefahr gerät.« Die Eifersucht wird als sekundäre Emotion (nach den Primäremotionen wie Angst und Zorn und von diesen geprägt) oder gar als tertiäre Emotion, das heißt durch die Kognition gefiltert, behandelt. Sie hat sehr unterschiedliche Erscheinungsformen, bei manchen als Zorn mit ausgeprägt aggressiven Zügen, bei anderen dagegen als Rückzug. Die eine Quelle, aus der sie sich speist, ist aber immer das Leiden.

Hat man sich erst einmal mit dem Gedanken angefreundet, dass es beim Hund, aber auch beim Pferd, bei den Vögeln, den Delfinen, Elefanten und selbstverständlich auch bei den Affen Eifersucht gibt, kann man die menschliche Eifersucht besser verstehen. Wie schon bei der Empathie, dem moralischen Empfinden, dem Humor und vielen anderen Phänomenen des Gemütslebens geht es nur um unterschiedliche Grade, aber nicht um einen Wesensunterschied zwischen Mensch und Tier.

Humanmedizinische Untersuchungen haben gezeigt, dass die Eifersucht bestimmte Strukturen und Neurotransmitter aktiviert, die auch beim Thema »Bindung« einschlägig sind:

- Dopamin und seine Rezeptoren im Nucleus accumbens, also im Belohnungssystem, werden in Untersuchungen oft zitiert. Dass sie eine Rolle spielen, geht aus der Beobachtung hervor, dass sie als Nebenwirkungen einer Dopaminbehandlung bei Parkinsonkranken auftreten. Manche Patienten entwickeln eine krankhafte Eifersucht oder Hypersexualität.
- Oxytocin und seine Rezeptoren in der Amygdala werden ebenfalls häufig genannt. Eine Dysfunktion wäre Ursache für die fehlende Selbstkontrolle und die tiefe Angst, die die Be-

troffenen spüren, wenn ein Dritter eine privilegierte Beziehung stört.
- In der Humanmedizin ist der rechtsseitige orbitofrontale Kortex in den Verdacht geraten, der Schauplatz des Othello-Syndroms (delirierende Eifersucht) zu sein. Dieses Hirnareal soll zuständig für die kritische Überprüfung von Urteilen sein, das heißt, nicht seinen Emotionen einfach freien Lauf zu lassen.

Keines dieser Ergebnisse bedeutet, dass den Haustieren keine Eifersucht zuzutrauen wäre. Sollen wir hier die Anekdoten erzählen, die uns unsere Patienten täglich berichten, oder sollen wir auf Erfahrungen zurückgreifen, die wir selbst im Kontakt mit Tieren gemacht haben? Damit erhielten wir Bestätigung bei den Tierhaltern, aber die Vertreter der strengen Wissenschaft wischen solche Anekdoten als dilettantisch beiseite.

Und doch. Eine Anekdote aus dem Jahr 1906 von einem Papagei, der alle anderen Tiere, die sein Halter ebenfalls streichelte, mit Schnabelhieben attackierte, erinnert mich an das Verhalten unseres Graupapageienweibchens Salsa. Auch Salsa erlaubt sich in der gleichen Situation lautes und ungebärdiges Verhalten. Dies ist der Fall, seit Galinette, eine junge Sphinxkatze, in unser Heim eingezogen ist. Galinette ist ein anspruchsvolles Wesen, das ständig Aufmerksamkeit verlangt, Katzen nicht mag, aber die Nähe der Menschen sucht. Salsa und Galinette buhlen beide um die Gunst meiner Frau. Man muss gesehen haben, wie der Papagei im Tiefflug über die Katze fliegt, um sie zu erschrecken und zu vertreiben. Nachdem sie ein paar ähnliche Beispiele erwähnt hat, fasst sie das Verhalten des Papageien mit den Worten zusammen: »Wie eifersüchtig sie doch ist!« Auch Toc, der Foxterrier der Familie, hat die gleiche Unart. Sobald wir uns einem anderen Tier zuwenden, muss er sich einmischen. Er kommt und legt sich geradewegs zwischen uns und die andere Kreatur. Ein solches Verhalten wird von Haltern am häufigsten erwähnt, wenn sie ein Beispiel für die Eifersucht ihres Haustieres geben sollen. Ich lasse mich an dieser Stelle nicht auf eine Diskussion der Unterschiede zwischen Eifersucht und Kontrolle beziehungsweise Bindung und Hierarchie ein, da dies hier nicht relevant ist. Für meinen Hund darf ich behaupten, dass es ihm nicht um Dominanz oder Kontrolle geht. Die Lektüre des Artikels, wonach 39 von 40 Hundehaltern behaupten, bei ihrem Hund eifersüchtiges Verhalten beobachtet zu haben, hat mich überzeugt. Übrigens sagt der vierzigste: »Was es ist, weiß ich nicht, aber es ähnelt der Eifersucht.« Aus diesen und ähnlichen Belegen ziehe ich die Schlussfolgerung, dass die Emotion nicht länger wissenschaftlich ignoriert werden kann.

Ich denke in diesem Zusammenhang auch an einen Videomitschnitt einer italienischen Veterinärkollegin. Auf dem Video sieht man einen alten Hund gemeinsam mit seinem Halter und einem jungen Hund. Dieser macht Luftsprünge, streicht um die Beine des Halters und erhält dafür Streicheleinheiten und Leckereien. Die Kamera richtet sich nun auf den müde daliegenden alten Hund und zeigt, wie dieser den jungen Hund mit tieftraurigen Augen anblickt. Man könnte meinen, einer Täuschung aufzusitzen, doch da merkt ein Familienmitglied die Szene, geht auf den alten Hund zu und streichelt ihn. Wie von einem Zauberstab berührt, wird der alte Hund wieder munter.

Schon Darwin sah die Eifersucht der Hunde als eine Gegebenheit an. Wie aber steht es mit anderen Tierarten? Zeigen sie auch Eifersucht? Sind zum Beispiel Delfine eifersüchtig?

Die Literaturrecherche ergibt nur wenige Hinweise. In einer die Forschungen zusammenfassenden Dissertation erscheint der Begriff nur einmal, und zwar wird er von einem Verfasser aus dem Jahr 1940 gebraucht.[82] Auch hier begegnen wir wieder dem Nebeneinander von naturalistischer Beschreibung, die damals noch möglich war, und der Leugnung solch sekundärer

Emotionen bei Tieren. Zwar sind Delfine im offenen Meer nur schwer zu beobachten, aber dafür gibt es ja die Delphinarien auf der ganzen Welt. Dort herrscht allerdings eisernes Schweigen, da niemand den Mythos zerstören will. Immerhin habe ich eine Studie gefunden, in der von Eifersucht bei Delfinen die Rede ist.[83] Gegenstand der Beobachtungen eines Doktoranden ist das allein lebende Delfinweibchen Holly. Der junge Forscher registriert bei ihr eifersüchtiges Verhalten, setzt den Ausdruck freilich in Anführungsstriche. Die Beschreibungen gleichen denen, die auch Hundehalter von ihren Schützlingen geben. Holly drängt sich zwischen die Schwimmer und ihren Lieblingswärter. Sie zeigt dann auch sexuelle, aggressive und brutale Verhaltensweisen. Wir haben schon davon gesprochen, dass bei den Delfinen Aggressivität zum Verhaltensrepertoire zählt. Das hört man nicht so gern, wenn ein Delfin einen Menschen während einer Vorstellung mit dem Titel »Schwimmen mit Delfinen« angreift. Dem Doktoranden geht es daher in seiner Arbeit darum, geeignete Maßnahmen vorzuschlagen, die das Risiko unerwünschten aggressiven Verhaltens der Delfine gegenüber Menschen im Wasser begrenzen.

Von den Delfinen zu den Affen. Über die Grenzen Frankreichs hinaus wurde bekannt, welche Probleme der Chansonnier Léo Ferré (1916–1993) wegen der Eifersucht seiner Äffin Pépée hatte.

Die Interviews aus jener Zeit sind anrührend, aber auch schockierend, denn Ferré macht keinen Unterschied zwischen diesem Haustier und ihm beziehungsweise seiner Partnerin. »Die Äffin ist das einzige Kind, das ich der Frau machen konnte, mit der ich achtzehn Jahre zusammengelebt habe«, heißt es da, und er bleibt stumm, als ihn die Journalistin fragt: »Haben Sie einen Menschen, den Sie mehr als diese Schimpansin lieben?« Dass er darauf nur lächelnd schweigt, ist Antwort genug. Das eifersüchtige Verhalten der Äffin gegenüber Ferrés Lebensgefährtin nahm solche Formen an, dass diese schließlich Ferré verließ, auch wenn das vielleicht nicht der einzige Grund gewesen ist. Die Eifersucht der Frau stand derjenigen der Äffin in nichts nach, denn Madeleine stiftete einen Jäger an, das Tier zu erschießen. Über den Tod der Äffin ist Léo Ferré nie hinweggekommen.

Bei den Menschenaffen steht die Eifersucht außer Frage. Ob es um Sexualpartner oder um Besitz geht, alles, was Eifersucht wecken kann, tut dies auch bei den Affen, ja, ich frage mich, ob sie nicht auch eine »tertiäre«, also über den Gedanken vermittelte Eifersucht kennen. Die Menschenaffen geben uns eine recht deutliche Vorstellung von dieser Form der Eifersucht. Der Gorilla Koko, von dem wir schon gesprochen haben, war notorisch eifersüchtig auf einen jungen Gorilla namens Mike. Nun hatte Koko die Zeichensprache gelernt und konnte seine Eifersucht durch Begriffe ausdrücken. Als Penny Patterson ihn einmal fragte: »Do you think Mike is smarter than you?«, erwiderte Koko: »Koko know Mike toilet«,[84] was frei übersetzt so viel bedeutet wie: »Meinst du, dass Mike schlauer ist als du?« – »Koko denkt, dass Mike Sch... ist.« Wir erkennen darin den Ausdruck einer Eifersucht, die ihren Grund in der Furcht hat, die bevorzugte Beziehung an einen Rivalen zu verlieren. Deshalb wird dieser Rivale abgewertet.

Jeder kennt einschlägige Anekdoten, und diesem beeindruckenden Material sollten wissenschaftliche Untersuchungen an die Seite gestellt werden. Der Begriff hat sich heute als anwendbar herausgestellt, die graduellen Abstufungen je nach Tierart sind ebenfalls eindeutig. Wie Panksepp[85] sagt: Das am Modell der Tiere gewonnene Wissen sollte das Wissen über den Menschen erweitern. Wir möchten dem gern hinzufügen: Dieses Wissen sollte vor allem dazu dienen, die Tiere besser zu verstehen und ihren Gefühlen den nötigen Respekt zu zollen. Wenn wir wissen, dass unsere Haustiere eifersüchtig sein können, dann kennen wir auch eine weitere Ursache für ihr Leiden. Das wiederum spornt uns an, Wege zu finden, um ihnen dieses Leiden zu ersparen.

Eifersucht steht im Zusammenhang mit der Bindung, mit dem, was ein Wesen in unseren Augen einzigartig macht. Das schafft Leiden, wenn ein anderer diese Beziehung bedroht, und vor allem, wenn er das Interesse der Bindungsfigur erregt. Eifersucht und Bindung sind aber nicht synonym, genauso wenig wie Treue und Bindung. Wenn sich Eifersucht offen zeigt, heißt das, dass der Schutz, den die Bindung bietet, zusammengebrochen ist. Die Angst wird nicht mehr durch die Lust in Schach gehalten, die Vorstellung, den anderen zu verlieren, löst ein negatives Gefühl aus, das die Lust am Kontakt nicht mehr ausgleichen kann.

Wegen der Farbe des Weizens*

»Zwischen Liebe und Freundschaft gibt es nur ein Bett, ein Lager, eine Flohkiste, in dem sich zwei Tiere balgen.«

Henri Tachan

»Der wesentliche Unterschied zwischen Liebe und Freundschaft besteht darin, dass es Freundschaft nicht ohne Gegenseitigkeit geben kann.«

Michel Tournier

Bei der romantischen Liebe hegt man den Verdacht, sie diene der Fortpflanzung, und hinter der Mutterliebe soll die Notwendigkeit des Überlebens stehen. Gerade bei den Fällen, in denen sich die Bindung aufs Schönste ausdrückt, ist nicht auszuschlie-

---

* Anspielung auf die Erzählung *Der Kleine Prinz* von Antoine de Saint-Exupéry und die weizenblonden Haare des kleinen Prinzen (mehr dazu im Kapitel »Das Wagnis der Liebe«). (A. d. Ü.)

ßen, dass auch noch anderes im Spiel ist. Diejenigen, die eine Kluft zwischen Mensch und Tier sehen, verweisen auf den Instinkt, einen bloßen Automatismus. Aber auch hier erwidern wir, dass daraus kein wesentlicher Unterschied zwischen Mensch und Tier abzuleiten ist, denn für uns Menschen gelten ebenfalls die biologischen Notwendigkeiten des Überlebens, der Fortpflanzung und des Schutzes. Umgekehrt könnte man sagen, dass wie bei vielen anderen Lebewesen auch bei uns Menschen ein Verhaltensmechanismus vorliegt, der uns über das Lebensnotwendige hinaus Lust, Solidarität und die Wohltat positiver Gefühle verschafft.

Zur Krönung unseres Unternehmens fehlt uns nur noch der Beweis, dass auch bei den Tieren Freundschaft existiert, diese Bindung ohne handfesten Grund. Gibt es in unserer Umgebung Beispiele für eine Beziehung unter Tieren, die keinen anderen Zweck als sie selbst hat? So könnte man Freundschaft, vor allem unter Tieren, definieren.

Aus Fällen von Freundschaft, bei denen kein Fortpflanzungsvorteil vorhanden ist, da es sich um zwei Tiere des gleichen Geschlechts handelt, beziehungsweise kein Überlebensvorteil erkennbar ist, da nicht ein Elternteil und ein Junges zusammenleben, darf man schließen, dass die Bindung ihren Zweck allein im Vergnügen hat, mit dem anderen zusammen zu sein. Hat Freundschaft auch die doppelte Valenz von Vergnügen und Angst, Anziehung und Schutz? Das scheint evident, ist aber schwer zu definieren. Das Zitat von Michel Tournier hilft uns: In der Freundschaft kann es durchaus Asymmetrie geben, aber nur einseitige Freundschaft kann es nicht geben. Das Zusammensein muss für beide ein Vergnügen sein. Daraus ergibt sich der Sinn des Schutzes: Freundschaft schützt uns vor Einsamkeit und Lebensverdruss. Wenn zwei Wesen derselben Art die bloße Anwesenheit des anderen als notwendige und hinreichende Bedingung für Freude und Vergnügen ansehen, ohne mit ihm sexuell verkehren zu wollen, ohne sich um ihn kümmern zu müssen, weil er zur Familie gehört, dann hat das Leben seinen Wert in sich und ist der Mühe wert. Ein Freund ist ein Wesen, das für einen da ist, auch wenn er ganz woanders ist.

Die Katzen sagen uns viel über Freundschaft. Bei den Themen »Treue« und »Eifersucht« haben wir sie etwas hintangestellt. Zwar sind sie davon nicht frei, aber sie sind keine guten Exempel. Anders ist es mit der Freundschaft, hier können sie als Paradebeispiel gelten. Untersuchungen an Katzen, die in Gefangenschaft leben, sind sehr aufschlussreich, denn sie zeigen, dass die Anpassung an den engen Rahmen oft dank der Bindung an einen Schicksalsgenossen gelingt. Dies zeigt ein einschlägiger Artikel.[86] Zwei Punkte werden hervorgehoben, bei Katzenfreundschaften handelt es sich um gleichgeschlechtliche Paare, und Kater schließen leichter Freundschaft als weibliche Katzen.

Für Katzen ist das Individuum wichtiger als die Art. Wenn man Katzen mit anderen Katzen einsperrt, suchen und finden sie einen Freund und Gefährten, mit dem sie gut auskommen, und das verleiht ihnen den Halt, mit der Situation in Gefangenschaft fertigzuwerden. Die wissenschaftliche Literatur über in Freiheit lebende Katzen gibt zu diesem Punkt nur spärlich Auskunft. Die Sozialstruktur der Katzengruppen ist matriarchal und familiär geprägt. Anders bei Katzen, die in Tierheimen leben, hier entstehen Bindungen nicht aus verwandtschaftlicher Nähe, sondern allein unter dem Druck der Umstände. In ihrem natürlichen täglichen Milieu unterhalten die Katzen, die wir beobachten und um die wir uns kümmern, im Wesentlichen eine engere Beziehung zu einem oder zwei Mitgliedern der Gruppe, sei es ein Mensch, ein Hund oder, aber das ist der seltenere Fall, eine Katze. Katzen als Mitbewohner sind also ein Beleg für unsere Hypothese, dass für diese Tiere eine solche Beziehung nicht überlebenswichtig ist. Da sie aber in der Bindung aufgewachsen sind, finden sie Gefallen an Freundschaften, aus denen sie Lust und Schutz beziehen.

Nun ist es an der Zeit, das angekratzte Bild der Delfine wieder aufzupolieren. Ich wollte nicht voreingenommen sein und habe ausgiebig von ihren dunklen Seiten berichtet. Was aber die Freundschaft betrifft, so sind die Delfine mit keiner anderen Tierart zu vergleichen. Gibt es ein schöneres Bild der Freundschaft als Delfine, die gemeinsam schwimmen und synchron ihre Sprünge vollziehen, und das in fast vollkommener Harmonie?[87]

Die Experten von Shark Bay haben gezeigt, wie sehr Synchronisation Ausdruck der Freundschaft oder Verbundenheit der Delfine ist. Ich spreche lieber von Freundschaft, denn über die Kooperation hinaus tauschen Delfine Zeichen des Mitgefühls aus, berühren zärtlich die Schnauze und kommunizieren in einer speziellen Sprache. Dieselbe Forschergruppe behauptet übrigens, dass die hohe Hirnleistung der Delfine mit der Notwendigkeit zusammenhänge, die komplexe Sozialstruktur zu verstehen. Wer in einer Delfinschule lebt, muss seine Gegner und seine Freunde kennen, aber auch alle, die mit diesen verbündet sind, sowie alle verschiedenen Grade des Verbündetseins.[88] Wie bei der mütterlichen Bindung scheinen auch Kognition und Bindung zusammenzuhängen, was einmal mehr gegen die Trennung von Kognition und Emotion spricht. Doch auch wenn man die Intelligenz beiseitelässt, spricht die Freude, die die Tiere bei jedem Wiedersehen zeigen, für die Existenz eines Freundschaftsbandes. Ein Wärter berichtet, dass zwei Delfine, die getrennt worden waren, bei ihrer erneuten Zusammenführung regelrechte Gefühlsausbrüche zeigten. Sie pfiffen, schwammen synchron und suchten ständig die Nähe des anderen, sodass sie mehrere Tage lang unzertrennlich waren.

Dass auch die Elefanten Freundschaft kennen, hat Forschern schon so manche Frage aufgegeben.[89] Die Elefantenbullen verlassen die Gruppen, freundschaftliche Beziehungen betreffen also in erster Linie die Kühe. Elefanten bilden matriarchalische

Gesellschaften, daher leben in den Kleingruppen überwiegend Angehörige der mütterlichen Linie.

So weit ist alles klar, aber es gibt erstaunlicherweise auch andere positive und Jahrzehnte dauernde Beziehungen zwischen den Gruppen. Hier spielt die Abstammung keine Rolle, wenn sich zum Beispiel Jungtiere zusammenscharen, die von ihren Eltern getrennt worden sind. So etwas kommt wegen der Kriege auf dem schwarzen Kontinent häufig vor. Die genetische Nähe ist gering und nimmt mit den Jahren weiter ab. Die Wissenschaftler sind daher zu der Annahme genötigt, dass diese freundschaftlichen Beziehungen unter Elefanten einen Wert an sich darstellen. Über die Bewahrung des Erbguts hinaus dienen solche Freundschaften dem Schutz aller Jungtiere, unabhängig von ihrer Herkunft, allein durch die Größe der Herde. Derartige Folgen sind unbestreitbar, aber ich bezweifle, dass das die Motivation für das Freundschaftsband ist. Über allem steht das Vergnügen, zusammen zu sein.

Bei Pferden gibt es feste Freundschaften, besonders unter Stuten.[90] Für die Vertreter der Soziobiologie dient dies lediglich dazu, die Fruchtbarkeitsrate zu erhöhen und die weiblichen Tiere vor aggressivem Verhalten der Hengste zu schützen. Die Kooperation unter Stuten, von manchen auch »soziale Bindung« genannt, hat aber noch weitere Folgen. So haben Tiere, die einander freundschaftlich verbunden sind, einen langsameren und regelmäßigeren Herzschlag. Das ist Ausdruck des Wohlbehagens, das die Stuten empfinden, wenn sie unter Freundinnen sind. Gemeinsam sind sie weniger stressanfällig.

Für die Vögel besteht die große Lebensaufgabe, darauf haben wir schon hingewiesen, vor allem in der Paarbildung. Ein Paar, das sich für lange Zeit bindet und für Nestbau und Brutpflege zuständig ist. Bei manchen Krähenarten wie zum Beispiel der Saatkrähe ist die Hypothese erlaubt, dass Vögel auch ein soziales Hirn besitzen.[91] Zwischen der Größe des Vogelhirns und der

Größe der Gruppen beziehungsweise der Komplexität der Sozialstruktur konnte keine Korrelation erkannt werden. Bei Vögeln ist aber sehr wohl die Existenz von Bündnissen und Freundschaften nachweisbar, die hinsichtlich ihrer Komplexität mit denjenigen bei den Menschenaffen mithalten können. Dass Vögel als Paar eine lange Zeit zusammenleben müssen, setzt voraus, dass sie das Verhalten des Partners lesen können, um sich an ihn anzupassen. Das verschafft aber auch die Fähigkeit, das Verhalten der anderen, der Freunde wie auch all derer, die es nicht sind, zu deuten und ihre Beziehungen untereinander zu verstehen. Die Fähigkeit, zu lieben oder Freundschaften zu schließen – darunter verstehen wir die Fähigkeit zu einer festen und anhaltenden Bindung unter Erwachsenen –, macht intelligenter, erhöht die Fähigkeit, das Verhalten der anderen zu deuten und die Beziehungen, in denen sie leben, zu verstehen. Das ist ein großes Anliegen dieses Buches, ehe wir uns im nächsten Kapitel den Entgleisungen widmen: Bindung und Kognition sind keine Gegensätze, sie ergänzen und verstärken sich vielmehr, wie der evolutionäre Erfolg dieser Arten belegt.

Affen sind Muster an Freundschaft. Sie liefern das Material zu einem im Jahr 2012 publizierten Artikel, der endlich das Thema »Freundschaft bei Tieren« behandelt.[92] Die Verfasser stellen die Frage nach dem Ursprung der menschlichen Freundschaft und haben zu meiner (angenehmen) Überraschung fast dieselben Arten ausgewählt, um diesem Phänomen im Tierreich auf die Spur zu kommen. Was im Artikel fehlt, sind die Haustiere, die im Zentrum meiner beruflichen Tätigkeit stehen und für die sich die traditionelle Wissenschaft nur wenig interessiert, aber immerhin Delfine, Elefanten und Affen werden als Testimonials der Freundschaft aufgerufen. Die Familie der Hunde ist durch die Hyänen vertreten.

Doch zurück zu unseren Affen. Zu Beginn ihres Artikels vermischen die Verfasser Freundschaft und Mutterbindung. Bei den Pavianen ist es tatsächlich so, dass die stärkste Paarbildung bei Mutter und Kind beziehungsweise zwischen Schwestern anzutreffen ist. Hier von Freundschaft zu sprechen erscheint mir schwierig, wenn es auch nicht ganz auszuschließen ist. Die Beispiele von Verbindungen zwischen einem Männchen und einem Weibchen, die sich gemeinsam um ein Junges kümmern, auch wenn das Männchen nicht der Vater ist, fallen meiner Meinung nach eher in den Bereich der Adoption, auch hier würde ich nicht von Freundschaft sprechen. Anders steht es mit den Verbindungen von männlichen Schimpansen, die über Jahrzehnte im Nationalpark von Kibale nahe von Ngogo (Uganda) beobachtet werden konnten.[93]

Bei diesen Beispielen freundschaftlichen Umgangs, der vom gegenseitigen Lausen über das Teilen der Beute bis zu gemeinsamen Patrouillengängen reicht, sind die Beteiligten in den allermeisten Fällen nicht miteinander verwandt (in der Population von Ngogo war es so bei 22 von 29 Paaren). Hier erscheint es daher sinnvoller, von Freundschaft zu sprechen. Die Verfasser untersuchen die Situation unter dem Gesichtspunkt des Nutzens und sind am Ende etwas ratlos. Ihre Schlussfolgerungen bahnen den Weg für neue Forschungen und weisen auf neue begriffliche Ansätze. Sie erweitern das Feld, lassen Affen und andere untersuchte Tierarten beiseite und erkennen ganz allgemein die Existenz eines Freundschaftsbandes in sehr vielen Tierarten an. Mit anderen Worten, sie machen sich für die Anerkennung einer Freundschaft im Tierreich stark, die homolog zur Freundschaft unter Menschen ist. Der Unterschied wäre nur ein gradueller, kein wesentlicher. Sie heben den nachahmenden Zug der Freundschaft hervor, stellen sich weitere Fragen und finden keine überzeugende Antwort, worin denn der reale Nutzen liegen könne.

Im letzten Punkt pflichte ich ihnen bei, denn er führt uns auf unsere Eingangsfrage zurück: »Die Gelegenheit, dauerhafte freundschaftliche Bindungen zu schaffen, ist vielleicht der wichtigste Faktor der Gruppenbildung und nicht so sehr der Schutz vor Räubern oder eine effektivere Suche nach Nahrung.« Na endlich! Das ist meines Wissens das erste Mal, dass in einem wissenschaftlichen Beitrag anerkannt wird: Die Bindung ist ein Zweck in sich. Wir können, eine Formulierung des Psychiaters Jacques Lacan (1901–1981) parodierend, daraus den Schluss ziehen: »Wozu dient die Bindung? Um zu binden!«

Wollen wir das Panorama der tierischen Freundschaft abschließen, ohne von den Hunden zu sprechen? Die Literatur kennt Beispiele für Hundefreundschaft zuhauf, aber überwiegend zwischen Hund und Mensch und nicht in der Variante zwischen Hunden. Nun gibt es den Wildhund, der in Meuten frei umherstreicht, heutzutage nicht mehr. Man müsste also, um eine Anschauungsgrundlage zu haben, auf Beispiele aus dem Bekannten- oder Klientenkreis zurückgreifen. An Beispielen für die Freundschaft unter Hunden fehlt es nicht. Ich gebe eines zum Besten aus meiner Zeit als praktizierender Veterinär. Ein Ehepaar besaß zwei Hündinnen, einen Deutschen Schäferhund und einen Welsh Terrier. Bei einem Spaziergang setzte der Welsh Terrier einem Fuchs nach und verschwand in einem Fuchsbau, der über ihm einstürzte. Die Schäferhündin geriet in große Unruhe und heulte, aber alle Bemühungen der Hundehalter, den Terrier wiederzufinden, waren vergeblich. In den folgenden Tagen blieb die Schäferhündin in einem Zustand höchster Alarmbereitschaft und schien auf etwas zu warten, während das Ehepaar nicht aufhörte, den Verlust des anderen Hundes zu beklagen. Am achten Tag schließlich erhob sich die Schäferhündin mit einem Satz und stürmte davon, ohne dass die Halter dies hätten verhindern können. Nach einer Stunde kam sie wieder, neben ihr der Welsh Terrier, abgemagert, halb verdurstet, blind, aber noch am Leben. Der Terrier hatte sich vermutlich in tagelanger Wühlarbeit einen Weg ins Freie gebahnt, aber er hätte den Weg nach Hause nicht mehr gefunden, wenn die Schäferhündin, die wir ruhig seine Freundin nennen wollen, ihm nicht geholfen hätte.

Doch damit nicht genug. Ein weiterer Grund, von Freundschaft bei Hunden und anderen Tieren zu sprechen, ist die Fähigkeit zur Versöhnung. Viele glaubten, das sei den Menschen oder doch den Menschenaffen vorbehalten. Eine Untersuchung hat aber gezeigt, dass dieses Phänomen der Versöhnung oder der Tröstung auch unter Hunden existiert.[94] Den Frieden kann derjenige stiften, der die Aggression ausgelöst hat. In diesem Fall ist es schwer, zwischen einem an die soziale Hierarchie gebundenen Ritual und freundschaftlichen Bindungen zu unterscheiden. Die Frage stellt sich nicht mehr, wenn die Tröstung von einem Dritten gespendet wird, der an dem Rivalitätskampf gar nicht teilgenommen hat, aber dafür bekannt ist, dass er zu dem Unterlegenen eine positive Bindung unterhält.

Hier tritt Ihre Majestät die Bindung nun auch in der Freundschaft in ihre Rechte ein. Wenn solche Beziehungen bestehen, bringen sie den Betreffenden Lust und Schutz, aber sie sind auch für die anderen Partner sichtbar. Es hat lange gedauert, bis die Wissenschaft sich mit dieser Frage beschäftigt hat, aber nun ist es nicht mehr strittig: In einer Gruppe von Hunden oder Affen wissen alle Mitglieder, wer mit wem befreundet ist. Und das hat ganz offensichtlich Folgen im Sozialleben. Wenn ein Gruppenmitglied mit einem von dem Freundespaar Händel sucht, muss es damit rechnen, es auch mit dem anderen zu tun zu bekommen. Also sollte man immer wissen, wer mit wem befreundet ist.

Wir sprechen an dieser Stelle nicht von der Freundschaft zwischen Mensch und Hund. Diese Form der Freundschaft ist zweifellos von den stärksten Gefühlen getragen, vor allem wenn sie zwischen einem Hund und einem Kind besteht. Ich habe noch die Worte des US-Regisseurs und -Produzenten Tim Burton im

Ohr, der aus Anlass seines Films »Frankenweenie« (2012) sagte, als Kind sei die Freundschaft zu seinem Hund das erste starke Gefühl gewesen, das über den Kreis der Familie hinausging. Die Bindung an seinen Hund habe bei ihm eine unauslöschliche Erinnerung hinterlassen.

Bindung kann in vielerlei Gestalt auftreten. Sie existiert zwischen meinen Klienten und ihren Hunden und Katzen, zwischen zwei Delfinen, die sich nie trennen, zwischen Mutter und Kind, zwischen Romeo und Julia, zwischen zwei Schimpansen, die fünfzehn Jahre lang alles miteinander teilen. Diese Bindungen sind nicht gleich, aber sämtlich sprechen sie vom Glück, gebunden zu sein. Sie bescheren uns solch starke Gefühle, dass wir uns an der Schönheit des Liebens berauschen und darüber seine Gefahren vergessen.

Das Wagnis der Liebe

»Immer ist es die Liebe in uns, die verletzt ist. Immer ist es die Liebe, an der wir leiden, selbst wenn wir glauben, an nichts zu leiden.«

Christian Bobin

Für den Menschen und für viele Tiere ist die Bindung keine Wahl, sondern ein zwangsläufiger Vorgang. Die Mechanismen der Bindung dagegen sind nicht identisch. Von einer Gattung zur anderen und selbst innerhalb einer Gattung entwickelt das Individuum seine ganz besondere Form der Bindung und muss dazu eigene Ressourcen einsetzen, seine Erbanlagen, seine biologische Konstitution und seine Umwelt. Die Bindung, oft der schönste Lebensinhalt, ist entweder Gewinn und innere Bereicherung oder Last und leidvolle Wirklichkeit.

Extreme Sachverhalte verdeutlichen ein Risiko immer am besten, weil das Leid ganz offensichtlich ist und keinen Beweis mehr nötig hat. Das Fehlen einer Bindung kann den Beginn des Lebens, die Absolutheit einer Bindung das Überleben verhindern.

Dazwischen gibt es alle möglichen Zwischenstufen. Risiken entstehen, wenn die Bindung zu stark oder nicht gut ist und wenn die Ablösung misslingt. Aber nicht genügend Liebe bekommen oder geben stellt ebenfalls eine starke emotionale Gefährdung dar. Jedes Ungleichgewicht in einer Bindung ruft Leid hervor.

Zweifellos gibt es eine ideale Bindungsbeziehung, die je nach den Umständen ein anderes Bild bietet. Es gibt die mütterliche Bindung, die vor allen Gefahren schützt und dabei das Erkundungsverhalten tatkräftig unterstützt. Es gibt die romantische Liebe, bei der die Leidenschaft das letzte Wort behält und die doch ihrer Einzigartigkeit genügend Raum lässt. Wir suchen alle den Gleichgewichtspunkt, aber das ist ein virtueller Punkt in Raum und Zeit. Was im 17. Jahrhundert eine vollkommene Liebe gewesen wäre, wird unerträglich, sobald die romantische Liebe sich durchgesetzt hat.

Die Gleichheit der Geschlechter, eine heute überhaupt nicht mehr infrage gestellte legitime Forderung, wird zu einem echten Problem, wenn Gleichheit und Identität verwechselt werden. Die Behauptung, dass Männer keine Frauen sind und Väter nie Mütter werden, setzt wohl niemanden dem Vorwurf des Sexismus aus. Und die Liebesbeziehung, die uns alle Freuden der Welt und eine völlige Befriedigung aller Sinne gegeben hat, was ist aus ihr geworden ... vier Jahre später, wo doch die Liebe – dem Titel eines Romans von Frédéric Beigbeder zufolge – nur drei Jahre währt?[95] Die Liebe, die vor allem eine Aufgabe ist, ist zu einem Recht oder – schlimmer noch – zu einer Forderung geworden: »Ich habe ein Recht auf Liebe! Also liebe mich!«, heißt es bei beiden Geschlechtern, als ob die bloße Entscheidung ausreichend sei für eine gelebte Liebe. Die Tiere scheinen in dieser Hinsicht klüger zu sein, weil es ihnen an Fantasie und Berechnung fehlt. Das hindert sie nicht daran, ihre Bindungen ohne Einschränkung zu leben. Weil wir ihre Schmerzen wahrnehmen können, helfen sie uns wiederum, auf bedrängende Lebensfragen eine Antwort zu geben.

»Welch Geschick hat Liebe dir am öden Strand bereitet! …«[96]

Die Bindung kann lange dauern, manchmal bis zum Tod eines Partners. Wie reagiert nun der andere Partner in dieser besonderen Beziehung auf den unerwarteten und endgültigen Verlust?

Das Verhältnis zwischen Tod und Bindung wirft, wenn es um ein Tier geht, eine Reihe grundsätzlicher Fragen auf:

- Welche Vorstellung vom Tod hat das Tier? Gibt es Trauer bei Tieren innerhalb einer Art?
- Wenn die Bindungsperson des Tieres ein Mensch ist, was bekanntlich der Fall sein kann, was empfinden dann die Tiere? Nichts? Kummer? Trauer?
- Und umgekehrt: Können Menschen, die eine Bindung mit einem Tier hatten, Trauer bei seinem Verlust empfinden, womöglich eine pathologische Trauer?

Eros und Thanatos bei Delfinen

Wir sind weit davon entfernt, alles über das Verhältnis der »höheren« Arten zum Tod zu verstehen oder zu wissen. Selbst die wissenschaftliche Literatur auf diesem Gebiet weist mehr Erfahrungsberichte als experimentelle Studien auf.

Je intensiver das affektive Leben der betroffenen Arten ist, desto spektakulärer sind die Trauerreaktionen. Es erstaunt nicht, dass die Neodarwinisten und Adaptionisten nach wie vor den möglichen evolutionären Vorteil von Kummer und Trauer suchen.

Meiner Ansicht nach ist die Frage falsch gestellt. Angesichts der konstanten positiven emotionalen Auswirkungen einer Bindung scheint der Tod eines Artgenossen mit den damit verbundenen permanent negativen Gefühlen nur einen Ausgleich darzustellen, aus keinem anderen Grund als dem der Kompensation für den Luxus der Bindung ...

Die Delfine, deren scheue Liebesbeziehungen, aber unverbrüchliche Freundschaften bekannt sind, zeigen seltsame Verhaltensweisen beim Tod eines Artgenossen. Die Beispiele sind so zahlreich, dass sie kaum alle überprüft werden können. Sie betreffen Tierkadaver, die in flachen Gewässern gefunden wurden.

Ob in Monkey Mia, auf den Kanarischen Inseln oder in Florida, ob es sich um Tursiops-Delfine oder Rauzahndelfine handelt – es scheint so zu sein, dass Delfine jeden toten Artgenossen erst nach einigen Ritualen zurücklassen.

Es ist verständlich, dass eine Mutter nicht von ihrem toten neugeborenen Kind weicht, als hoffe sie noch immer, dass der offenkundige Tod nur eine vorübergehende Erstarrung sei und das Leben in den kleinen Körper zurückkehren könne. Die Beobachtungen bei den Delfinen scheinen damit nicht übereinzustimmen.[97] Ihre Verhaltensweisen erinnern fraglos an die Totenwache bei uns Menschen. Die Delfine sind jeden Tag woanders, aber in den genannten Fällen blieb die Schule oder ein Teil von ihr mehrere Tage bei dem toten Tier. Delfine können mit ihrem besonderen vertikalen Schwimmstil Luft holen und wieder zu dem toten Körper tauchen, den sie mit Klicklauten und mithilfe der Echoortung aufspüren. Sie reiben sich auch an ihm. In vielen Fällen übernehmen vor allem männliche Delfine den »Bestattungsdienst«, ob es sich nun um weibliche oder männliche tote Delfine handelt. Die Verhaltensweisen sind sehr verschieden: Es gibt synchrones Schwimmen in Zweiergruppen, die sich abwechseln, oder – im Falle eines toten jungen Delfins – vielfältige Kontakte der ganzen Gruppe, verbunden mit einer Verteidigungshaltung gegen heranschwimmende Menschen. Jedes Verhalten drückt Dankbarkeit für die Beziehung aus.

Die Tatsache, dass Mütter ihre Neugeborenen nicht loslassen, selbst wenn sie tot sind, bildete die Grundlage für Bowlbys Arbeit. Umso erstaunlicher ist es, dass die übrigen Mitglieder einer Gruppe auch gemeinsame Rituale haben. Noch überraschender für die Forscher waren die häufigen Erektionen von Delfinen, die bei dem toten Körper Wache hielten, sich an ihm rieben und zum Schein den Geschlechtsakt ausführten, als wäre das doch noch eine Möglichkeit, mit ihm in Verbindung zu bleiben und ihn in der Welt der Lebenden zu behalten.

In seinem Spätwerk sieht Freud in der Balance zwischen Lebenstrieb (Eros) und Todestrieb (Thanatos) das Fundament für eine ausgeglichene Psyche oder – im gegenteiligen Fall – für eine pathologische Entwicklung. Sollten die Delfine überzeugte Freudianer sein? Einige Wissenschaftler behaupten, die Position der toten Delfine verleite zu irrtümlichen Annahmen. Für eine Gattung mit hochentwickelten kognitiven und sensorischen Fähigkeiten scheint mir das eine wenig einleuchtende Erklärung zu sein. Da solche sexuellen Spiele das Leben der Delfine prägen, ist es nicht unangemessen, wenn sie in so großen Gefühlsmomenten wieder auftreten. Einen Irrtum anzunehmen ist nicht notwendig.

Die Trauer der Elefanten

Friedhöfe für Elefanten gibt es nicht. Diese Paradiese für Elfenbeinjäger entstammen der Fieberfantasie einiger Leute. Ein Beweis dafür wurde nie erbracht. Die Elefanten sind zweifellos die eindrucksvollsten Zeugen dafür, dass Trauer unter Wildtieren, die keine Primaten sind, möglich ist. Es gibt zahlreiche Geschichten von Elefantenmüttern, die bei ihrem toten Kind bleiben, es wiederbeleben wollen und mit dem Rüssel viele Tage lang über seinen Körper streichen. Die Berichte sind sehr ergreifend, wirklich überraschend sind sie allerdings nicht, denn hier liegt eine ganz ursprüngliche biologische Beziehung, eine tief verwurzelte Bindung vor. Die Biologin Joyce Poole, die ihr ganzes Forscherleben den Elefanten gewidmet hat, schreibt: »Als ich sah, wie Tonie bei ihrem toten Neugeborenen wachte, habe ich zum ersten Mal sehr stark empfunden, dass Elefanten diesen Verlust spüren. Ihr ganzer Körper drückte tiefste Trauer aus.«[98]

Noch aufschlussreicher ist die Trauer bei Elefanten, wenn die Leitkuh stirbt, die Matriarchin. Der Tod eines Elefantenkinds macht die Mutter ratlos, der Tod der Matriarchin allerdings bringt die Herde völlig durcheinander.[99] Die Berichte beschreiben erstaunliche Verhaltensweisen der Elefanten: Die Mitglieder der Herde, vor allem die nächsten Verwandten, bleiben bei ihrem Körper und bedecken ihn mit Erde oder Ästen. Die Art und Weise, wie die Nachkommen aus derselben Linie auch später mit den Knochen der Matriarchin Kontakt aufnehmen können, wirft Fragen auf.[100] Einige Wissenschaftler sprechen in diesem Fall vorsichtig von »Interesse«. Wäre von Menschen die Rede, bezweifelte natürlich niemand, dass hier Rituale der Trauer und der Totenehrung vorliegen, aber bei Elefanten gilt eine solche Annahme als überzogen – oder verfrüht. Cynthia Moss, eine der Expertinnen für Elefanten im Tierschutzbund IFAW (International Fund for Animal Welfare) berichtet, wie die Töchter und Enkelinnen sich um die sterblichen Überreste der Matriarchin versammeln, um zu trauern; wie die Tochter mit ihrem Rüssel den Schädel umhüllt, wie alle Elefanten der Herde feinfühlig die Knochen ergreifen und einige Zentimeter weiter niederlegen. Verstörend wirkt auch das Spiel der kleinen Elefanten mit den Gebeinen, als seien sie kleine Kinder, die zwischen den Gräberreihen eines Friedhofs spielen dürfen und das Geheimnis des Todes schon kannten, aber davon nicht überwältigt wurden.

Der tote Körper und die sterblichen Überreste der Mutter oder Großmutter wie auch eines an Flüssigkeitsmangel gestor-

Abb. 8: Die Trauer der Elefanten
Die Elefanten zeigen ein Interesse für die Schädel der in den letzten Jahren verstorbenen Mitglieder aus ihrer Familie

benen Elefantenbabys haben zweifellos eine Bedeutung für die noch lebenden Elefanten. Außerdem gibt es bei den Elefanten Kriegswaisen. In einigen Gebieten der Welt wurden ganze Herden mit automatischen Gewehren getötet, entweder wegen des Elfenbeins oder einfach nur, um einer rivalisierenden aufrührerischen Gruppe zu schaden. Pfleger, die verwaiste junge Elefanten betreuen, sehen abgestumpfte Tiere, deren Zustand nur den Gedanken an eine tiefe Depression nahelegt, selbst wenn das nicht der übliche Sprachgebrauch der Biologen ist.[101] Der Fall von Dika ist besonders aufschlussreich. Seine Herde wurde von Wilderern dezimiert; einige Tiere konnten, obwohl verwundet, fliehen, und Dika rettete sich in wilder Flucht durch Akazienbüsche, sodass sein ganzer Körper mit Dornen übersät war. Seine Pfleger beschrieben ihn als einen verstörten apathischen Elefanten, der vier Monate lang unfähig war, mit Artgenossen oder Menschen in Kontakt zu treten.

Wir Verhaltenstierärzte, die in Zoopsychiatrie ausgebildet sind, müssen immer wieder staunen über die Unfähigkeit der

Wissenschaftler, solche Zustände beim richtigen Namen zu nennen. Bei einem Menschen mit derlei Symptomen, die auch schwächer sein können oder deren Herkunft nicht so naheliegend ist, würde jeder ohne Zögern von einer »posttraumatischen Belastungsstörung« oder einer »chronischen Depression« in Verbindung mit einem traumatischen Ereignis sprechen. Die englischen Vertreter des Behaviorismus lehnen es ab, bei einem Tier von Depression zu reden, da die »schwarzen Gedanken« eines depressiven Menschen prinzipiell beim Tier nicht objektivierbar sind. Sie verneinen damit, dass Tiere von ihrer Welt eine Vorstellung haben, die mehr oder weniger optimistisch sein kann. Die Biologen sind noch weiter von einem medizinischen oder diagnostischen Ansatz entfernt. Ihre Beschreibung der Realität erlaubt uns zwar eine hypothetische Diagnose, die jedoch nicht zu ihrem Bezugssystem gehört.

Mir ist es wichtig, diesen gesundheitlichen Störungen eine genaue Bezeichnung zu geben und Diagnosen zu stellen, aber nicht, um einen engstirnigen Richtungsstreit vom Zaun zu brechen. Ich will zeigen, dass wir sonst die Tiere weder respektieren noch ihnen helfen. Wenn wir zugeben, dass mit dem Verlust eines anderen, mit dem Wegfall jeglicher Orientierung und mit der Angst vor der Zukunft die psychische Welt der Tiere ein Ort tiefen Leids sein kann, dann ist es unmöglich, so zu handeln, als gebe es dies alles nicht. Die vergleichende Psychopathologie – und vergleichen heißt nicht verwechseln – gibt uns den Schlüssel für das Verstehen in die Hand, das therapeutische Maßnahmen medikamentöser oder verhaltenstherapeutischer Art nach sich zieht.

Ein einziges Wesen fehlt …*

Tiere können wie Menschen im Allgemeinen Kummer und Trauer bewältigen. Die Gefühle verändern das Individuum, ändern seine Sicht der Welt, können seine traurige Stimmung für immer verfestigen, aber verhindern nicht den Lebensvollzug. Und doch kann ein Verlust den Tod bedeuten. Jeder kennt Beispiele aus dem menschlichen Bereich, gilt das aber auch für das »Tier«?

Die Beschreibung des Todes von Flint durch die Verhaltensforscherin Jane Goodall[102] ist ein unwiderlegbares Beispiel für tödliche Trauer im Tierreich. Flint war ein acht Jahre alter männlicher Schimpanse, als seine fünfzigjährige Mutter Flo starb. Vom Alter her gesehen, war Flint nicht mehr ganz jung, aber sein Entwicklungsstand entsprach dem eines Kleinkindes. Den Verlust seiner Mutter ertrug er nicht. Sie lag tot in einem Wasserlauf. Flint saß neben ihr, weinte, berührte ihren Körper, um Reaktionen hervorzurufen. Die ganze Schimpansengruppe versammelte sich um die beiden in einer Atmosphäre tiefer Hilflosigkeit. Nachdem die Schimpansen Trauer und großen Schmerz gezeigt hatten, gingen sie nach und nach weg. Flint wurde von seinem älteren Bruder ebenfalls zum Gehen aufgefordert, aber ohne Erfolg. Acht Tage nach seiner Mutter starb auch Flint. Der kleine Schimpanse starb aus Trauer, aus Liebe, an einer Krankheit aufgrund eines geschwächten Immunsystems – wir können wählen, was uns am meisten einleuchtet. Aber eines steht fest: Flint starb, weil er den Verlust seiner Bindungsfigur nicht überwinden konnte.

Wir denken in diesem Zusammenhang auch an das Waisenkind Oscar, die Hauptperson in dem Disneyfilm »Schimpansen«.

---

* Anspielung auf das Gedicht »L'isolement« von Alphonse de Lamartine (1790–1869). In der Übersetzung von Gustav Schwab von 1826: »Du Strom, du Fels, du Hain! Ihr Öden, mir das Beste! / Euch fehlt ein Wesen nur – entvölkert seid ihr all!« (A. d. Ü.)

Auch Oscar hatte unter ähnlichen Umständen wie bei Flint seine Mutter verloren, konnte dann aber adoptiert werden. Der Verlust der Bindung, das zeigen die Schicksale von Flint und Oscar, hat bei den Tieren nicht dieselben Folgen, und über die Qualität der bestehenden Bindung lässt dieser Vorgang unmittelbar keine zwingende Schlussfolgerung zu, sondern verweist auch auf die individuellen Ressourcen, auf die Möglichkeit einer Resilienz oder auf das Fortbestehen einer pathologischen Bindung, die überhaupt keine Freiheit mehr zulässt.

Ob Tier oder Mensch – die Trauerreaktion ist bei jedem Individuum verschieden und umfasst je nach den emotionalen und kognitiven Fähigkeiten ein breites Spektrum. Der Mensch muss deshalb die Hoffnung aufgeben, dass seine höheren Fähigkeiten ihn davor schützen, im Gegenteil: Seine hochentwickelte Reflexions- und Abstraktionsfähigkeit sowie seine Begabung, sich mit Vergangenheit und Zukunft gedanklich zu beschäftigen, verstärken nur noch sein Leidenspotenzial.

Die Qualität der Beziehung vor dem Verlust ist nicht der alles entscheidende Faktor, bestimmt aber die Qualität und Intensität der Trauer. Die Tiere weisen uns auf etwas hin, was wir schon immer wussten.

Sehen wir uns einen Fall aus dem sehr schönen Dokumentarfilm »Warum Hunde lächeln und Schimpansen weinen« von Carol Fleisher aus dem Jahr 1999 an.[103] Der Anführer einer Gruppe von Makaken verhielt sich freundlich und tolerant gegenüber den Gruppenmitgliedern und gutherzig zu den Jungtieren. Aber ein junger Makake wollte seinen Platz einnehmen und tötete ihn schließlich. Wie immer man die Reaktion der Gruppe auf den sehr aggressiven neuen Anführer beurteilt (ich empfehle, diesen Film ganz anzuschauen), so bewegt uns emotional in erster Linie die Einstellung der Gruppenmitglieder zu ihrem beliebten Anführer, als er an den Wunden starb, die ihm sein Herausforderer zugefügt hatte. Alle verbrachten einige Zeit bei seinem toten

Körper, vertrieben die Mücken und äußerten zarte Laute der Hilflosigkeit. Die ganze Gruppe spürte den Verlust und trauerte gemeinsam. Nur der Angreifer blieb fern. Die Toten wecken nicht bei jedem die gleichen Emotionen; jeder trauert auf besondere Weise, die von seiner Lebensgeschichte und seinen Beziehungen abhängt.

Da wir Tierärzte tagtäglich in unserer Praxis solche Beziehungen beobachten, wissen wir nur zu gut, dass es die ganze Bandbreite von Trauerreaktionen auf ein totes Tier auch bei den Haustieren gibt. Manche Besitzer von Katzen sind richtig schockiert, wenn sie uns beispielsweise berichten, dass Minou, eine kleine schwarzweiße Katze, seit dem Tod von Mickey, der großen grauen Katze, viel glücklicher aussieht. Sie hält sich jetzt dort auf, wo Mickeys Revier war, und spaziert in den Zimmern herum, in denen sich noch vor Kurzem Mickey aufhielt. Auf Nachfrage stellte sich heraus, dass Mickey Jagd auf Minou gemacht, ihr beim Verlassen des Katzenklos aufgelauert und sich auf sie gestürzt hatte. Minou hatte sich angewöhnt, der großen grauen Katze aus dem Weg zu gehen, sein Revier zu verkleinern und seine Wachsamkeit zu erhöhen.*

Geschieht ein solcher Vorfall in einer Katzenkolonie, dann schließen die Katzen nie Bündnisse, um den Diktator zu stürzen, wie das Schimpansen und Makaken oder die uns näherstehenden Hunde tun. Zum Verständnis müssen wir uns bei der Katze den völligen Mangel an Gemeinschaftssinn vor Augen halten. Muss sie mit anderen zusammenleben, kann sie daran Vergnügen finden, tiefe, dauerhafte Freundschaften einzugehen, und darin – wie wir selbst gesehen haben – sogar ein Vorbild zu sein. Der Verlust eines anderen, ob Katze, Hund oder Mensch, ruft dann Kummer und Reaktionen der Hilflosigkeit hervor und

* Die Namen sind erfunden. Es ist jedoch unwahrscheinlich, dass jede Ähnlichkeit mit lebenden oder verstorbenen Personen nur rein zufällig ist.

führt zu einer mehr oder weniger langen Trauer, die mehr oder weniger reversibel ist. War der Tote aber ein Aggressor, der durch Angst und Zwang herrschte, dann trauert keine Katze. Im Gegenteil: Minou zeigte, wie die Besitzer schockiert feststellten, ihre wiedergefundene Freude und Lebenslust. Wer kennt in seiner Familie nicht eine Großmutter oder eine Großtante, die schnell eine fröhliche Witwe genannt wird, weil sie überhaupt nicht über den Tod ihres Gatten betrübt war, der im Verdacht stand, sie zu terrorisieren?

Die Beobachtung allein lässt noch keine Voraussage über eine bestimmte Trauerreaktion zu, weder bei Menschen noch bei Tieren.

Der schon erwähnte Dokumentarfilm »Warum Hunde lächeln und Schimpansen weinen« zeigt ein Wolfsrudel, das längere Zeit beobachtet wurde. Mataqui stand ganz am Ende der Rangordnung, ein typisches Omega-Tier, das von fast allen Wölfen Hiebe einstecken musste. Eines Tages wurde er von einem anderen Wildtier getötet, und jetzt herrschte Trauer in der Gruppe. Das war nicht vorhersehbar angesichts der geringen Sympathie, die sie ihm, der von unserer Warte aus gesehen eigentlich ein Außenseiter war, entgegengebracht hatten. Das Rudel war in seinem gesamten Verhalten von dem Verlust dieses Wolfes betroffen, der für sie doch wertlos schien. Sie spielten nicht mehr, reduzierten ihre sozialen Kontakte auf ein Minimum und ließen in den Lautäußerungen ihrer Hilflosigkeit freien Lauf. Das dauerte nicht bloß einen Tag! Die Beobachter bescheinigen eine sechswöchige kollektive »Trauer«, ein Ausdruck, der uns angemessen erscheint.

Wenn es sich so zugetragen hat, ist kein Zweifel mehr möglich: Tiere fühlen den Verlust genauso, wie sie die Freude an der Bindung und die Angst vor der Trennung fühlen.

Müssen wir besonders darauf hinweisen, dass wir die Trauer einer Menschenmutter, die ihr Kind verloren hat, nie mit der

Trauer einer Tiermutter gleichsetzen, auf welcher Entwicklungsstufe diese auch steht? Ich hoffe nicht. Auch behaupte ich nicht, dass die mütterlichen Bindungstypen bei Menschen und Tieren identisch seien. Ich sage nur, dass es zum Zeitpunkt des von den Tieren empfundenen Leids – und ich benutze jetzt bewusst dieses Wort – erste Ansätze einer menschlichen Trauer gibt. Die menschliche Seele verliert nichts von ihrer Tiefe und Einzigartigkeit, wenn wir das begreifen und akzeptieren. Da wir Menschen mehr nachdenken als andere Gattungen, leiden wir auch mehr als sie an den Wunden der Vergangenheit und den Sorgen um die Zukunft. Aber Tiere, zumindest diejenigen, von denen hier die Rede ist, haben auch eine Seele, sofern wir darunter den virtuellen Ort verstehen, der die Kognitionen und Emotionen, die typischen Merkmale der Gattung und die Eigenheiten des Individuums integriert, wo alle Potenziale, die Stärken und Schwächen, die Versprechungen und Wortbrüche, das Gute und das Böse liegen.

Hier gibt es aufgrund der Bindung alle Spielarten der Liebe und alle von einem Verlust herrührenden Arten von Leiden. So wie wir Beispiele für Bindungen zwischen zwei verschiedenen Gattungen gefunden haben, gehen wir kein großes Risiko mit der Wette ein, auch spektakuläre Beispiele für Trauer in gattungsübergreifenden Wechselbeziehungen zu finden.

»Doch eines Tages, ich weiß es wohl, wird Gott die Hunde als die Seinen erkennen«[104]

Bindung, Freundschaft und Liebe kennen keine Gattungsgrenze, auch wenn sie zwischen Individuen innerhalb einer Art leichter entstehen. Die Trauer hängt nicht von der Zugehörigkeit zu einer bestimmten Art ab, sondern folgt aus einer Beziehung. Jeder leidet, wer einen geliebten Hund durch den Tod verliert. Bei

Tieren ist es nicht viel anders. Lieben sie einen Menschen, leiden sie unter seinem Verlust, und der Gattungsunterschied spielt keine Rolle. Es ist kein Zufall, wenn ich von Hunden spreche, da sie uns zahllose Beispiele dafür liefern. In jeder Tierzeitschrift gibt es solche Erfahrungsberichte in Hülle und Fülle. Umso erstaunlicher ist es, dass die Suche in einer wissenschaftlichen Datenbank nach Trauerreaktionen von Hunden auf den Verlust eines Menschen aktuell keine Resultate ergibt. Eine reichhaltige Literatur existiert dagegen zu den Trauerreaktionen von Menschen, die ein Tier verloren haben.

Weil das Tier keinen Subjektstatus hatte, konnte es nur Objekt sein. Die Frage nach der Trauer eines Tieres stellte sich daher nicht. Diese Situation ändert sich heute: Wir können alle derartige Erfahrungsberichte sammeln, daraus Hypothesen bilden und sie anschließend verifizieren. Ihre große Zahl ist schon der Keim eines Beweises, aber nach welchen Kriterien sollen wir eine Auswahl treffen aus der Fülle an Erfahrungsberichten, die keine einheitliche Form aufweisen?

Für Tierliebhaber und Menschen, die Umgang mit Tieren haben, verstehen sich meine Ausführungen von selbst. Weitere Beispiele sind deshalb unnötig. Für »Tierskeptiker« sind das alles nur nette Geschichten, Märchen von Leichtgläubigen, denen Tierliebe den Geist vernebelt hat. Es bereitet Freude, zu einem überzeugten Publikum zu sprechen, aber den Zweifel bei jemandem säen, der bisher die Realität unter diesem Gesichtspunkt nicht sehen wollte, ist ein ganz anderes Vergnügen.

Beginnen wir mit einer historischen Quelle, mit der *Naturgeschichte* (Buch VIII) von Plinius dem Älteren (23–79). Er berichtet dort von Hunden mit so auffallenden Trauerreaktionen, dass er sie in seinem Buch festhalten wollte. Eine Stelle schildert eine schwere Depression nach einem tödlichen Verlust: »Nachdem Jason aus Lykien getötet worden war, stellte sein Hund das Fressen ein und hungerte sich zu Tode.« Einige Zeilen weiter bewundert er den Hund eines Sklaven, der gleichzeitig mit seinem Herrn, Titius Sabinus, hingerichtet wurde: »Der Hund wich auch nicht vom Leichnam, als dieser auf die Seufzertreppe geworfen war, wobei er in Gegenwart einer Menge römischen Volkes ein jämmerliches Geheul ausstieß; als ihm jemand aus der Menge etwas zu fressen vorwarf, trug er es zum Munde des Toten. Nachdem der Leichnam in den Tiber geworfen war, schwamm er ihm nach und suchte ihn über Wasser zu halten.«[105] Ich höre schon den Einwand: Dieses Beispiel beweist doch eher die Bindung als die Trauer. Für mich ist das ein schöner Beleg für eine Phase der Verleugnung.

Plinius führt noch weitere Ereignisse von Hunden und auch von Pferden an. Ihn verwundern derartige Verhaltensweisen bei Tieren nicht, aber René Descartes (1596–1650) war ja noch nicht geboren!

Manche Hunde verdanken ihren Ruhm in der Nachwelt außergewöhnlichen Trauerreaktionen. Sie bekommen dann das Etikett »Treue« oder »Loyalität« verpasst, und die Bewunderung gilt der konsequenten Beharrlichkeit, die beispielhaft erscheint, aber doch überdacht werden muss.

Ein nicht lange zurückliegendes, aber schon in die Geschichte eingegangenes Beispiel stammt von Greyfriars Bobby, einem kleinen Skye Terrier, den die Schotten zu ihrem Symbol für Loyalität machten. Bobby lebte seit zwei Jahren bei seinem Herrn in Edinburgh, als dieser im Jahr 1858 an Tuberkulose starb. Das Alltagsleben der beiden verlief in einer gut eingespielten Routine. Der Besitzer ging jeden Tag um 13.00 Uhr mit seinem Hund in ein Lokal zum Mittagessen. Bobby bekam einen Knochen und ein Gebäckstück. Nach dem Tod und der Beerdigung seines Herrn verschwand der Hund. Er wurde auf dem Friedhof gefunden, wo er auf dessen Grab lag. Da der Aufenthalt von Hunden auf dem Friedhof verboten war, jagte man ihn weg. Aber jede Nacht kam er zurück.

Abb. 9: Loyal wie ein schottischer Hund …
Greyfriars Bobby blieb vierzehn Jahre lang
am Grab seines Herrn

Der Hund bekam weiterhin sein tägliches Fressen im selben Restaurant, und der Friedhofswärter erhielt die Erlaubnis, Bobby auf dem Grab seines Herrn schlafen zu lassen. Viele Familien rührte Bobbys Geschichte so sehr, dass sie ihn adoptieren wollten. Sie mussten darauf verzichten, weil Bobby vor Verzweiflung laut aufjaulte, sobald er nicht auf diesem Grab schlafen konnte. Das Ritual dauerte vierzehn Jahre lang. Eine davon tief ergriffene Baronin beschloss, Bobby eine Statue zu errichten, die zum nationalen Symbol wurde.

Hachiko, ein japanischer Aikita-Inu, wartete sechs Jahre lang an einem Bahnhofsausgang auf seinen Herrn, der an einem Herzinfarkt gestorben war und nicht mehr zurückkehren sollte. Richard Gere verkörperte die Rolle des Besitzers in dem Film »Hachiko – Eine wunderbare Freundschaft«,[106] der zwar in den

Abb. 10: … oder loyal wie ein japanischer Hund.
Der japanische Hund Hachiko wartete am Bahnhof
von Shibuya über sechs Jahre auf seinen Herrn

Vereinigten Staaten spielt, aber den Kern der Episode beibehält.

Hachiko konnte die Phase der Verleugnung nie mehr überwinden und wartete jahrelang auf seinen Herrn, ohne ihn jemals wiederzusehen. Beeindruckt von dieser Beharrlichkeit, errichteten ihm die Einwohner von Shibuya eine Statue am Bahnhofsausgang, dem Ort, an dem er so viele Jahre vergeblich gehofft hatte.

Wir könnten auch auf den argentinischen Schäferhund Capitan hinweisen, der ebenfalls das Grab seines Herrn trotz aller Bemühungen der Familienmitglieder nicht verließ, oder auf Spot, der immer noch jeden Abend an derselben Straßenecke auf seinen Herrn wartet, der nicht mehr wiederkommen wird, weil ihn ein betrunkener Autofahrer überfahren hat.

Solche Beispiele sind ergreifend und vielleicht notwendig, um auch die hartnäckigsten Skeptiker zu überzeugen, dass ein Hund Trauer empfinden kann. Eine extreme und seltene Verhaltensweise kann durchaus in einer Gattung vorkommen. Die Existenz von Albert Einstein (1879–1955) und Mohandas Gandhi (1869–1948) zeigt, dass Menschen genial und weise sein können. Daraus folgt nicht, dass es alle sind.

Allerdings ist für das Verhalten der zu Nachruhm gekommenen tapferen Hunde auch eine psychopathologische Interpretation denkbar. In den klassischen Phasen der menschlichen Trauer (Verleugnung, Wut, Traurigkeit und Hinnahme, die eine Neubesetzung der Außenwelt ermöglicht) verhindert ein Stillstand in den ersten Phasen die Beendigung der klassischen Trauerarbeit und gilt als Zeichen einer pathologischen Trauer. Die erwähnten außergewöhnlichen Beispiele veranschaulichen für mich auf bemerkenswerte Weise eine Blockade in der Phase der Verleugnung. Für die Hunde wäre eine Behandlung das Richtige gewesen, als alle helfen wollten. Um die Echtheit seiner Trauer zu beweisen, muss ein Tier nicht aus Kummer sterben wie der Hund von Jason aus Lykien oder nicht mehr in der Lage sein, das Grab seines Herrn zu verlassen. Unsere Klienten erzählen täglich von vollständigen Trauerprozessen. Das Tier scheint zunächst die neue Situation nicht zu akzeptieren, aber nach einigen Stunden, Tagen oder Wochen eines mehr oder weniger starken Kummers konnte das Leben wieder seinen normalen Verlauf nehmen.

Solche unspektakulären Geschichten machen nie Schlagzeilen in den Zeitungen oder im Internet – das Alltägliche interessiert hier nicht –, aber sie beweisen besser als jede außergewöhnliche Geschichte das regelmäßige und ganz normale Vorkommen der Trauer beim Hund.

Viele erinnern sich an die letzten Tage des französischen Staatspräsidenten François Mitterrand (1916–1996) und an die

Labradorhündin an seiner Seite. Ihre Beziehung war so tief, und der Präsident hing so sehr an seiner Hündin, dass er festlegte, sie solle den Sarg begleiten, den ein Flugzeug nach seinem Geburtsort Jarnac brachte. Hier durfte Baltique nicht in die Kirche, sondern blieb angeleint vor der Eingangstür. Die Bilder mit ihrem Blick auf den Sarg bewegten viele Franzosen. Der Liedermacher Renaud machte darüber ein Chanson und lässt den Hund sagen: »Sagt mir Bescheid, wenn jemand einen Menschen so lieben sollte, wie ich diesen Menschen geliebt habe, den ich so sehr beweine wie du.« Ich habe über das weitere Schicksal von Baltique nichts herausgefunden, aber sie musste weiterleben und sich an andere Personen binden, bevor auch sie starb und ein wesentlich schlichteres Begräbnis erhielt.

Auf der Webseite von Cesar Millan[107] – dem »Hundeflüsterer«, der im US-amerikanischen Fernsehen allgegenwärtig ist – steht eine Notiz von der Reaktion eines Hundes bei dem Begräbnis des in Afghanistan gefallenen Soldaten Jon Tumilson. Als der beste Freund des Soldaten nach vorn ging, um die Grabrede zu halten, begleitete ihn der schokoladenbraune Labrador Hawkeye und legte sich unter den Sarg. Die anwesenden 1500 Personen waren davon sehr bewegt und ebenso mehrere zehntausend Menschen, die auf Facebook das Foto sahen, das die Schwägerin von Jon eingestellt hatte.

Mir geht es hier weder darum, ob die Trauer des Hundes real war, noch um die Kompetenzen von Cesar Millan. Verdienstvoll ist jedenfalls, dass die Notiz zu zahlreichen Mitteilungen führte, deren Hinweise eine Überprüfung der Trauer bei Hunden erlaubt. Die anonym bleibenden Besitzer berichteten von Hunden oder Pferden, deren Verhalten Trauer und Lustlosigkeit ausdrückte und die tage- und wochenlang nicht mehr spielen oder fressen wollten – eine überaus klassische Reaktion. Möglicherweise kommt darin eine gewisse Verstörung zum Ausdruck, weil die Besitzer zu schnell ein weiteres Tier anschafften, um ihren eigenen

Kummer und den ihrer Haustiere zu überwinden. Oft stand auch das Überleben auf dem Spiel, aber meines Wissens ist in diesen Berichten nur von einem toten Tier die Rede. Ein Pferd wurde sogar zu einem wandelnden Skelett, als sein Reiter starb, mit dem es eine sehr enge Beziehung hatte. Nach sechs Monaten intensiver Pflege beschloss die Tochter, die selbst nur schwer über den Tod ihres Vaters hinwegkam, dem Tier weiteres Leiden zu ersparen und es einschläfern zu lassen. Da begann das Tier plötzlich wieder zu fressen und konnte weiterleben. In den Mitteilungen kommt es fast immer zu einem guten Ende, das heißt, das Tier kehrt nach einer Trauerreaktion, die bis zu einer chronischen Depression gehen kann, wieder ins Leben zurück. Die klassischen Trauerphasen (Verleugnung, Verzweiflung, Neubesetzung der Realität) waren oft deutlich zu erkennen, und diese schlichte Tatsache ist für mich ein viel stärkerer Beweis für die Fähigkeit der Hunde, zu trauern, als einige außergewöhnliche Beispiele.

Die meisten trauernden Hunde brauchen keine Behandlung, weil die Unterstützung durch das Hunderudel und die Verstärkung anderer Bindungsbeziehungen ausreichen, um solche Symptome zu verhindern. Das Leid nach dem Verlust eines geliebten Wesens ist alles andere als eine Krankheit. Es ist die ganz individuell auf tausend verschiedene Weisen ausgedrückte Form für das Ende einer bestimmten Beziehung. Sollte aber die Intensität oder die Dauer des Trauerprozesses das Tier an einem harmonischen Weiterleben hindern oder in Lebensgefahr bringen, dann muss das leidende Tier unverzüglich behandelt werden.

Elegie für einen Pudel

Mir schien es selbstverständlich zu sein, zuerst die Tatsache einer Trauerreaktion bei Hunden erneut vor Augen zu führen, um dann mit größerem Abstand auf die Trauerreaktion der Menschen beim Tod eines Tieres einzugehen. Ich war über dreizehn Jahre Facharzt für tierärztliche Allgemeinpraxis und hatte fast täglich mit dem Tod von Haustieren und den Reaktionen ihrer Besitzer zu tun. Als Spezialist für Tierverhaltenstherapie muss ich in dieser Hinsicht manchmal schwierige Entscheidungen mit den Besitzern treffen, aber generell werde ich mit dieser Realität im Alltag nicht mehr so oft konfrontiert. Hin und wieder frage ich mich, ob das nicht in zweierlei Hinsicht für meine berufliche Neuorientierung als Tierverhaltenstherapeut ausschlaggebend war:

1. Ich wollte vor allem den Tieren einen Tod ersparen, den ich für ungerecht hielt. Das Einschläfern aufgrund von Verhaltensproblemen ist bei Hunden unter zwei Jahren die erste Todesursache. Unsere Tierheime sind voll von Hunden, die dort abgegeben wurden, weil sie in Abwesenheit ihrer Besitzer zu viel gebellt oder etwas zerstört haben. Dafür gibt es Alternativen. Wenn ich zusammen mit meinen Freunden diesen unsäglichen Zustand verbessert habe, dann war das für mich keine verlorene Zeit.
2. Ich habe mich von dem alltäglichen physischen und sensorischen Kontakt mit dem Tod zurückgezogen. Da ich an Arbeitsgruppen zur Frage der Einschläferung teilnahm, kann ich bezeugen, welchem gewalttätigen Vorgang die Tierärzte dabei regelmäßig ausgesetzt sind, sodass manche unter ihnen an Burn-out-Symptomen leiden. Selbst wenn das nicht der Fall ist, so ist das für jeden Einzelnen alles andere als eine harmlose Aktion.

Die Sprache lässt uns im Stich, wenn wir von den Menschen und ihrem Kummer beim Verlust eines Haustieres sprechen. Die Worte »Herr« oder »Besitzer« passen nicht recht, denn hier geht es weder um Macht noch um Geld. Der Verlust einer Liebe steht zur Debatte, und wie soll ich den nennen, den ich liebe und der mich liebt, wenn die richtigen Worte dafür nicht zur Verfügung stehen? »Kumpel«, »Gefährte« oder »Freund« sind Bezeichnungen, die durchaus für Tiere geeignet sind, aber wohl kaum für Menschen als Partner in dieser Beziehung. Hier fehlt es an Eindeutigkeit, da der Sprachgebrauch nicht festgelegt ist.

Ich verweise mit Erlaubnis meines Vaters auf die Bezeichnungen, die er, ein Freund sinnvoller Wortneubildungen, den vielen Tieren gegeben hat, die sein Leben teilten. Eine weibliche Katze, mit der ihn besonders schöne Momente auf seinem Landgut verbanden, war für ihn die »Katzenfreundin«, und er war ihr »Menschenfreund«. In beiden Worten war ohne irgendeinen Beiklang von Besitz der Respekt für die Gattung und die Art der Beziehung zusammengefasst. Als die Katzenfreundin starb, empfand der Menschenfreund tiefen Kummer, aber heimlich und verschwiegen, so wie ihre Beziehung es auch war.

Auf jeden Fall gehört das zu dem Risiko, das die Liebe zu den Tieren mit sich bringt. Im Leben eines Menschen haben viele Tierleben Platz, und wenn wir unseren Kindern einen Hund oder eine Katze schenken wollen, dann ist gleichzeitig das Risiko damit verbunden, dass sie am Todestag dieses Tieres großen Kummer spüren und einen Schmerz erleben, der so tief ist, wie ihre Bindung zu ihrem Tier gewesen war.

Lohnt sich dieses Risiko der Liebe? Wir kennen die Antwort aus der Erzählung *Der Kleine Prinz* von Saint-Exupéry: Dort spielte der Fuchs bei der ersten Begegnung wie gesagt auf die weizenblonden Haare des Prinzen an und sprach davon, dass die goldene Farbe der Weizenfelder ihn immer an den Prinzen erinnern werde. Als der Fuchs beim Abschied vom kleinen Prinzen zu weinen beginnt, meint dieser, der Fuchs hätte ja gar keinen Gewinn aus ihrer Bekanntschaft gezogen. Da antwortete der Fuchs: »Ich habe … die Farbe des Weizens gewonnen.«[108] Aus der Bindung und der Liebe erwächst ein solcher beidseitiger Gewinn, dass bei der Anschaffung von Haustieren das Risiko, ja die Gewissheit ihres Verlustes kein Hindernis ist, um dieses Abenteuer zu wagen.

Ich wende mich jetzt an solche Leser, die nie mit einem Tier gelebt haben und deshalb glauben, dass ein derartiger Schmerz beim Tod eines gefiederten oder behaarten Freundes eine Art Verirrung oder eine Krankheit sei. Ein erstaunliches Beispiel dafür lieferte eine Musiksendung im Fernsehen. Der Moderator, der eigentlich brillant und geistreich war, kündigte den Titel eines Werks von Beethoven mit den Worten an: »Das Werk heißt ›Elegie auf den Tod eines Pudels‹ und war zweifellos vom Autor nicht ganz wörtlich gemeint …« Die Gäste der Sendung waren verblüfft und etwas verlegen, und der Bariton, der das Lied vortragen sollte, korrigierte den Moderator und wies darauf hin, dass Beethoven sehr an seinem Pudel gehangen und das Musikstück zur Erinnerung an das Tier geschrieben habe, ganz ohne Ironie oder Boshaftigkeit. Eine Journalistin unter den Gästen sah den Moderator etwas mitleidig an und sagte zu ihm: »Sie haben wohl keine Haustiere«, was er nur bestätigen konnte. Ein weiterer Gast, ein ehemaliger Minister und begeisterter Anhänger der klassischen Musik, fügte hinzu, dass das nichts im Vergleich zu Schopenhauer sei, der sein ganzes Vermögen seinem Hund vermacht habe. Er vergaß aber zu sagen, dass dies aus Hass gegenüber den Frauen geschah.

Ich mag keine Tierliebe aus Hass gegenüber den Menschen oder einem Teil der Menschheit. Wer Hunde liebt, weil »sie uns wenigstens nicht enttäuschen«, der ist wahrscheinlich vom Leben verletzt worden. Ich maße mir kein Urteil an, aber bei näherer Betrachtung erteilen uns die Tiere in ihrer Mehrheit diese Lektion gerade nicht. »In ihrer Mehrheit …« muss natürlich ausdrücklich betont werden. Als ich das schrieb, fiel mir ein, dass es auch Tiere gibt, die ihre eigene Art nicht mögen! Wir kennen Hunde und Katzen, die ihre Artgenossen überhaupt nicht leiden können. Wir stellten bei ihrer Behandlung fest, dass sie sich in den meisten Fällen aus Angst so verhielten, die Angst vor dem Unbekannten oder die Angst vor dem anderen, der einem wehtun könnte. So sehr unterscheiden sie sich nicht von den Menschen, die Hunde und Katzen zu sehr lieben aus Furcht vor ihren Mitmenschen, die wieder einmal von Liebe sprechen und ihre Versprechungen dann doch nicht halten.

Ich glaube und hoffe, dass dieses Buch in reichem Maße die Liebe verdeutlicht, die Tiere sich und den Menschen entgegenbringen. Die ideale Beziehung, daran ist nicht zu zweifeln, findet innerhalb einer Gattung statt. Kommt es zwischen einem Menschen und einem Tier zu einer außergewöhnlichen Beziehung, dann ist das ein sekundärer Nutzen, der aus der Fähigkeit zur Bindung und Liebe entspringt, die in unserer menschlichen Gattung und noch in vielen anderen Gattungen vorhanden ist. Wir sollten nie auf das verzichten, was die Artgenossen uns entgegenbringen: mütterliche, väterliche oder romantische Liebe, Freundschaft und Bindungen jeglicher Art. Es gibt garantiert einen Bindungstyp, der für jeden von uns von Bedeutung sein kann und der ein lebenswichtiges Bedürfnis erfüllt.

Ein ziemlich großer Kummer für so kleine Kinder

Tiere sterben – oft zu früh –, und ihr Tod bewegt und verletzt uns. Wie steht es aber um die Trauer eines Kindes, das jetzt zum ersten Mal dem Tod begegnet? Im vorigen Kapitel kamen wir auf Tim Burton und seinen neuesten Animationsfilm zu sprechen, der von einem kleinen Jungen handelt, dessen Hund tödlich verunglückt ist. Da der Junge sich damit nicht abfinden kann, verwandelt er sich in einen verrückten Wissenschaftler, der ihn wieder zum Leben erweckt und natürlich auch schlimme Katastrophen herbeiführt ...

Diesen Film drehte Burton dreißig Jahre nach dem ersten gleichnamigen Film, weil Frankenweenie seine Trauerarbeit nicht beendet hatte. Vielleicht deshalb, weil er von netten und mitleidigen Eltern vorgefertigte Sätze zu hören bekam, die man in solchen Fällen spricht. »Wenn uns jemand verlässt, den wir lieben, so bleibt er doch immer in unserem Herzen …«, sagt die Mutter. Und der kleine Junge erwidert: »Ich will ihn aber nicht in meinem Herzen haben, ich möchte, dass er hier ist.« Um ihr totes Tier wieder zum Leben zu erwecken, sind nicht alle Kinder so genial veranlagt wie Frankenweenie, aber alle träumen davon.

Ich sehe wieder den kleinen Jungen in meiner Praxis vor mir. Die Mutter bat mich, ihm zu erklären, dass sein Hund tot sei. Er sagte nichts, blickte auf den Boden, eine blonde Haarsträhne verdeckte seine Augen. Er hörte mir zu, wie ich ziemlich ungeschickt davon redete, dass manchmal auch Tierärzte trotz intensiver Behandlung den Tod von Hunden nicht verhindern können. Plötzlich blickte er mich hoffnungsvoll an und sagte: »Aber du, du kannst seinen Tod beenden …«

Er war zu jung, um zu verstehen, dass auch viele Angehörige im medizinischen Bereich mit dieser geheimen Hoffnung ihren Beruf ausüben und dass es ein langer und harter Weg ist, bis man begreift, wie begrenzt unsere Möglichkeiten eigentlich sind!

Über die natürliche Beziehung des Kindes zum Tod eines Tieres habe ich am meisten von meinen Kindern gelernt. Mein Beruf hat sicherlich zu ihrem besseren Verständnis dieses Phänomens beigetragen, da sie manchmal in die Klinik kamen und kranke Tiere besuchten. Später erfuhren sie dann, dass manche sterben mussten. Aber der Tod ist für Kleinkinder eine ziemlich abstrakte Angelegenheit.

Wir sind eine Familie mit sehr viel Glück. Meine Kinder haben noch ihre beiden Eltern und ihre vier Großeltern. Alle Onkel und Tanten leben noch. Selbst als junge Erwachsene kennen sie den Tod nur bei den Eltern von Freunden oder Kameraden. In dieser

Hinsicht waren also Tiere ihre Lehrmeister, und zwar alle möglichen.

Der Tod des Hamsters Ramses war für sie die erste Erfahrung mit dem Sterben. Der Hamster verbrachte sein Leben in einem Käfig, und meine Söhne streichelten ihn. Auf eine sehr große Anhänglichkeit ihrerseits hätte ich keine Wette abgeschlossen. Nach dem Tod des Hamsters fragten uns die Kinder, was wir zu tun gedächten. Vorsichtig fragten wir zurück, ob sie einen Wunsch hätten. Ohne zu zögern, kam die Antwort: eine Beerdigung! Sie gaben einige Legosteine her und bauten damit einen Sarg. Damals galt ihr ganzes Interesse der altägyptischen Kultur, und so beschlossen sie eine Beerdigung nach dem Ritus dieser Zeit.

Vier Soldaten bewachten den Körper des Hamsters, um ihn auf der gefährlichen Reise zu beschützen. Süßigkeiten und Nahrung wurden Ramses ebenfalls beigegeben, denn die Reise konnte lange dauern. Als höchste Opfergabe brachten sie einen von ihren Lieblingskuchen; wie der Lippenabdruck eines Kindes zeigt, wurde vorher die Essbarkeit überprüft. Schließlich legten sie noch einige Münzen in den farbigen Sarg, um die Überfahrt zu bezahlen und die kleinlichen Wächter des Styx zufriedenzustellen, auch wenn die Mythologien hier ein wenig durcheinandergerieten.

Der Sarg wurde geschlossen und von zwei Kindern mit ernstem Gesicht in unserem kleinen Stadtgarten am Fuße eines Mimosenbaums in die Erde gelassen.

Etwas beklommen stellte ich fest, wie groß doch der Kummer für so kleine Kinder ist. Ungefähr eine halbe Stunde später hörte ich Schreie im Garten und sah meine Kinder beim Indianerspiel rund um den Mimosenbaum, zu dessen Fuß sie den Hamster begraben hatten.

Meiner Erfahrung nach bewältigen Kinder den Tod ihrer Tiere viel unbefangener und angemessener als ihre Eltern, die nur ihre

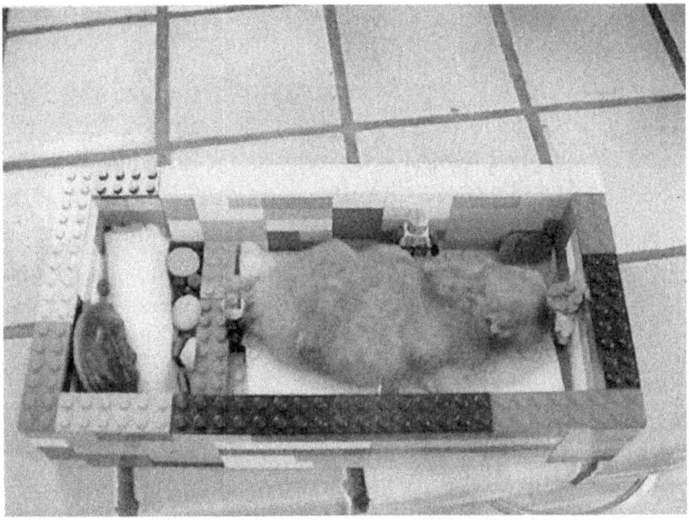

Abb. 11: Königlicher Sarg des Hamsters
Für die große Reise liebevoll von den Kindern hergerichtet

eigene Angst und Traurigkeit auf die Kinder projizieren, wenn sie von den Ärzten verlangen, die Kinder zu belügen. Kinder dürfen nicht um die Realität des Todes betrogen werden, es sei denn, bei einem Kind liegt eine erhöhte Vulnerabilität vor.

Einen solchen Sachverhalt konnte ich in meiner Praxis sehen. Ein Elternpaar bat mich, das Leben eines Hundes so lange zu verlängern, »bis unsere Tochter das Abitur gemacht hat. Sie hat ihn so gern und könnte seinen Tod nicht ertragen. Das wäre für die Vorbereitung auf das Abitur nicht gut«. Caruso, ein großer rauhaariger Hund unbekannter Herkunft, war dreizehn Jahre alt und litt an einer fortgeschrittenen Herzschwäche, zu der noch ein Nierenversagen kam. Eine Lebensverlängerung von drei Monaten bis zum Abiturtermin war schwierig, eigentlich unmöglich. Als die Tochter den Hund in die Praxis zur Palliativpflege brachte, nutzte ich die Gelegenheit zu einem Gespräch mit ihr. Sie sagte mir, sie könne beim Anblick des schwerkranken Hundes nicht mehr arbeiten. Sie wisse zwar, dass die Eltern ihretwegen die Lebensverlängerung wollten, aber sie wage nicht, ihnen zu widersprechen. Schließlich gelangten alle zu dem weisen Entschluss, den langen Todeskampf des Hundes – die Schmerzbekämpfung war damals erst in den Anfängen – zu beenden. Die Tochter war sehr traurig, aber sie konnte sich auf die Prüfung vorbereiten, ohne das Leiden des Hundes ansehen zu müssen. Ihre Examensnote »sehr gut« widmete sie ihrem Hund.

Vor allem unser älterer Sohn hat uns gezeigt, wie stark eingegangene Bindungen mit Tieren sind und wie sinnvoll die Erfahrung mit dem Tod sein kann. Wir hatten eine Airdale-Terrier-Hündin angeschafft, die früher an Schönheitswettbewerben teilgenommen und mehrere europäische Titel geholt hatte (für Kenner: 4 CACE). Sie war also ein Topmodel, und so hieß sie – in aller Bescheidenheit – Modèle.

Sie war etwas über sieben Jahre alt, als sie zu uns kam. Wir waren in den ersten Tagen sehr zurückhaltend im Umgang mit ihr. Niemand kann voraussagen, wie sich ein Tier verhalten wird, das sieben Jahre in einem Tierheim gelebt hat, selbst wenn es von seinen Züchtern gut behandelt und für die Wertungen bei Wettbewerben aufs Feinste herausgeputzt wurde und als friedliches Tier galt. Sehr schnell stellte sich heraus, dass die Hündin ein über alle Maßen sanftes Wesen hatte, mit den Katzen sympathisierte, als gute Kameradin mit den Hunden spielte und nett zu allen Menschen war. Zwischen unserem älteren Sohn Adrien, damals dreizehn Jahre alt, und der Hündin war es Liebe auf den ersten Blick. Modèle kam mit allen gut aus, aber Adrien war ihr Liebling. Sie hielt sich so oft wie möglich in seinem Zimmer auf. Adrien war als Jugendlicher sehr gesellig und hatte viele Freunde, doch Tieren gegenüber besaß er eine ganz eigene Zärtlichkeit, die für Modèle noch einmal eine ganz besondere war.

Als junger Mann bereitete sich Adrien auf die Zulassungsprüfungen für die französischen Eliteschulen vor. Die Beziehung zwischen ihm und Modèle war der Beweis, dass es noch viel an den positiven Aspekten der Bindung zu entdecken gibt. Die beiden lebten jetzt meistens zwar getrennt, waren aber emotional ausgeglichen. Kam Adrien nach Hause, war das immer ein Fest. Eine Tatsache konnten wir in dieser Zeit verifizieren: Die Bindungsbeziehung ist von Natur aus keine symmetrische Angelegenheit; nur einer der beiden Beteiligten zieht den höchsten Nutzen aus den Kontakten und zahlt im Falle eines Verlustes den höchsten Preis. In diesem Fall war es die Hündin. Adrien hing sehr an dieser Beziehung, führte aber das Leben eines jungen Mannes, der an seine Zukunft denkt und die Stürme der ersten Liebe kennenlernt. Erstaunlicherweise bewahrte er sein Interesse für die Haustiere, denn bei einem Anruf erkundigte er sich nicht selten vor allem nach Modèle. Bei jeder Ankunft lächelte Modèle und zeigte alle ihre Zähne, wie es einige Hunde bei einem intensiven Gefühl tun können.

Dann erkrankte Modèle an einem bösartigen Tumor der Milz (Hämangiosarkom). Sie wurde von Kollegen operiert, denen ich auch mein Leben anvertrauen würde ... Der Krebs war zu weit fortgeschritten, und im Bauchraum traten Metastasen auf, die zum Zeitpunkt der Operation nicht sichtbar waren. Modèle hatte nicht mehr lange zu leben. Ihre Widerstandskraft war beeindruckend. Sie bekam alle notwendigen Schmerzmittel, aber das erklärte nicht ihren Überlebenswillen. Adrien ließ seine Vorbereitungen liegen und kehrte für einige Tage zurück. Mit letzter Kraft zeigte Modèle ihre Freude über die Ankunft von Adrien. Am nächsten Morgen sagte meine Frau zu Adrien, dass es wohl Zeit sei, von Modèle Abschied zu nehmen. Adrien setzte sich neben die Hündin, die ihren Kopf hob und sanft mit dem Schwanz wedelte. Er legte ihren Kopf in seinen Schoß, und sie blickten sich in die Augen. Adrien beschreibt diesen Moment mit eigenen

Worten: »Nach und nach entspannte sie sich, und ich streichelte sie langsam vom Kopf bis zum Bauch. Sie schaute mich in ihren letzten Minuten immerfort mit einem Blick an, den ich nicht vergessen werde. Sie ließ dann ab, als ob sie damit Abschied genommen habe und nun ruhig gehen könne. Mit Mama zusammen sah ich sie sterben, wobei Krampfanfälle auftraten und wir uns fragten, ob sie noch da sei. Nach einigen Minuten war alles vorüber, und wir blieben schweigend zurück und weinten.«

Bei aller Trauer erinnert sich Adrien, wenn er heute von Modèle spricht, nur an die schönen Momente und an die Genugtuung, dass er in ihrem letzten Stadium anwesend sein konnte, bei ihr und für sie.

Kolosse auf tönernen Füßen

Erwachsene haben es meiner Überzeugung nach viel schwerer, den Tod von Tieren zu ertragen, die in ihrem Gefühlsleben – auf Pfotenfüßen – einen wichtigen Platz eingenommen haben.

Es gibt, wenn ich so sagen darf, »einfache« Trauerreaktionen, die eine ganz spezifische Bedeutung haben und nur die tiefe Liebe erkennen lassen, die gerade diesem Tier entgegengebracht wurde. Das trifft auf den Liedermacher Jean Ferrat (1930–2010) mit seinem Chanson »Oural Ouralou« zu, das er zu Ehren seines Deutschen Schäferhundes geschrieben hatte. Der Künstler teilte lange vor dem frühen Tod seiner Ehefrau ein glückliches Leben mit seinem Hund. Einige weisen in diesem Zusammenhang entweder auf seine Kinderlosigkeit hin, obwohl er die Tochter aus der ersten Ehe seiner Frau aufgezogen hat, oder auf den Tod des Vaters im Konzentrationslager. Aber diese Liebe und diese Trauer brauchen keine weitere Erklärung, die Bindung genügt, die Herr und Hund vereint und die der Liedermacher uns miterleben lässt in den folgenden Zeilen: »Man muss es sich eingestehen: Wenn Tag um Tag ein geliebtes Wesen von uns geht, dann altern wir vor der Zeit.«

Meine Kinder kennen meine manchmal kindliche Freude am Spiel und schenkten mir letztes Jahr zum Vatertag einen Hubschrauber mit Fernsteuerung. Nach einigen Tagen fiel er wegen einer Panne aus, und so traf ich auf René le Persifleur, der unter anderem auch Hubschrauber reparierte. Der Mann war ein Spaßvogel mit losem Mundwerk und erzählte mir in der kurzen Zeit, in der ich bei ihm war, sein bewegtes Leben. Die technische Tätigkeit übe er nur aus, um seinem Sohn zu helfen, ansonsten sei er Künstler. Er pfeife auf eine sehr raffinierte Weise und trete bei Reitdarbietungen auf. Mit der Zeit sprachen wir auch von Tieren, und ich erwähnte das Thema meines Buches. Und nun redete René le Persifleur – das war sein Künstlername –, der noch vor einer Minute lachte und Witze machte, mit schluchzender Stimme von seinem Hund Iaco. Der kleine Malteser, sein Begleiter im Leben und auf der Bühne, war tot, und René kam nicht darüber hinweg. Dieser Mann, den das Leben nicht geschont und der aufrecht und stolz widrigen Umständen getrotzt hatte, dieser Mann konnte seine Tränen nicht zurückhalten, weil ein kleines weißhaariges Hündchen gestorben war.

In einem Fernsehinterview mit dem Journalisten Bernard Pivot äußerte sich Jean Ferrat zu seinem Chanson »Oural Ouralou« und war verwundert, dass er so viele Briefe von Menschen erhielt, die ein Tier verloren hatten. Sie waren über das Chanson glücklich, weil es sie in ihrer schwer mitteilbaren Trauer weniger einsam machte.

Wer die Bindung zwischen Hunden (oder anderen Tieren) und Menschen bejaht, der muss auch akzeptieren, dass der Tod eines Tieres Leid und Trauer mit sich bringt. Heutzutage gibt es kaum mehr Rituale für die menschliche Trauer, auf jeden Fall werden sie weniger. Die räumlichen Möglichkeiten, Kummer und Schmerz beim Tod eines Menschen auszudrücken, sind schon jetzt sehr beschränkt. Und beim Tod eines Haustieres gibt es fast keine mehr. Ich habe in einem früheren Buch[109] auf die ungeschickten und boshaften Bemerkungen aus dem Umfeld von Personen hingewiesen, die ein Tier verloren haben.

»Du brauchst dir bloß ein anderes anzuschaffen« ist die gebräuchlichste Formulierung, die das Tier zu einem Objekt erniedrigt, das ohne Gefühle ausgetauscht werden kann. Die lapidare Feststellung »Es war doch nur ein Hund« versucht die Grenze zwischen Mensch und Tier überzubetonen und entwertet gleichzeitig die Trauerreaktion.

Die Trauer um ein Tier ist erneut eine Gelegenheit, in der Beschreibung der Beziehungen zwischen Mensch und Tier einen dritten Weg zu beschreiten, der weder reduktionistisch die Gattungen trennt noch antispeziesistisch die Gattungen gleichsetzt.

Es gibt schon viele, die diesen Weg einschlagen. Für uns ist das Tier kein Objekt. Es hat Gefühle, von denen wir einige teilen, und die entstehende Beziehung, deren Bezeichnung gleichgültig ist, zeichnet sich durch die Freude am geselligen Miteinander und dem Schmerz bei der Trennung aus. Aber das Tier ist kein menschliches Wesen, und es kann keine Rede davon sein, sich außerhalb der eigenen Gattung zu stellen oder die Grenzen zwischen den Gattungen abzuschaffen.

Das scheint eine Selbstverständlichkeit zu sein? Wer in den Kreisen von Haustierbesitzern verkehrt, weiß, wie schwierig es ist, eindeutig Stellung zu nehmen. Es gibt auf der einen Seite die eiskalten absurden Ergebnisse einer Wissenschaft, die kaum ihre Labors verlässt, und andererseits die Rührseligkeit einiger Ayatollahs des Tierschutzes gegenüber Tieren, die mit schonungsloser Härte gegen Menschen einhergeht. Dazwischen bleibt oft kein Raum für vernünftige und von Respekt getragene Überlegungen, die doch den meisten Beziehungen zwischen Mensch und Tier gerecht werden.

Wir setzen uns daher für diesen dritten Weg ein, für eine neue Sicht der Dinge, die, ohne Verwirrung zu stiften oder Hysterie zu erzeugen, das Tier als fühlendes Wesen ganz ernst nimmt. Wenn wir sagen, dass Hunde uns lieben und wir sie lieben und dass der Verlust eine Trauerreaktion hervorruft, dann nehmen wir dem Menschen nichts weg, und die grundlegenden Bedingungen der Existenz des Tieres bleiben bestehen. Diese neue Sicht ist die einzige Möglichkeit, um Phänomene zu untersuchen, die wir anders nicht verstehen können.

Es gibt zwischen Mensch und Tier Beziehungsverhältnisse, die im Lichte der Bindung endlich verstehbar sind. Stehen Tiere der menschlichen Funktionsweise sehr nahe, dann entwickelt sich auch die eingegangene Bindung in analoger Weise, und die Trauer kann schrecklich sein. Bei den Vorarbeiten zu diesem Buch habe ich noch einmal den Vorfall um den Liedermacher Léo Ferré und den Tod seines Schimpansenweibchens Pépée nachgelesen. Ferré und die Schimpansin verband eine unglaubliche Leidenschaft, die ich schon im Zusammenhang mit der Eifersucht erwähnt habe und der er auch seine Partnerschaft opferte. Seiner Lebensgefährtin, mit der er achtzehn Jahre zusammenlebte, hat Ferré es nie verziehen, dass auf ihre Veranlassung hin Pépée, eine weitere Schimpansin und der größte Teil seiner Tiere abgeschlachtet wurden. Für ihn war das Mord, und er schaltete die Staatsanwaltschaft ein, die jedoch nichts davon wissen wollte. Ferré hatte die Grenzen zwischen den Gattungen aufgehoben, und für alle Beteiligten war diese Einstellung die Ursache großen Leids. Für Ferré, weil er seine Trauer nie mehr überwinden konnte. Für seine Frau, die mit ihrer verzweifelten Entscheidung auf ihre Hilflosigkeit und Verlassenheit reagierte. Und natürlich auch für Pépée selbst, die mit ihrem Leben dafür bezahlte, dass sie nicht als Tier betrachtet wurde. Sie war mit der Zeit völlig außer Kontrolle geraten und hatte sich gewalttätig und destruktiv gezeigt. Es gibt verschiedene Berichte über die

Umstände ihres Todes, aber fest steht, dass dieser Affe mit seiner unbegrenzten Freiheit die Frage nach der Grenze aufwirft, die nie hätte überschritten werden dürfen.

Wenn wir Tiere so lieben, wie wir Menschen lieben, dann werden wir den Tieren nicht gerecht. Zur Entlastung aller Beteiligten sei darauf hingewiesen, dass wir von einem Vorgang in den 1960er-Jahren sprechen. Damals galten Tiere ganz offiziell als Sachen, eine Überzeugung, die nicht dem emotionalen Erleben von Léo Ferré entsprach.

Ferré war wie vernichtet von dieser unvorstellbaren Trauer. Er schrieb für seine getötete Schimpansin ein Chanson, das wie ein verzweifelter Schrei war und seine schon lange währende Hoffnungslosigkeit ausdrückte: »Ich möchte die Hände des Todes haben, Pépée … und mich zu dir legen, das würde nichts an meiner Umgebung ändern, man schläft immer mit den Toten.« Wir werden weitere beeindruckende Fälle von heftigen Trauerreaktionen kennenlernen, die nicht die Intensität wie bei Ferré haben, aber zum Beispiel Ersatzhunde hervorbringen – so wie es Ersatzkinder gibt.

Anstelle von …

Beethoven, Châteaubriand und Dalí sind berühmte Ersatzkinder. Darunter versteht man Kinder, die kurze Zeit nach dem Tod eines Bruders oder einer Schwester gezeugt werden. Ihre stillschweigende Funktion besteht in der Verleugnung dieses Todes. Da sie manchmal denselben Vornamen wie das verstorbene Kind haben, ist es für sie eine schwere Belastung, nicht zu wissen, wer sie wirklich sind. Als Reaktion kommt es zu besonderen psychischen Strukturen, unter denen die Ersatzkinder leiden. Nicht jeder ist ein Dalí, um den Schmerz in Kunst zu verwandeln und aus einer Paranoia eine schöpferische Kraft zu machen. Auch sind nicht alle Kinder, die nach dem Tod eines Geschwisters gezeugt wurden, Ersatzkinder. Viele sind Kinder, die einen Mangel zwar ausgleichen, aber sich voll entfalten können und deren Individualität respektiert wird. Das Risiko, Ersatzkind zu sein, ist dann groß, wenn die Eltern in der Phase der Verleugnung verharren und die Trauerreaktion pathologisch ist.

In meiner Anfangszeit als Tierarzt zeigte mir ein Fall, dass es solche Verhältnisse auch beim Haustier gibt. Damals stellte ich in einer von Boris Cyrulnik geleiteten Arbeitsgruppe Fälle vor mit dem Ziel, herauszufinden, welchen Platz ein Hund oder eine Katze in der Familiendynamik einnimmt. Auf den Filmaufnahmen, die ich in den Sprechstunden machte, war vor allem das Tier zu sehen, doch über die Tonspur waren alle Gespräche mit den Besitzern zu hören. Die anwesenden Pflegekräfte waren zunächst skeptisch und schließlich doch begeistert von dem, was die Aufnahmen mitteilten. Sie erkannten nämlich, dass die Bindungstypen innerhalb einer Gruppe von Menschen und von Tieren einander entsprechen. Sie konnten nun diese Tatsache sinnvoll in ihre praktische Arbeit einbauen, die auf der systemischen Therapie beruhte.

Wenn schon die Einsicht in die Bedeutung der Beziehung die therapeutische Haltung der Gruppenmitglieder verändert hat, dann kann man sich vorstellen, wie die Gespräche in der Gruppe durch ihre Offenheit und neuen Blickwinkel mein Berufsleben völlig verändert haben.

Eines Tages kam ich in die Gruppe ohne Filmaufnahmen. Ich wollte von einer Behandlung sprechen, in der es anfänglich nur um eine Impfung ging, sodass kein Anlass für viele Fragen bestand. Aber der Fall Éden war überhaupt nicht banal, und alles spielte sich so schnell ab …

An einem Freitagmorgen im Jahre 1992 stürzte ein Mann in meine Tierklinik herein mit einem blutüberströmten Hund, einem Pointer, auf dem Arm. Der Hund war auf der Straße überfahren worden. Er wurde sofort untersucht, starb aber wenige Minuten später, und wir mussten dem Besitzer diese traurige Nachricht mitteilen. Er war am Boden zerstört und sagte: »Das ist mehr als ungerecht, ich habe den Hund so gern, er ist gerade sieben Monate alt … Er heißt Éden und ist so nett, wir gehen jeden Tag zusammen spazieren.« Ich versuchte ihn zu trösten, aber meine Worte erreichten ihn nicht. Am nächsten Morgen kam dieser Mann fröhlich in meine Klinik mit dem gleichen Hund an der Leine. Die Ähnlichkeit war so verwirrend, dass ich an meiner Orientierung in Raum und Zeit zweifelte …

»Guten Tag, ich darf Ihnen Éden vorstellen. Ich möchte eine Auffrischung seines Impfschutzes.«

Der gleiche Hund, der gleiche Name … Das war doch ein bisschen viel; ich stotterte, und es klang wie das Meckern einer Ziege:

»Aber, aber …«

»Ach ja, das habe ich Ihnen ja gar nicht gesagt. Ich habe mit der Züchterin telefoniert. In dem Wurf gab es noch einen Bruder. Also habe ich mich ins Auto gesetzt und ihn abgeholt. Und jetzt bin ich hier.«

»War das weit weg?«

»Immerhin in der Gegend von Straßburg.«

Mir wurde schwindlig: Wir befanden uns in meiner Tierklinik in Toulon, wo auch der Besitzer von Éden wohnte. Straßburg ist ungefähr 850 Kilometer von Toulon entfernt. Noch heute frage ich mich, wie er das schaffen konnte, auch wenn zu der Zeit die Fahrgeschwindigkeit nicht ganz so eingeschränkt war wie heute. Für die Hin- und Rückfahrt und die Zeit bei der Züchterin brauchte er also siebzehn Stunden. Die Nacht war wohl kurz.

Ich war noch jung damals und verstand nicht, was hier eigentlich vorging, und so beschloss ich, mich für den Besitzer und den Hund zu freuen. Ich war gerade dabei, Éden, der furchtsam mit dem Schwanz wedelte, sorgfältig abzuhören, als sein Besitzer sagte: »Haben Sie auch bemerkt, dass er nicht ganz so schön ist?« Die Frage löste in mir, um ganz aufrichtig zu sein, keine besondere Reaktion aus. Später hatte ich noch oft Gelegenheit, darüber nachzudenken. Wahrscheinlich antwortete ich, dass ich Éden II genauso schön fände wie Éden I, und das stimmte auch, aber nur für mich …

Von da an begann das lange Leiden von Éden. Ich meine damit nicht seine psychische Verfassung, sondern seine Haut.

Sein Besitzer kam mindestens zweimal im Monat mit Éden zu mir. War aber eine Stelle auf der Haut verheilt, brach die Krankheit woanders wieder auf. Bei der Ursachenforschung für die in Schüben auftretende Dermatitis verfolgten wir verschiedene Spuren. Wir gingen gegen Parasiten, Pilze und Bakterien vor und überprüften Allergien der verschiedensten Art nach ihren Auslösern. Alles war vergeblich. Éden fühlte sich nicht wohl in seiner Haut.

Ich spürte, wie der Besitzer allmählich jede Hoffnung aufgab und die Situation sich trotz meiner Bemühungen verschlimmerte. Jede Behandlung, das steht für mich heute eindeutig fest, bot dem Besitzer die Gelegenheit, von Éden I zu sprechen, von seinem perfekten Aussehen und seiner gesunden Haut. Eines Tages traf ich eine therapeutische Entscheidung, die alle überraschte, besonders aber mich, da ich unmittelbar davor überhaupt nicht daran gedacht hatte. Ich sagte dem Besitzer: »Wir machen jetzt noch einen letzten Versuch. Für Sie wird er kostspielig sein und Ihren ganz persönlichen Einsatz erfordern. Sollte die Behandlung scheitern, müssen wir Éden wahrscheinlich einschläfern.«

Ich sehe noch immer das verblüffte Gesicht meines Gesprächspartners vor mir. Er war jedoch einverstanden und wollte weitere Einzelheiten wissen. Es ging um die lange dauernde Einnahme spezieller, sehr teurer Antibiotika, vor allem um die tägliche lokale Anwendung bestimmter Präparate und Haarwaschmittel. Wer eine solche Behandlung schon einmal durchführen musste, weiß, dass es kein Vergnügen ist, täglich einen Pointer oder jeden anderen (großen) Hund zu baden.

Zwei Wochen später kamen Herr und Hund strahlend in die Klinik. Kaum lag der Hund auf dem Tisch, da sagte sein Besitzer: »Haben Sie bemerkt, wie schön er ist ...?«

Ich glaube, in diesem Moment zeigte sich, wie bedeutungsvoll der erste Satz war.

Ich war ein wenig verdutzt von diesem unerwarteten Ergebnis. Mir wurde jedoch klar, dass ich dem Hund mit der nicht ganz aufrichtigen Bemerkung, es sei chancenlos, eine viel größere Hilfe war, als wenn ich mit den Behandlungen weitergemacht hätte. Das Phantom von Éden I löste sich beim täglichen Baden auf, denn Erinnerungen kann man unmöglich duschen!

Die Vorgehensweise war riskant, denn Besitzer mit konstanter pathologischer Trauer oder mit weniger Geld hätten den Hund vielleicht nicht behalten. Meine Naivität trug hauptsächlich zum Erfolg meiner Strategie bei. Der Fall war Anlass für mich, eine Theorie für die Behandlung von Ersatzhunden zu entwickeln. Ich bin ihr glühendster Verteidiger, werde oft aber auch zu ihrem ersten Gegner. Die von Cyrulnik geleitete interdisziplinäre Arbeitsgruppe zeigte großes Interesse an der Geschichte, und so entstanden als Pionierarbeit Veröffentlichungen zu dieser Thematik in wissenschaftlichen Zeitschriften für Tiermedizin, zunächst auf internationaler,[110] dann auf nationaler[111] Ebene.

Das Syndrom beziehungsweise heute das Symptom des »Ersatzhundes« gehört für einen Verhaltenstierarzt zu den klassischen Krankheitsbildern. Wenn die Anzeichen dafür genau benannt sind, werden sie viel leichter erkannt, und so finden viele unserer Kollegen aus der Allgemeinmedizin beim Verlust eines Tieres die nötigen Worte, um das Risiko, einen Ersatzhund anzuschaffen, zu verringern.

Für ihre Diplomarbeit als Verhaltenstierärztin hat eine Kollegin das Phänomen ausführlich untersucht und gezeigt, dass von

34 Hunden, die als Ersatzhunde vorgesehen waren, 29 Verhaltensstörungen zeigten, die im Zusammenhang mit dieser Situation standen.[112] Das ist keine geringe Anzahl, selbst wenn unter den Hunden differenziert werden muss: Es gibt solche, die einem Mangel abhelfen und überhaupt nicht leiden, dann solche, die an die Stelle eines anderen Hundes treten und wenige oder vorübergehende Symptome zeigen, und schließlich Ersatzhunde mit großen Risiken. Auf jeden Fall prägt das Trauerverhalten des Besitzers das Tier, dessen körperliche Symptome das emotionale Ungleichgewicht des Besitzers widerspiegeln.

Nach Éden kamen noch weitere Hunde in meine Praxis, die ich nun schneller als Ersatzhunde diagnostizieren konnte. Es ist unmöglich, sie alle aufzuzählen, aber es ist wichtig zu wissen, dass die Symptome von Hund zu Hund sehr unterschiedlich sein können: somatische Störungen bei Éden; Aggressivität bei Lucky, einem Pudel, der jedes Mal knurrte, wenn seine Besitzerin mir das Foto des perfekten Pudels zeigte, der im Jahr zuvor gestorben war; die ständige Angst von Baloo, einem Belgischen Schäferhund, der, wie ich herausfand, die Stelle eines anderen Belgischen Schäferhundes einnahm, dessen Foto den Kühlschrank schmückte.

Die Hundenamen haben oft eine Bedeutung: »Baloo« (der Bär aus dem *Dschungelbuch*) war vom Namen her für »Loup« (»Wolf«) ein schlechter Ersatz oder überhaupt keiner. Manchmal trägt das Ersatztier genau den gleichen Namen wie sein Vorgänger, und dann müssten alle Alarmglocken läuten …

Solche Beispiele leuchten unmittelbar ein. Manchmal sind die Besitzer selbst verblüfft über ihre Namensgebung, die, wie ich glaube, nicht bewusst geschieht, sondern eine Art Selbsttäuschung ist, wie der folgende Fall zeigt. Einige Monate lang besaßen wir ein ganz apartes Kätzchen. Es war so drollig, schalkhaft und anhänglich, dass ihm künftig ein außergewöhnlicher Platz im Familientempel sicher war. Es hieß Aladdin, aber die Kinder veränderten den Namen zu »Al' mein Kumpel« wie in dem Zeichentrickfilm von Walt Disney. Es pflegte an der Torausfahrt auf den Wagen meiner Frau zu warten und ihm hinterherzurennen. Das kostete ihn an einem Regentag das Leben, es rutschte wahrscheinlich aus und wurde überfahren. Die ganze Familie war tieftraurig, vor allem meine Frau, die sich schuldig fühlte für etwas, was sie nicht vorhersehen konnte.

Nach einigen Wochen beschlossen wir, wieder ein Kätzchen aufzunehmen. Es sollte eine andere Fellfarbe haben, einer anderen Katzenart angehören und natürlich einen anderen Namen haben. Meine Frau entschied sich für »Opium«. Erst nach einigen Wochen wurde mir klar, dass Opium historisch gesehen das älteste Schmerzmittel ist.

Nicht alle Geschichten von Ersatzhunden enden traurig, wie ein Fall beweist, der die Fähigkeit verdeutlicht, einem Mangel abzuhelfen. In meine Praxis kam Rudy, ein junger Hund, bei dem nur die Eintragung in seiner Tätowierungskarte erkennen ließ, dass er ein West Highland White Terrier (Westie) war, so wenig entsprach sein Erscheinungsbild der Norm dieser Rasse. Die Besitzer haben ihn nach dem Tod ihrer früheren Hündin Élodie gekauft, die eine glänzende echte Vertreterin der Westies war, wie ein Foto in der Brieftasche verriet. Und so hörte ich nur Schlechtes über Rudy: Unausstehlich sei er (was stimmte); aggressiv könne er sein (auch das stimmte); kurz: »Unser Traumhund ist er nicht.« (Das stimmte ganz sicher!)

In diesem Augenblick habe ich verstanden, dass ich Rudy nicht in Schutz nehmen durfte, zumal er kaum eine Chance hatte, eines Tages im Schönheitskanon seiner Rasse zu stehen. Ich musste eine andere Strategie wählen. Da ein so spontanes Handeln wie bei Éden nicht zu erwarten war, informierte ich mich weiter und suchte einen Weg, um Rudy sowohl von dem Bild des anderen Hundes zu lösen, das nun eine Traumvorstellung war, als auch von der mit seiner Rasse verknüpften Schönheitsfantasie. Mir kam ein Einfall, der mich selbst amüsierte. Ich startete also einen Versuch. Am Ende der Sprechstunde sagte ich zu dem Besitzer: »Ich habe lange nachgedacht, um sicherzugehen: Ihr Hund ist kein Westie.« Die Besitzer waren ein wenig überrascht, mit dieser brandneuen Mitteilung kamen sie überhaupt nicht zurecht. »Das ist kein Westie, sondern ein Malteser Spaniel, und der ist sehr selten, er ist überhaupt der erste, den ich sehe ... Und für seine Rasse ist er wirklich sehr schön!«

Den Malteser Schoßhund kenne ich, aber nicht den Malteser Spaniel ... Ich sah, wie die Gesichter meiner Gesprächspartner immer skeptischer wurden. Zum Schluss besprachen wir die klassischen Therapiemaßnahmen bei Kommunikationsstörungen, wie sie der junge Hund zeigte.

Als der Besitzer zum vereinbarten Kontrolltermin kam, meinte er vergnügt: »Also, Herr Doktor, seitdem wir sagen, unser Hund ist ein Malteser Spaniel, kommt es vor, dass man uns fragt, wo man solche Hunde kaufen könne, aber wir sagen dann, dass solche Exemplare sehr, sehr selten sind ...« Wir zwinkerten uns verschmitzt zu. Der Trick war sehr schnell durchschaut worden, aber das war nicht schlimm. Die Änderung des Blickwinkels führte dazu, Rudy als das zu sehen, was er wirklich war: ein kleiner Hund, der nur lernen wollte, ein guter Hund zu sein, sofern man ihm das gestattete. Rudy war von vornherein ein abqualifizierter Ersatzhund und wurde zu einem einmaligen und wertvollen Exemplar, wie jedes andere Geschöpf mit einer Bindung.

In meiner Praxis ist die Bindung der rote Faden. Wir richten nicht viel aus, wenn sie nicht erhalten bleibt, zumindest teilweise. Dafür müssen wir auch Umwege in Kauf nehmen.

Ich weiß, wie schwer der Tod eines Hundes auf einem lastet[113]

Ich möchte zum Schluss meiner Ausführungen über die Trauerreaktionen des Menschen die eindrucksvolle Geschichte eines Katers erzählen, der auf den schlichten Namen »Minou« hörte.

Als ich Minou kennenlernte, war er 22 Jahre alt, ein durchaus respektables Alter, auch wenn unsere Hauskatzen immer länger leben. Minou litt an einer chronischen Nierenerkrankung, eine der am häufigsten vorkommenden Krankheiten bei Katzen. Angesichts seines fortgeschrittenen Alters war die Prognose sehr ungünstig. Die Nichte des Besitzers war dagegen sehr optimistisch, sie glaubte an eine Heilung: »Das muss ich Ihnen erklären. Ich glaube, der Kater weiß, dass er nicht sterben darf.« Ich war verblüfft. Sicher stellt sich manchmal die Frage nach dem Recht auf Leben, aber im Prinzip hat es kein Tier nötig, sein Recht auf Sterben einzufordern ... Die Nichte sah, wie erstaunt ich war, und fuhr fort: »Vor 22 Jahren haben mein Onkel und meine Tante bei der Geburt ein Kind verloren. Ihren Zustand nach der Rückkehr aus der Frauenklinik können Sie sich vorstellen. Und dann standen sie vor einem verschlossenen Haus, vor einem verschlossenen Zimmer und einem verschlossenen Schrank ... in dem ein niedliches Kätzchen lag, unser kleiner Minou. Niemand hat je erfahren, wie er da hineinkam. Die Familienangehörigen waren erstaunt, ja schockiert von der beinahe irrationalen Weise, mit der die beiden an dem Kater hingen. Das verstorbene Kind dagegen wurde kaum betrauert. Für mich stand fest, dass der Kater als Ersatz für das Kind geschickt war, und er weiß, dass er nicht sterben darf.«

Mir war jetzt einiges klar, aber der Tod des Katers war meiner Ansicht nach unvermeidlich. Wie überrascht war ich, als die Infusionen und weitere Medikamente wirkten. Mit einer medizinischen Behandlung hatte das nichts mehr zu tun, das war ein

Wunder. Minou kam wieder zu Kräften und konnte in sein Heimatdepartement Isère zurückkehren.

Die in Toulon ansässige Nichte unterrichtete mich von Zeit zu Zeit über den weiteren Verlauf. Ich hatte ihr gesagt, dass dennoch der Tod des Katers bevorstehe und der Besitzer darauf vorzubereiten sei. Mehr als zwei Jahre vergingen. Minou verpasste seinen 25. Geburtstag um knapp einen Monat. Die Nichte erzählte mir, was dann passierte: »Nach dem Tod von Minou ließ ihn mein Onkel im Garten begraben, setzte sich dann auf einen Stuhl vor das Grab und sprach und rührte sich nicht mehr ...« Die Hilfe einer Sozialstation sowie ein anschließender Klinikaufenthalt waren zur Behandlung seiner verheerenden pathologischen Trauer nötig, die 25 Jahre lang tief in ihm verschlossen lag und sich erst beim Tod eines Tieres wieder meldete.

Menschen ertragen manchmal den Tod ihres Tieres nicht. Sie leiden unter der Last seines Verlusts, der noch schwerer wiegt, wenn die Trauer und der unerträgliche Kummer unausgesprochen bleiben.

Ohne Liebe ist man nichts

Wie schmerzhaft ein Verlust auch sein mag, er bestätigt doch auch, wie wertvoll die Beziehung war. Fast am Ende meiner Überlegungen angelangt, möchte ich mir die Zeit nehmen, um innezuhalten und zu fragen: Ist ein Leben ohne Bindung möglich? Ist das Leben vielleicht leichter ohne eine Beziehung, die unser Schicksal bestimmt? Geben uns die bisher erwähnten Tiere, ob Haustier oder nicht, darauf eine Antwort? Ist eine Beziehung lebensnotwendig?

Die Dr. Mabuses der Bindungstheorie

Harlow hat auf solche Fragen als Erster eine Antwort gegeben. Seine grundlegenden Experimente wurden bis zum Abscheu so oft wiederholt, dass wir uns heute den positiven Aspekten zuwenden müssen. Unvergessen bleibt sein Nachweis, dass Entwicklung ohne Bindung fast unmöglich ist und Leben nicht oder nur schlecht weitergegeben werden kann. Die jungen Äffchen Harlows lebten ohne mütterliche Bindung und konnten als Ersatzobjekt nur eine milchspendende Attrappe aus Draht oder eine Stoffpuppe zum Kuscheln wählen. Um ein ausgeglichener Erwachsener zu werden, müssen wir – und Harlow lieferte den Beweis – lieben, aber nicht irgendetwas, sondern ein Wesen aus Fleisch und Blut, das sich den körperlichen Bedürfnissen anpasst und vor allem die Entwicklungsprozesse so begleitet, dass eine sichere Basis entsteht und das Erkundungsverhalten freien Raum erhält. Ist das nicht der Fall, entsteht keine ausgeglichene Persönlichkeit. Darüber hinaus setzt sich diese Fehlentwicklung fort: Wer Liebe nicht empfangen hat, ist zur Liebe nicht fähig und gibt, sofern er Nachkommen hat, nur seine emotionale Leere weiter.

Die Experimente mit den Affen bestätigten die Theorie des österreichisch-amerikanischen Psychoanalytikers und Säuglingsforschers René Arpad Spitz[114] (1887–1974), nach der Kinder ohne Bindung früher sterben als solche mit Bindung. Gibt es über diese fundamentalen Beobachtungen und Experimente hinaus noch weitere stichhaltige Beweise für die Notwendigkeit der Bindung?

In trauter Gemeinsamkeit haben Ratten, Mäuse und Katzen große Opfer für die Grundlagenforschung zur Bindung gebracht. Die Studien untersuchten die Folgen einer frühen Aufgabe der Bindung, deren Ursache die Verabreichung bestimmter Moleküle bei den Tieren war. Einige trizyklische Antidepressiva, darunter das Clomipramin, können bei Katzen ein frühes Ende der Bindung auslösen. Das Kätzchen trennt sich dabei von der Mutter und dem Wurf und sucht seine Ruhe außerhalb der Gruppe. Als Konsequenz sinken sein Erkundungsverhalten und seine Lernfähigkeit fast auf null. Ebenfalls bei den Katzen ist die in den meisten Fällen von der Mutter vermittelte sichere Basis für eine gute Entwicklung des Jungen unerlässlich. Solche Experimente lieferten einen wichtigen Hinweis: Sie zeigten, dass chemische Präparate die Bindungsqualität verändern können. Im oben zitierten Fall hatten sie auf gesunde Tiere einen schädlichen Einfluss und behinderten die Entstehung einer grundlegenden Beziehung. In unserer täglichen Praxis setzen wir jedoch die Präparate therapeutisch in positiver Form ein. Liegt eine pathologische Bindung vor, die dem Individuum überhaupt keine Freiheit mehr lässt, dann wird durch diese Mittel die Bindung neu reguliert, und das Tier bekommt seine Autonomie zurück.

Deine Mutter greift dich dennoch an

In der Natur gibt es das spontane Fehlen einer Bindung, es kommt aber bei unseren Haustieren sehr selten vor. Wir sehen manchmal bindungsunfähige Hunde. Die Diagnose »Depression wegen frühen Bindungsverlusts« geht in einigen Fällen einher mit einem völligen Ausfall der Kommunikation. Bemerkenswert ist die Tatsache, dass zwei Erklärungen nebeneinander bestehen und zum Nachsinnen anregen über den Wandel im Denken über den menschlichen Autismus.

Die Depression wegen frühen Bindungsverlusts wurde anfänglich mit der Qualität der mütterlichen Zuwendung durch die Weibchen in Verbindung gebracht. Es hängt vom Verlauf ihrer Sozialisation ab, ob Weibchen ihre Welpen nicht ertragen und sie attackieren. Wir haben gesehen, dass eine bestimmte Menge an gefährlichen Situationen bei ihnen die Bindung hervorrufen kann, aber das allein genügt nicht, denn sonst kann ein Welpe niemals ein Geborgenheitsgefühl entwickeln und wird depressiv.

Ein belgischer Kollege zeigte mir einen Film über Störungen im mütterlichen Verhalten. Eine Hundemutter bedrohte und attackierte ihre Welpen, die sich nur unter Holzlattenrosten in Sicherheit vor der Aggression der Mutter bringen konnten. Deren Verhalten scheint verrückt oder unglaublich zu sein, aber in diesem Fall gab es eine einfache Erklärung dafür. Sie gehörte zu einer Rasse von Kampfhunden (das ist aber nicht der Grund für ihr Verhalten!) und war deshalb von frühester Jugend an ohne jeden Kontakt aufgewachsen und nie sozialisiert worden. Ihr Besitzer hatte aus ihr ein Instrument gemacht, das alles attackierte, was vier Pfoten hatte. Selbst unter derartigen Umständen kommt es vor, dass sich eine mütterliche Bindung zeigt. Das traf für eine Hündin in den ersten Tagen nach der Geburt zu. Sobald jedoch die Welpen ein wenig größer waren, hatten sie Ähnlichkeit mit Hunden, die die Mutter gelernt hatte anzugreifen. So löste sie bei den Welpen ein Verhalten aus, das sie ebenfalls zu gefährlichen Hunden machen wird.

Es gibt daneben auch Hunde, die nicht das normale spontane Verhalten von Welpen zeigen. Die Mütter erhalten nie die erwartete Reaktion. Mit der Zeit haben sie genug und wenden sich von den Welpen ab. Ohne jetzt eine Gleichung aufmachen zu wollen, gibt es auch Welpen, die von der Mutter abgelehnt werden, während sie sich sehr gut um den übrigen Wurf kümmert. Der Züchter – und häufiger noch der Besitzer – sorgt sich um den bedauernswerten Welpen und zieht ihn mit der Flasche auf. Es wäre übertrieben zu behaupten, dass alle diese Welpen Problemtiere werden, aber nicht selten zeigen sie ein besonderes Verhalten mit hoher Angstanfälligkeit und Problemen bei der Herstellung von guten Bindungen.

Wir wollen uns nicht weiter bei Tieren mit fehlender Bindung aufhalten. Sie werden erklärtermaßen keine Haustiere, und wir sehen in der Praxis kaum solche um die Bindung beraubte Tiere. Im Gegenteil, unsere Sprechstunden sind voll mit Fällen, in denen die Bindung Verhaltensstörungen noch erschwert oder deren wesentliche Ursache ist. Ich werde einige vorstellen, und mancher Leser wird sicherlich bei einem Beispiel oder einer Definition seinen Hund oder seine Katze wiedererkennen. Sollte das nicht eintreten und die Beziehung schwierig bleiben, dann kann ein Tierarzt sicherlich helfen.

Wenn es genügte, sich selbst zu lieben, wenn es genügte, zu lieben*

Für ein Tier gibt es viele Möglichkeiten, eine Bindung einzugehen, so wie es viele Möglichkeiten für eine Beziehung zwischen Tier und Mensch gibt. Liebe kommt darin zum Ausdruck, und es gibt keinen Grund, darüber zu urteilen. Manchmal leiden aber alle darunter, und dann müssen wir eingreifen. Menschen, die ihr Herz leicht verschenken, und Verliebte, die nur sich kennen, kommen als Patienten erst dann zu uns, wenn sie darunter leiden oder eine gefährliche Entwicklung befürchten. Ich bewundere den Mut aller Hunde- und Katzenbesitzer, die einen Psychologen für ihre Tiere aufsuchen. Ich weiß, wie sehr dieser Schritt von Angehörigen oder sogenannten Ratgebern lächerlich gemacht wird. Deshalb gibt es die vielen heimlichen Bitten um einen Sprechstundentermin! Die Besitzer haben Angst, als Idioten zu gelten, und befürchten, sich einen Rüffel einzuhandeln. Es gibt

* Die Überschrift »S'il suffisait qu'on s'aime, s'il suffisait d'aimer ...« ist der Refrain eines Chansons von Céline Dion aus ihrem Album »S'il suffisait d'aimer« (1998). (A. d. Ü.)

Fernseh- und Radiosendungen – zum Glück nur wenige, aber unglücklicherweise äußerst effektvolle –, die ihre Angst noch verstärken.

Wir sind dennoch sehr beeindruckt, wie viel Zeit, Energie und Geld die allermeisten Besitzer für ihre Tiere aufbringen. Bewundernswert ist auch ihre Geduld und Beharrlichkeit im Umgang mit den Tieren.

Allen, die a priori die Schuld ausschließlich bei den Besitzern sehen, sei gesagt, dass dieses scharfe Urteil kontraproduktiv ist. Es hindert die Besitzer, die Praxis für eine Behandlung ihres Tieres aufzusuchen, weil sie zu Recht keine Neigung haben, in die Sprechstunde zu kommen, um sich Vorwürfe anzuhören. So sagte mir eine Dame, die telefonisch einen Termin ausmachte: »Ich komme gern, will aber nicht mehr getadelt werden. Mein Hundetrainer und mein Tierarzt haben mich schon genug kritisiert. Schließlich gab mir der Tierarzt den Rat, Sie aufzusuchen. Das kann ich gern tun, allerdings nur unter der Bedingung, dass wenigstens Sie mir keine Vorwürfe machen.«

Zögern Sie nicht, in die Praxis von Tierärzten und Verhaltenstierärzten zu gehen. Sie haben gelernt, Ihnen aufmerksam zuzuhören und Lösungen für Situationen zu finden, die hoffnungslos erscheinen.

(Not) Alone In The Dark

Hunde und Katzen, die an einem Deprivationssyndrom leiden, stellen eine Herausforderung für ihre Besitzer und das Pflegepersonal dar.[115] Die genaue Bezeichnung lautet »sensorisches Deprivationssyndrom« und reicht in drei Stufen von relativ leichten bis zu schweren Störungen. Diese Hunde oder Katzen sind in einer von ihrem jetzigen Lebensraum völlig verschiedenen Umwelt aufgewachsen. Sie leben nun in einer Welt, die ihnen feindlich vorkommen muss. Ihre letzte Rettung ist die Person, mit der sie eine Bindung eingehen.

Bei Hunden wirkt sich die Krankheit in den meisten Fällen so aus, dass sie nicht mehr können, was sie eigentlich können sollten. Sie können mit ihrem Besitzer nicht mehr ausgehen, ohne ihm große Schwierigkeiten zu bereiten. Ihre Angst vor allem Neuen, die sogar auf Menschen übergeht, führt zu einer bedrohlichen und manchmal gefährlichen Haltung allen gegenüber, die nicht zum engsten Familienkreis gehören. Was für eine leidvolle Situation für den Hund und welche Hölle für den Besitzer!

Nun könnte man damit rechnen, dass die Besitzer in unsere Praxis kommen, um ihren Hund möglichst schnell loszuwerden, aber das tun sie nicht. Stattdessen werden die Hunde ausgesetzt oder zu ihrem Züchter gebracht. Viele behalten auch das Tier und versuchen ihm zu helfen; andere resignieren, weil sie jede Veränderung für aussichtslos halten. Das lehrt uns zweierlei:

1. Solche schmerzlichen Verhältnisse sind stabil – wegen oder vielmehr dank der Bindung. Die Beziehung verhindert das Aussetzen des Hundes, und sie macht die Belastungen erträglich, weil es außer dem Leiden und der Angst auch noch die Freude gibt. Wie oft haben wir Bemerkungen gehört wie: »Mit uns ist er richtig nett, ein wahrer Schatz!«
2. Erneut zeigt sich, dass es in der Welt und in den Beziehungen der Individuen ebenso viel Grund zur Freude wie zur Trauer gibt. Wir vergessen natürlich nicht, dass Tiere ausgesetzt werden. Aber sie bekommen auch Hilfe und Unterstützung. Viele Besitzer behalten jahrelang ihr Tier, obwohl es ihnen schwer zu schaffen macht. Sie stehen zu dieser Bindung und der daraus resultierenden Verantwortung.

Wir müssen uns in die Lage der Hunde versetzen: Ihre ersten Monate verbrachten sie in einem Umfeld mit wenig stimulierenden Anreizen. Ihr Kontakt beschränkte sich im Allgemeinen auf einige wenige Menschen. Plötzlich kam jemand und brachte sie in eine von Informationen überflutete Welt, die ihnen Schrecken einjagte.

Mit dieser Fülle an negativen Emotionen, zu denen der Abbruch der Bindung zur Mutter und zur Gruppe gehört, beginnt eine neue sensible Phase, in der das Tier seine Bindung auf den Besitzer überträgt. Der Vorgang geschieht auch bei normalen Hunden. Wenn die Beziehung harmonisch und das Umfeld anregend war, dann ist die Wahrscheinlichkeit größer, dass es zu einem sanften Übergang von einer »sicheren« zu einer anderen »sicheren« Bindung kommt. War jedoch von Anfang an die Welt des Hundes von Angst und Reizmangel bestimmt, dann ist die neue Beziehung zwar sehr stark, trägt aber nicht zu seiner Beruhigung bei. Eine Beruhigung findet er nur in Gegenwart der neuen Bindungsperson, nicht ohne sie. In derartigen Fällen sprechen wir von »sekundärer Hyperbindung«, einem tiefgreifenden Prozess. Das Gegenmittel zur Angstlinderung ist natürlich die Bindungsbeziehung. Die Angst der Tiere geht über das normale Maß hinaus, sie ist pathologisch. Der Mechanismus zur Stabilisierung der Tiere muss gleichfalls das normale Maß übersteigen und kann zusätzliches Leid verursachen. Die Hunde kommen zur Behandlung, weil sie in der Außenwelt zu viel Angst haben oder aggressiv gegenüber fremden Menschen sind. Die Symptome verraten uns die primäre Ursache: keine stimulierende Umwelt und fehlende Sozialisation. Ein weiteres Symptom ist ihre Unfähigkeit, allein zu bleiben. In Abwesenheit ihres Besitzers beginnen sie zu jaulen oder richten Schäden an. Der Tierarzt muss nun die mit der Trennung verbundenen zahlreichen Störungen unterscheiden können.

Die Behandlung eines Hundes mit Deprivationssyndrom sieht anders aus als die seiner Artgenossen mit abweichenden Erkrankungen, die vergleichbare Krankheitsbilder hervorrufen können. Es bedarf einer sorgfältigen Differenzialdiagnose, und wenn wir eine sekundäre Hyperbindung feststellen, brechen wir natürlich die Beziehung nicht ab, wie es bei anderen Erkrankungen der Fall sein kann. Im Gegenteil! Die Beziehung ist unser Rettungsring, mit dem wir den Tieren Hilfe leisten können.

So war es auch im Leben von Doudou, einem reizenden Jack Russell Terrier, eine Moderasse zu Beginn unseres 21. Jahrhunderts. Ein Vertreter der Rasse ist auf dem Plattenlabel »His Master's Voice« zu sehen.

Als ich Doudou sah, flößte ihm alles Angst ein, und alle wollten ihn beschützen. Vor mehr als drei Monaten hatte ihn ein Ehepaar in einer Tierhandlung gekauft. Die beiden Eheleute waren sympathisch, hatten noch keine Kinder und wollten einen Hund, einen hübschen kleinen Hund zum Vorzeigen, zweifellos, um ihre Fähigkeit zur Elternschaft auszuprobieren.

Ging Doudou vor die Tür, bekam er Angst und wollte nicht laufen, man musste ihn ziehen. Doudou verließ kaum mehr das Haus, er hatte einen Platz auf dem Balkon, wo er seine Notdurft verrichten durfte, und seither löste er sich weder drinnen noch draußen. Er schmuste gern mit seinen Besitzern. Wenn ihn etwas erschreckte, konnte er ihnen gegenüber eine feindselige Haltung einnehmen, »aber nie, weil er böse war, bloß, weil er Angst hatte«, meinte die Besitzerin mit einem sehr deutlichen Kratzer neben ihrem Auge.

Der Fall zeigt, dass Liebe allein nicht genügt. Für den Mann ist Doudou nach eigener Aussage wie ein Sohn. Die Frau, nur kurz beunruhigt wegen der Bisswunde, war ihm nicht mehr böse. Doudou hing sehr an den beiden, was ihn aber manchmal nicht am Beißen hinderte. Die beiden hingen ihrerseits sehr an Doudou. Käme ein Kind auf die Welt, wäre es schwierig für sie, ihn zu behalten.

Liebe allein reicht nicht aus und ist doch für die Behandlung in solchen Fällen unerlässlich. Wir setzten daher in der Therapie von Doudou die Bindung an seine Besitzer als Motor für weitere Fortschritte in seiner Entwicklung ein. Wir könnten aber nichts ausrichten, wenn die Besitzer nicht auch den in der Beziehung tief verwurzelten Willen zeigten, trotz der täglichen leidvollen Umstände weiterhin fest zu Doudou zu halten. Die Diagnose half bei der Klärung und Bewältigung der Schuldgefühle. Vor allem aber erlaubte sie eine Antwort auf die Frage der Besitzer, warum sie solche Probleme hatten, obwohl sie ihren Hund doch liebten. Die Liebe hat damit gar nichts zu tun, aber ohne sie ist keine Behandlung möglich.

Katzen, die an derselben Krankheit leiden, stellen für uns ein Problem dar, das in der Theorie weniger kompliziert, aber in der Praxis schwieriger zu lösen ist. Morgendliche Spaziergänge an der Leine, ein für die kranken Hunde unangenehmes tägliches Programm, sind bei solchen Katzen eher selten. Dagegen entwickeln sie ausgeprägte Phobien vor Menschen. Das scheint normal zu sein, da Katzen keiner Gattung mit genau geregeltem Sozialverhalten angehören. Nur wenige Besitzer sind beunruhigt, wenn ihre Katze beim Anblick eines Fremden im Haus verschwindet. In einigen Fällen liegt eine tiefgreifende Phobie vor, die manchmal zu sehr heftigen Aggressionen gegen fremde Menschen führt. Auch ihre Besitzer können davon betroffen sein, wenn ein unerwartetes Ereignis oder Geräusche von draußen große Angst auslösen. Die Besitzer kommen kaum in die Praxis, wenn ihre Katze den Kontakt ablehnt oder beim Auftauchen von Fremden rasch verschwindet, wohl aber, wenn sie Krallenhiebe austeilt, oder bei weiteren Symptomen der Angst wie dem Markieren mit Urin.

Unsere Absicht ist es nicht, auf alle Erkrankungen und deren Behandlung einzugehen. Wir wollen nur darauf hinweisen, wie wichtig eine Behandlung auch bei Katzen ist, um ihren schwierigen Alltag zu erleichtern. Die Behandlung, so wie wir sie verstehen, umfasst jede Modifikation im Verhalten und – bei Katzen sehr wichtig – in tierökologischer Hinsicht; dazu gehören auch die je nach Fall wirksamsten biologischen Modifikatoren (Psychopharmaka, Nutrazeutika, also Lebensmittel mit zusätzlichen Inhaltsstoffen, sowie Pheromone). Aggressionen von Katzen sind kein Thema in der Öffentlichkeit, und doch bevölkern deswegen mehr Katzen die Tierkliniken als Hunde. Die Aggressionen stehen nicht im Zusammenhang mit der Rangordnung in dieser Gattung, sondern meistens mit zeitweiligen Angstzuständen. Für die Menschen ist das natürlich nicht ungefährlich. Zum Glück gibt es die Bindung und ihre Anforderungen. Ich freue mich, dass die Katzenliebhaber wegen Verhaltensstörungen ihrer Tiere immer früher die Tierpraxis aufsuchen, weil sie ernsthaft um das Wohlergehen ihrer Katze besorgt sind und nicht abwarten wollen, bis sich aggressives Verhalten zeigt oder wegen des Uringeruchs Verärgerung aufkommt.

Um Katzen und ihre Besitzer zu unterstützen, versuchen wir, Hilfsmittel zur Früherkennung zu entwickeln, um rascher und effizienter behandeln zu können. Manchmal kommen erstaunliche Ergebnisse zustande, die zeigen, dass Theorien nicht immer gute Prognosen erlauben. Weibliche Hauskatzen transportieren wie alle Tiere, die zur Familie der Katzen gehören, ihre Jungen am Nacken, ohne ein Zappeln auszulösen: Es ist der sogenannte Tragereflex. Wir benutzen diesen Nackengriff, um den Entwicklungsstand der Kätzchen zu beurteilen, denn die Reaktionen darauf sind sehr verschieden. Manche scheinen wie hypnotisiert zu sein, zeigen keinerlei Abwehrverhalten, sind sehr entspannt, hängen ausgestreckt oder in fötaler Haltung und blicken ins Leere. Andere krümmen sich, zeigen ihre Krallen und fauchen. Die Reaktionen gehen auf die verschiedenen Zeitpunkte beim Abstillen zurück. Im ersten Fall geschah es ziemlich spät und im zweiten zu früh. Solche aggressiven Kätzchen mit wenigen Kontakten zu ihrer Mutter und mangelnder Vorbereitung auf ihre Umwelt und das Leben mit anderen Geschöpfen wären logischerweise überhaupt nicht als Haustiere geeignet, weil sie bei ihren Besitzern nur geringe Bindungsneigung auslösen. Eine Bestätigung dieser Überlegungen sollte eine wissenschaftliche Arbeit einer belgischen Kollegin bringen.[116] Sie untersuchte die Beziehung von Kätzchen zu ihren Besitzern nach Ablauf eines Jahres. Zu unserer großen Überraschung widersprach das Ergebnis unseren Erwartungen: Kätzchen mit »schlechtem« Tragereflex hatten eine bessere Bewertung als Kätzchen mit einem »guten« Tragereflex.

Einstein sagte zwar »Wenn die Fakten nicht der Theorie entsprechen, ändere die Fakten«, aber wir wollten lieber die Fakten verstehen, und die Bindung war der Schlüssel dazu ... Ein »normales« Kätzchen mit »gutem« Tragereflex ist ein niedliches Tier, das seine Unabhängigkeit liebt und ein großes Neugierverhalten zeigt. Es ist lebhaft, verspielt und umtriebig, braucht aber nur wenige Kontakte und Streicheleinheiten. Dem Kätzchen geht es vorrangig um die Erkundung seines Reviers, und die Besitzer können sich aus dieser Welt des Kätzchens ausgeschlossen fühlen. In der Wohnung ist der Mensch ein wichtiger Teil des Reviers, und es kommt zu zahlreichen Kontakten, die zu einer spontanen und unmittelbaren Beziehung führen. Hat die Katze ein großes Revier zur Verfügung, verbringt sie viel Zeit damit, es genau kennenzulernen. Die Menschen gehören zu dem Revier und sind oft nur Hausmeister, an die sich die Katzen für das Öffnen von Fenster und Türen wenden müssen. Wer Katzen besitzt, die Auslauf haben, hat sicher schon einmal das Gefühl gehabt, als Türhüter zu fungieren. Häufig miaut eines unserer Katzenweibchen draußen vor der Fenstertür unseres Wohnzimmers, stolziert dann mit der ganzen Anmut, deren Katzen bei jeder ihrer Bewegungen fähig sind, durch das Erdgeschoss zur Eingangstür und wartet dort, bis wir ihr öffnen. An Regentagen ist es fast die Regel, dass wir für Chiquita, die uns in dieser Hinsicht am besten im Griff hat, alle möglichen Eingänge des Hauses öffnen müssen, damit sie sich überzeugen kann, dass es an allen Ecken des Hauses regnet ... Kurz gesagt: Katzen sind natürlich bindungsfähig, aber der Mensch hat für sie zwei Eigenschaften. Er ist einerseits Quelle ihrer Freude und bietet Kontaktmöglichkeiten, andererseits muss sie lernen, wie sie ihn in seiner Funktion als Hilfsmittel zur besseren Kontrolle ihres Lebensraums einsetzen kann.

Kätzchen mit »schlechtem« Tragereflex hat es an stimulierenden Reizen gefehlt, und deshalb haben sie keine Kenntnis ihrer Umwelt. Der einzige Platz, an dem sie sich wohlfühlen, ist der Schoß ihres Besitzers. Der einzige Kontakt ist der mit ihrem Herrchen. Der einzige Raum, der ihnen sicher erscheint, ist der Raum um diesen freundlichen Menschen herum. Im Unterschied zu »normalen« Katzen, die gern ihre Umwelt erforschen und niemanden brauchen, leben Katzen mit einer schlechteren Entwicklung in einer Welt des Schreckens. Sie haben als einzige Verbindung zur Welt nur die Freude des Kontakts mit ihrer Bindungsperson. Eine Liebesgeschichte zu zweit allein spielt sich hier vor einem Hintergrund aus Angst und Leid ab: Wir haben ein Kätzchen in Not, das Mitleid weckt; einen Menschen als Beschützer, der Sicherheit bietet; eine sich anbahnende besondere Beziehung; die Freude des Retters und den Trost des Geretteten und das von beiden geteilte Gefühl, für den anderen der Mittelpunkt der Welt zu sein. Für jemand das Wichtigste auf der Welt zu sein ist ein wohltuendes Gefühl, selbst wenn es sich zunächst nur um ein kleines Wesen von 700 Gramm handelt.

Letzten Endes sind die Besitzer von Katzen mit einer Risikoprognose zufriedener als Besitzer von anderen Katzen. Die Statistik ist wahrscheinlich etwas verzerrt: Wir sehen nur diejenigen, die nicht aufgegeben haben, dieses kleine ängstliche Etwas zutraulicher zu machen, und die es behalten und geliebt haben. Eine fast dreißigjährige Praxis bestätigte mein Gefühl, dass für den Aufbau einer solchen Beziehung zum Glück niemand perfekt sein muss. Für die geglückte Anschaffung eines Tieres ist es nicht entscheidend, ob es krank oder hässlich ist. Bedeutsam ist das besondere privilegierte Vertrauensverhältnis, das die Beziehung aufbaut und stärkt.

Einer der bedeutendsten Vertreter der Tierverhaltensforschung und Spezialist insbesondere für Hunde ist Ádám Miklósi. Seine Forschung zur Bindung geht von einer Definition aus, die diesen Aspekt hervorhebt: Bindung bestehe in dem Bestreben, den Kontakt und die Nähe zu einem ganz besonderen Partner aufrechtzuerhalten, der nicht durch einen anderen aus derselben sozialen Gruppe ersetzt werden könne. Besitzer von Katzen mit einer sehr gefährdeten Entwicklung wissen das. Sie haben die Gewissheit, im Zentrum der Welt dieses einen Kätzchens zu stehen und darin ein fast unersetzlicher Bestandteil zu sein. Die Besitzer sind zu Beginn unentbehrlich und haben eine Schutzfunktion; dann haben sie eine Bindung aufgebaut und sind glücklich, das Fundament einer harmonischen Neuentwicklung zu sein. Ihr Glück ist jedenfalls größer als dasjenige von Besitzern, die spüren, dass sie in der Welt ihres Tieres nur eine Nebenrolle spielen, selbst wenn sie eine große Verantwortung tragen, wie die Geschichte eines jungen Paares zeigt, das in die Sprechstunde kam und wissen wollte, ob es ein gemeinsames Leben ins Auge fassen könne ... Der Verhaltenstierarzt sieht sich manchmal in die Rolle eines Familientherapeuten gedrängt, nicht gleich zu Beginn der Behandlung, eher zu einem Zeitpunkt, da das Tier Symptomträger der bestehenden konfliktbeladenen Situation ist. In dem vorliegenden Fall war die Situation eigenartig, und wieder ging es um eine Liebesgeschichte und um Bindung.

Beide Partner hatten in ihren Wohnungen eine Katze. Ihre Namen waren »Brise-Glace« und »Proserpine« und entsprachen dem oben erwähnten Katzentyp. Die Umwelt und alle anderen Geschöpfe jagten ihnen bei ihrer Ankunft einen gehörigen

Schrecken ein, und so entwickelten sie eine exklusive Beziehung mit dem jeweiligen Besitzer. Besonders Brise-Glace, eine Heilige Birma, war ein Katzenweibchen, das sofort verschwand, wenn jemand die Wohnung ihrer Besitzerin betrat. Als der Freund immer häufiger kam, ja sogar einige Tage hintereinander in der Wohnung verbrachte, musste Brise-Glace sich jedes Mal übergeben, sei es gleich bei seinem Erscheinen oder kurz nach seinem Weggang. Beide Partner hatten schon eine Vorahnung, aber als die Symptome auftraten, war ihnen klar, dass es nicht leicht sein würde, ihre armen Katzen dazu zu bringen, jemand anderen zu akzeptieren, ganz zu schweigen ein anderes Tier. Die Liebesgeschichte der beiden war schön, sie hatten das Gefühl, ihren idealen Partner gefunden zu haben, hielten aber an der Beziehung zu ihrem Tier fest, weil sie das, was sie mit Geduld und Sanftmut aufgebaut hatten, nicht zerstören wollten. Die kostbaren »Küsschen« von Proserpine für Monsieur hielten keinem Vergleich mit denen seiner zukünftigen Lebensgefährtin stand, aber Monsieur wollte nicht darauf verzichten. Madame ihrerseits wollte die beschwerliche Zeit für Brise-Glace nicht einfach als Verlust abschreiben.

Einige werden verständnisvoll mit dem Kopf nicken, andere werden es mit einem ungläubigen Lächeln für eine Absurdität halten, eine so großartige Liebesgeschichte wegen einer Katze aufs Spiel zu setzen! Meine Klienten waren sicher Kinder des »kleinen Prinzen« und hörten ihn sagen: »Du bist zeitlebens für das verantwortlich, was du dir vertraut gemacht hast.«[117] Ihre Vorsichtsmaßnahmen und ihr Wille, die Beziehung nicht zu beschädigen, waren in meinen Augen eher ein günstiges Vorzeichen für ihr künftiges Zusammenleben, aber eine solche Bemerkung fiel nicht in meine Zuständigkeit. Ich konnte ihnen nur zuraten, ihr geplantes gemeinsames Leben zu beginnen und gleichzeitig die beiden Tiere zu schützen. Ich stützte mich dabei auf ihre von Respekt getragene Entschlossenheit, sich um die

Organisation des Lebens ihrer Katzen zu kümmern und ihre mit der Veränderung verbundenen Ängste unter Kontrolle zu halten. Es stehen uns heute natürliche oder naturidentische Mittel ohne Schadstoffe oder Nachwirkungen zur Verfügung, die gefährdeten oder kranken Tieren helfen, solche schwierigen Situationen zu überstehen. In fester oder flüssiger Form eingesetzt, erleichtern sie die Anpassung an die neue Situation, und die beiden Liebenden konnten dadurch ihren gemeinsamen Weg fortsetzen, ohne die Bindung zu ihren Tieren aufzugeben.

Ein Artischockenherz

Wenn man in Südfrankreich von einer Person sagt, sie habe ein Artischockenherz, dann bedeutet das, sie liebe alle Menschen im Allgemeinen, aber keinen einzelnen im Besonderen. Was eine Beziehung jedoch so wertvoll macht, ist ihre Einzigartigkeit. Das Gefühl, austauschbar zu sein, ist für eine Bindung nicht günstig.

Das Hypersensibilitäts- und Hyperaktivitätssyndrom (HsHa) setzt die darunter leidenden Tiere vielen Gefahren aus. Die Hunde und Katzen machen dann nicht nur eine Dummheit nach der anderen mit einer schrecklichen Beharrlichkeit, die ihre Besitzer an den Rand der Erschöpfung bringt, sondern erwecken leider auch den Eindruck, sie seien zu einer tiefen und echten Bindung unfähig. Für ihre Besitzer ist es dann schwierig, zu beurteilen, wie es wirklich um die Zuneigung ihrer Tiere steht. Ihre Hunde reißen gern aus, sind immer zu Späßen aufgelegt und spielen mit dem Erstbesten, der mitmacht. Die Besitzer sind sehr besorgt, besonders wenn sie sehen, dass ihr Hund, ohne zurückzuschauen, jedem Unbekannten nachläuft, der mit ihnen etwas unternehmen will.

Sobald diese Diagnose feststeht, überprüfen wir zuerst, wie es um die Bindung steht. Beim Hund ist die Bindung meistens nicht problematisch: Er kennt die Familienmitglieder sehr gut und bietet das Bild einer »sicheren« Bindung. Aber er muss auf jeden stimulierenden Reiz reagieren, und die für eine Bindung typische Suche nach Nähe kann durch die Hyperaktivität des Tieres verdeckt werden.

Als Verhaltenstierarzt empfinde ich große Zuneigung für hyperaktive Hunde, sind sie doch ein Aushängeschild für unsere bedeutsamsten therapeutischen Erfolge. Glücklicherweise sind sie nicht die einzigen, aber an ihnen kann am besten gezeigt werden, wie notwendig bei einer Behandlung die Kombination von therapeutischen und medikamentösen Maßnahmen ist. Einen wirklich hyperaktiven Hund ausschließlich mit Verhaltenstherapie zu behandeln kann nur mit einem glatten Fehlschlag enden. Eine lediglich medikamentöse Behandlung verschafft bloß eine kurze Ruhepause. Die Tiere zwingen uns, in angemessener Weise beide Maßnahmen einzusetzen, also zweigleisig zu fahren: Einerseits müssen wir das richtige Medikament auswählen, um sie zu regulieren, andererseits Verhaltensänderungen anstreben, sodass sie lernen, sich selbst zu kontrollieren.

Es ist mir schon immer eine ganz besondere Befriedigung gewesen, wenn am Ende der Behandlung dem Hund die Einschläferung erspart blieb und die Besitzer sich jeden Tag freuten, dass sie durchgehalten hatten. Ein Hund, dessen Hyperaktivität geheilt oder stark zurückgegangen ist, zeigt Lebensfreude für immer: Er strahlt, ist verschmitzt und hat tausend Einfälle. Langeweile kennt er nie mehr!

Oft müssen wir jedoch, um eine Behandlung durchführen zu dürfen, den Besitzern zunächst zeigen, dass die Hunde sie wirklich lieben. An Humor fehlt es manchen Besitzern nicht, wie das Beispiel einer Dame zeigt, deren Hund über das Gartentor sprang, als er seine Artgenossen bei einem Halbmarathon vorbeirennen sah. Die Dame war überzeugt, ihr Hund würde erst stehen bleiben, wenn kein anderer Hund mehr vor ihm war. Sie rannte also hinter ihm her, und beide waren im Ziel unter den Ersten. Ein Katzenbesitzer sagte zu einem befreundeten Verhaltenstierarzt: »Ich hätte meine Katze ›Nespresso‹ nennen sollen«, und fügte angesichts der verblüfften Miene meines Kollegen hinzu: »Sie macht eine Dummheit, schaut dann um sich, und ich höre, wie sie denkt: ›What else?‹«

Die Besitzer hyperaktiver Tiere haben Humor, Liebe und Unterstützung nötig. Man kann leicht darüber lächeln, aber die durch hyperaktive Hunde angerichteten Zerstörungen gehen gewaltig ins Geld: Fernbedienungen, automatische Rasensprenger, Sofas, Pflanzen, Kissen, Vorhänge, die Elektrik der Eingangstür, die Steckdosen draußen – mit der Gefahr eines Stromstoßes – und was sonst noch alles einem Hund auf einer nach oben offenen Skala einfällt ...

Liegt nun kein unwiderlegbarer Beweis für eine besondere Beziehung vor, dann ist die Versuchung groß, sich von dem Tier zu trennen, und dafür habe ich Verständnis. Der Impuls zur Behandlung des Tieres liegt darin, nachdrücklich darauf hinzuweisen, dass es die einzige Chance des Tieres ist, einen Besitzer zu haben, der an ihm hängt. Der Retter zu sein ist oft ausschlaggebend, und wir brauchen nicht zu lügen. Im anderen Fall besteht das traurige Schicksal dieser Tiere darin, dass sie ständig ausgesetzt werden, nur destruktive Erfahrungen machen, bis schließlich das nicht schwer vorherzusehende tödliche Ende naht. Wenn wir also auf diese Weise behandeln können, dann stabilisiert sich das Tier, die Beziehung tritt deutlich sichtbar hervor, und die Freude an der Rettung eines Tieres geht einher mit dem Vergnügen an einer verstärkten Bindung.

Olive ist eine 30 Kilogramm schwere große Hündin, ein Mischling aus Labrador und Grand Griffon Vendéen. Ihre Besitzerin hatte sie kurz nach dem Tod ihrer früheren Hündin aus einem Tierheim geholt. Madame S. war mit den Nerven am Ende, als sie in die Sprechstunde kam. Sie fragte sich, ob sie die Hündin nicht zurückgeben solle. Das Krankheitsbild war beeindruckend: Olive hatte ihre Lektion gelernt, und so konnte Madame S. im diagnostischen Fragebogen zum HsHa-Syndrom fast alles anstreichen. Der einzige Pluspunkt von Olive war ihre Sauberkeit; sie verrichtete ihre Bedürfnisse nie im Haus, was bei dieser Krankheit ziemlich selten ist und erwähnt werden muss.

Die Hündin hatte drinnen wie draußen so viel Schabernack getrieben, dass die Besitzerin mit ihrer Geduld am Ende war. Socken, Computerkabel, Drähte vom Heimkino, Zweige von Olivenbäumen, Blätter von Palmfarnen, Kreuzworträtsel-Zeitschriften, neue Schuhe von Madame sowie Markensportschuhe und Kaschmirpullover von Monsieur – die Liste der Verwüstung war eindrucksvoll. Die Besitzer sprachen einen Satz aus, den ich so oder ähnlich oft gehört habe: »In unserem Garten sieht es wie in Beirut aus.« Dabei waren die stibitzten Nahrungsmittel noch gar nicht erwähnt: Olive holte sage und schreibe sechs Kuchen und eine Banane aus einem Korb und verschlang sie. Die Besitzerin sah, wie sie auf einem Kochfeld aus Glaskeramik stand und dort die Töpfe inspizierte. In der Nacht schlief sie sehr wenig, trug aber ihren Wassernapf so herum, dass einige Kollateralschäden entstanden. Olive zeigte ein ungewöhnliches sexuelles Verhalten, klammerte sich manchmal an die Beine und belästigte die Katze.

Kann man eine solche Hündin überhaupt lieben? Vor allem, wenn sie die Nachfolge einer anderen Hündin angetreten hat, die in der Erinnerung als ein Muster an Perfektion weiterlebt? Ich empfinde es als ein großes Geschenk, wenn ein Klient mich bittet, die Behandlung eines solchen Falls zu übernehmen. Ich kenne ja oft das Heilmittel und weiß, dass die Behandlung die Beziehung erneuern und das liebevolle Verhältnis zwischen einem Menschen und seinem Hund wiederherstellen kann. Neben dem Hypersensibilitäts- und Hyperaktivitätssyndrom behandle ich in einem derartigen Fall vor allem die Beziehung. Einen Rat möchte ich doch geben: nicht warten, bis man völlig am Ende und total frustriert ist, damit noch eine Möglichkeit zur Gesundung besteht. Je früher wir behandeln, desto besser ist die Prognose, und desto schneller kann die Bindung wieder zu ihrem Recht kommen. Olive geht es dankenswerterweise besser, und die Frage einer Trennung von dem Tier ist vom Tisch.

Every breath you take and every move you make … I'll be watching you*

Es gibt einen Moment, wo es schwierig ist, Kontrolle und Bindung zu unterscheiden. Zu dem Song »Every breath you take« bemerkte Sting, der es komponierte, später: »Es klingt wie ein fröhliches Liebeslied. In jener Zeit erkannte ich nicht, wie finster der Text ist. Ich glaube, ich dachte an Big Brother, an Überwachung und Kontrolle.« Und doch bleibt dieser Song für Millionen eine Hymne an die Liebe.

Als wir von der Eifersucht und der romantischen Liebe sprachen, haben wir gesehen, dass hier eine Beziehung nur deshalb geschätzt wird, weil sie einzigartig ist, allerdings bleibt der andere in einem Netz von Zwängen gefangen, das ihn daran hindert, sich anderswo umzuschauen. Sicher ist Liebe im Spiel beim Betrachten einer sanft atmenden schlafenden Schönen sowie in der tiefen Wirkung, die jede ihrer Regungen hervorruft, aber gleichzeitig ist auch der Wille da, jeden anderen Verehrer daran zu hindern, sich ihr zu nähern.

Auf dieses Missverständnis stoßen wir sehr häufig bei pathologischen Verhaltensweisen. Sprechen unsere Klienten von »Lie-

* »Bei jedem Atemzug, den du machst, und bei jeder deiner Bewegungen … werde ich dich beobachten.« Text des Songs »Every breath you take« auf dem Album »Synchronicity« von Police (1983).

be«, dann ersetzen wir das Wort manchmal schalkhaft durch »Kontrolle« und ändern so den Blickwinkel. Es lohnt sich, an diese überaus häufige und oft zitierte Verwechslung noch einmal zu erinnern. Eine Dame sagte zu uns von ihrem drei Jahre alten Hund: »Dieser Hund ist wie mein Baby, er folgt mir überallhin.« Wir haben sie daran erinnert, dass das Alter ihres »Babys« einem Menschenalter von 25 bis 30 Jahren entspricht und der Hund sich eher als ihr möglicher Liebhaber betrachtet und nicht als Säugling.

Solche Hunde sind Soziopathen, eine Bezeichnung, die mit der Soziopathie bei Menschen nichts zu tun hat und manchmal zu Missverständnissen führt. Die Bezeichnung verweist nur darauf, dass die Krankheit eine Störung in der Beziehung ist. Ihre Ursache ist der Zusammenprall der sozialen Modelle von Mensch und Hund. Beide Modelle sind verwandt und verschieden zugleich.

Nicht alle Hunde streben in der Hierarchie des Rudels nach oben. Aber für viele ist dieser Wunsch ein starker Antrieb in ihrem Leben, und sie möchten Leithund werden. In der Familie überprüfen sie jeden Vorgang danach, ob er ihnen die Möglichkeit gibt, ein wenig Macht zu erlangen. Ganz typisch für sie ist es, sich beim geringsten Kontakt auf spielerische Weise zwischen die Menschen zu drängen. Das geschieht im Allgemeinen auf sanfte Weise, und niemand sieht darin eine böse Absicht. Jeder meint, hier drücke sich eine Form der Bindung aus. Es ist immer noch schwierig, eine Änderung dieses Standpunkts zu erreichen, aber es ist wirklich so, dass es den Hunden, die immer dazwischengehen, viel mehr um Überwachung geht als um Liebe. Das eine schließt das andere nicht aus, aber zu viel Kontrolle verdirbt schließlich die Freundschaft.

In derartigen Fällen arbeiten wir heraus, welche Verhaltensweisen zur Bindung gehören und welche auf die hierarchische Struktur zurückgehen. Die Bindung behalten wir bei, modifizieren aber die hierarchische Struktur. Das ist nicht leicht, weil die Menschen manchmal zusammen mit den Hunden das Gefühl haben, dass die Liebe nur echt ist, wenn sie mit starrem Kontrollzwang einhergeht. Sie befürchten, dass eine Lockerung der engen Kontrolle zu einem Nachlassen der affektiven Zuneigung führt. Ich bin überzeugt, auch die Hunde hätten ihre Schwierigkeiten, wenn sie beschreiben sollten, was zur hierarchischen Ordnung gehört und was zur Bindung. Ein heikles Beispiel dafür war zu Beginn des Kapitels die Trauer der Wölfe um ihren Artgenossen, der für alle der Prügelknabe war.

Es ist für mich eine nicht immer leichte, aber regelmäßig notwendige Pflichtübung, zu erklären, dass die Bindung überhaupt nicht geschwächt wird, wenn die Kontrolle über das gegenseitige Verhältnis wieder übernommen wird, im Gegenteil. In ganz schweren Fällen fügen soziopathische Hunde den Familienmitgliedern manchmal tiefe Bisswunden zu, und wir sind immer erstaunt, dass sich dadurch zwar das Verhältnis ändert, aber nicht die Stärke der Beziehung. Vielleicht vergessen wir immer noch allzu schnell, dass das Bindungsverhalten durch angstauslösende Situationen mobilisiert wird. Wie schon erwähnt, tritt dieses Paradox bei Frauen, Kindern und Hunden auf, die geschlagen wurden, aber auch bei gebissenen Hundebesitzern. Wer eine Gefahr darstellt, bringt eben auch die Wohltat der Beziehung mit, und ohne Hilfe von außen ist es sehr schwierig, diesen Teufelskreis zu durchbrechen. Wer dies unternimmt, muss es allerdings in Kenntnis des Grundprinzips tun: Die Bindung existiert und kann noch stärker aussehen, weil sie durch derartige gefährliche Situationen mobilisiert wird. Nur der Respekt vor der Beziehung garantiert uns eine erfolgreiche Behandlung, so unglaublich und widersprüchlich uns das erscheinen mag. Alle Verhaltenstierärzte haben solche dramatischen Situationen erlebt, die oft, aber nicht immer, ein glückliches Ende fanden, nämlich dann, wenn die Bindung wieder in ihre Rechte eingesetzt ist und ihren abscheulichen Doppelgänger nicht mehr neben sich dulden muss: den Terror.

Blacky war ein großer Hund, der bisher nie Probleme machte. Er spielte immer gern mit der Putzfrau, die ihre Phobie vor großen Hunden dank des gutmütigen Charakters von Blacky überwunden hatte. Dann wurde die Besitzerin schwanger und musste die letzten drei Monate der Schwangerschaft meistens liegen. Der Hund blieb bei ihr im Zimmer und leistete ihr Gesellschaft. Ein- oder zweimal nahm er der Putzfrau gegenüber, die sich verabschieden wollte, eine leicht bedrohliche Haltung ein. Als das Kind geboren war, änderte sich alles. Die bedrohliche Haltung gegenüber der Putzfrau nahm zweimal deutlich zu, sodass sie zu Recht wieder Angst vor großen Hunden hatte. Die Familie war beunruhigt und fragte sich, ob dem Kind etwas passieren könne. Das traf sich gut, denn auch der Hund war beunruhigt. Er hatte natürlich die hormonellen Umstellungen während der Schwangerschaft wahrgenommen, denn Hunde merken so etwas als erste. Auch spürte er die Unruhe während der letzten Monate, ohne sie zu verstehen. Bis zu diesem Zeitpunkt war Blacky ein nicht aggressiver Soziopath, der gern an allen Begegnungen von Menschen teilnahm. Er war immer da, legte seinen großen Kopf in den Schoß eines Anwesenden oder drängte sich bei einer Umarmung dazwischen, ohne dass Zweifel an seiner Gutmütigkeit aufkamen. Die ganze mit der Schwangerschaft und der Geburt verbundene Anspannung, die Veränderung hinsichtlich seiner ihm eingeräumten Stellung in der Familie (er war der Tempelwächter) erhöhten sein Angstniveau, sodass er jetzt instabil war. War er deshalb für das Kind eine Gefahr?

Wir konnten nach sorgfältiger Beobachtung des Hundes während der Sprechstunde und unter Berücksichtigung aller Berichte der Besitzer diese Gefahr zumindest vorerst ausschließen. Blacky war eine Stunde lang in der Praxis und nahm während dieser Zeit fünf- oder sechsmal Kontakt mit dem Baby in seinem

Wagen auf. Er berührte nur mit seiner Schnauze die Füßchen, als würde ihn die Berührung des Säuglings beruhigen. Das Kind löste also weder Unbehagen noch Aggressivität aus. Dagegen war deutlich, dass für Blacky alle diejenigen, die nicht zur Kernfamilie gehörten, eine potenzielle Gefahr für das Kind darstellten. Folglich kam es bei ihm zu einer übertriebenen Aktivität als Wachhund. Blacky wurde deshalb nicht zu einem abnormalen, aber er kann zu einem gefährlichen Tier werden. Das Schicksal jedes Hundes, der einem Menschen eine Bisswunde zufügt, hängt bei uns nach einer Untersuchung durch den Tierarzt vom Wohlwollen des Bürgermeisters ab. Die meisten Stadtväter folgen den Ratschlägen der Ärzte, aber manche glauben, sie hätten eine fast göttliche Mission zu erfüllen, die in der Ausrottung der Hunderasse besteht. Ich musste der Familie also meine Sicht der Dinge mitteilen: Blacky hatte eine starke Bindung an seine Familie, was normal und gut war; aber er glaubte, den Schutz des Babys und seiner Mutter übernehmen zu müssen, was mit dem Leben eines zivilisierten Hundes von heute nicht vereinbar ist. Und wir wussten, wie wir – ohne die Bindung zu gefährden – von ihm verlangen könnten, nicht mehr einzugreifen. Es ging um die Sicherheit der Menschen, die nicht zur Familie gehörten, und letzten Endes auch um das Überleben des Hundes.

Eine Amour fou

Verrückte Hunde gibt es, verrückte Katzen auch. Es ist hier nicht der Ort, diese Feststellung zu vertiefen, aber sie kann heute nicht ernsthaft bezweifelt werden. Der bedeutende humanistische Psychiater Henri Ey bewies diesen Sachverhalt schon im Jahr 1960 auf unwiderlegbare Weise. Für ihn haben die Tiere die Freiheit, eine Vorstellung von der Welt zu haben, daher kann diese auch abnormal sein: Wenn es eine Psychologie des Tieres gebe, warum dann nicht auch eine Psychopathologie? Dem haben wir außer weiteren überzeugenden Befunden nichts hinzuzufügen. Wir verkennen die Bedeutung der Beziehung und der Umwelt überhaupt nicht, aber wir billigen dem Individuum einen Grad an Freiheit zu, der die Möglichkeit einer psychischen Krankheit einräumt. Mittelmäßiges Funktionieren ist für manche Köpfe nicht das Richtige, sie sind entweder brillant oder wahnsinnig. Es ist oft schwer auszumachen, ob die Ursache genetischer Natur oder umweltbedingt ist, ob sie zwischenmenschlichen Beziehungen entspringt oder anderer Herkunft ist. Das ist eine Diskussion unter Spezialisten, die aber große Veränderungen für die Zukunft der Tiere bringt.

Seit Beginn der modernen Veterinärmedizin für Hunde war jahrzehntelang die vorherrschende Auffassung vom Tier durch Jean-Jacques Rousseau (1712–1778) geprägt. Das Tier konnte nur gut sein, böse wurde es durch das Umfeld und die Menschen, die sich um das Tier kümmerten. Diese Sicht mag sympathisch sein, verhindert aber gerade die Vorstellung einer psychischen Krankheit beim Tier. Als Folge kann derjenige, der in einem entsprechenden Umfeld abweichendes Verhalten zeigt, nur »verrückt« sein und muss eliminiert werden. Wenige Hundebesitzer und sogar Fachleute wissen, dass wir heute bei den Hunden die Diagnose eines dissoziativen Syndroms oder einer bipolaren Dysthymie stellen, die ungefähr mit der Schizophrenie beim Menschen oder der bipolaren Störung (der früher sogenannten manisch-depressiven Psychose) vergleichbar sind. Das bedeutet keine Heilung dieser Krankheiten, wir können sie aber erkennen, ihr weiteres Fortschreiten verzögern sowie die einzelnen Phasen beschreiben und die Menschen im Umfeld der erkrankten Tiere vor Gefahren schützen. Manchmal stellen wir zu unserem großen Erstaunen fest, dass die Beziehung zwischen dem Besitzer und diesen so besonderen Tieren intakt und ganz ausgezeichnet ist. In der Sprechstunde wollen wir vor allem verstehen, was diesen Hund oder diese Katze, die übrigens sehr zärtlich sind, dazu bringt, gelegentlich in so brutaler, gefährlicher und unvorhersehbarer Weise zu reagieren. Wir können sie nicht immer retten und müssen manchmal die Beendigung der Behandlung verlangen und die Einschläferung vornehmen, weil die Risiken nicht mehr beherrschbar sind. Wir tun es im Respekt vor dem Kummer, den diese Entscheidung für diejenigen bedeutet, die das Tier trotz allem gern hatten. Dieses empathische Verhalten wird noch anstrengender, sobald die Störungen des Tieres einen Grad erreicht haben, der es sehr erschwert, sich an die Stelle eines anderen zu versetzen.

Nach all diesen Jahren weiß ich, dass mir darüber kein Urteil zusteht. So wie ein Leuchtturmwärter die Schiffe warnt, möchte ich die Menschen vor Gefahren warnen, ihr Bewusstsein schärfen und sie darauf hinweisen, dass die Bindung manchmal Wunder hervorbringt. Mir fällt die Geschichte einer Katze ein, die in meinen Augen am besten verdeutlicht, was Geduld und Liebe in Verbindung mit einer medizinischen Behandlung erreichen können.

Als ich Nougatine zum ersten Mal sah, zeigte sich die weibliche Katze von zwei Seiten. Sie konnte sehr charmant, kontaktfreudig und umgänglich sein; dann glitt sie wie in eine andere Welt ab, rannte wild umher, fauchte und war aggressiv. Die Besitzer konnten ihr Verhalten kaum vorhersehen. Als dieses kritische Verhalten einsetzte, wussten sie aber, dass sie in Gefahr waren. Die ganze Familie lernte, sich nicht oder nur langsam zu bewegen. Die Menschen in ihrem Umfeld verstanden nicht, warum sie die Katze behielten. Aber Madame F. hing sehr an ihr und wollte ihr Verhalten begreifen. Eines Abends begegnete ich in ihrer Wohnung der Katze, als sie wieder ihr gestörtes Verhalten zeigte. Sie sprang mit aufgerissenen Augen auf meinen Schoß, hatte Schüttelfrost (das von Katzen bekannte Aufrichten der Körperhaare beim Rolling-Skin-Syndrom) und peitschte ab und zu heftig mit ihrem Schwanz. Ich wusste jetzt, dass ich mich nicht oder nur ganz wenig bewegen durfte. Man könnte darüber lächeln, denn schließlich wiegt eine Katze nur einige Kilogramm. Aber die Feuerwehrleute und das Personal der Notfalldienste wissen, welche Schäden dieses aggressive Verhalten gegenüber Menschen anrichtet, die zusammen mit Tieren in solchen unkontrollierten Krisensituationen leben, und wie schwer es ist, die Tiere einzufangen, um sie in einen Käfig zu sperren und über ihr weiteres Schicksal zu beraten.

Nougatine hatte keine irreparablen Schäden angerichtet. Sie kratzte und biss, hatte freilich niemanden so verletzt, dass ein ärztliches Eingreifen nötig war. Die Anfälle dauerten einige Tage im Monat, dazwischen war sie leicht zugänglich, fröhlich und völlig normal in ihrem Verhalten. Die Familie verstand nicht die genauen Umstände dieser manischen Anwandlungen und forschte nach ihrer Verantwortung für diese problematische Situation. Die Untersuchung ergab einen starken Verdacht auf eine unipolare Dysthymie mit abwechselnd normalen Phasen und sogenannten produktiven Phasen, die beim Menschen manischen Phasen entsprechen. Die Diagnose löst bei allen einen Schock aus, denn in gewisser Weise heißt das, die Katze ist verrückt; doch es heißt auch: Sie können nichts dafür. Dennoch sind sie für die Katze die letzte Bastion gegen einen programmierten Tod. Manche Menschen können nicht mit einem solchen Damoklesschwert leben, und ich respektiere ihre Entscheidung. Für die Familie L. traf das nicht zu, sie wünschte einen Versuch. Wir beschlossen gemeinsam, eine Behandlung für Nougatine einzuleiten, den Entwicklungsverlauf sorgfältig zu beobachten und auf alle Eventualitäten vorbereitet zu sein.

Als Erstes stand die Sicherheit der Beteiligten im Vordergrund. Madame L. wurde innerhalb kurzer Zeit eine genaue Kennerin ihrer Katze und der Vorzeichen, die einen Anfall ankündigten. Das Rezept war einfach: Nougatine blieb allein in einem Zimmer, das möglichst wenig stimulierende Anreize bot, denn alle beunruhigenden Objekte verstärkten womöglich die Symptome, die ihren Ausgangspunkt natürlich in inneren Vorgängen haben. Und das war übrigens für das Krankheitsbild bestimmend: Sobald die Katze aggressiv wurde und in eine andere Welt wechselte, trat vor allem ihre panische Angst hervor, als seien die vertrauten Schatten des Hauses zu den bedrohlichen Schatten der Bäume geworden wie bei Schneewittchen, als es in den Wald floh. Die medizinische Behandlung verringerte die Zahl und die Stärke der Anfälle, und das war das gewünschte Ergebnis, denn eine vollständige Heilung ist selten und grenzt an ein Wunder. Es blieb bei einigen Anfällen im Jahr, und da nun eine gute Kenntnis der Abläufe vorhanden war, konnte das Leben wie gewohnt weitergehen, und Nougatine war wieder die geliebte und sorgfältig behütete Katze. Die Familie – die Mutter an erster Stelle – war außergewöhnlich in ihrer Geduld, ihrer Hingabe und Bindung an die Katze. Sie konnte Nougatine ein ganz normales Leben bieten mit vielen Reisen und einer Zweitkatze als Begleitung. Ich stand zunächst in einem engeren Kontakt mit ihr, dann wurden die Kontakte seltener, aber sie schickten mir Postkarten und E-Mails und informierten mich. Eines Tages, zehn Jahre nach Beginn der Behandlung, starb Nougatine. Trotz einiger bizarrer Episoden blieb die Bindung bis zum Schluss intakt.

Liebe, ob überschwänglich, ob armselig*

Die Bindung ist bei keinem der hier erwähnten Tiere die Ursache einer Störung. Sie kann zur Heilung beitragen und ist oft ein zartes Band, das die Tiere am Leben erhält, weil es der Wunsch ihres

---

* Die Überschrift »Aimer même trop, même mal« ist eine Zeile des Chansons »La Quête« von Jacques Brel (1929–1978) aus dem Album »L'Homme de la Mancha« (1968). (A. d. Ü.)

Besitzers ist. Noch einmal sei betont: Ohne eine Bindung zwischen den Besitzern und ihren Tieren ist eine Behandlung unmöglich. Manchmal stiftet sie Verwirrung, manchmal Leid, aber ohne die unglaubliche Triebkraft der Bindung zwischen Individuen verschiedener Gattungen können wir niemals bei Tieren eine Veränderung ihrer Verhaltensstörungen erreichen.

Bei den Tieren, von denen ich im Folgenden spreche, geht es um das Leiden an der Beziehung und vor allem um ihre verletzte Liebe.

Krallen auf dem Herzen

Die zu Beginn des Kapitels erwähnte Katze ist mit ihrem Wunsch nach stabilen Verhältnissen und gleichzeitiger Unabhängigkeit ein typischer Vertreter unserer Zeit. Die Bindung ist die Grundlage ihrer Entwicklung. Chiquita und Hermine, die Spezialisten in unserer Familie, sind Zeugen dafür. Zu ihnen gesellte sich jetzt die ziemlich atypische Galinette, eine Sphynx, die sehr in Menschen verliebt ist.

Katzen finden für ihre liebevollen Beziehungen oft die richtige Balance von Ort und Zeit, und so dachten wir, sie seien vor Bindungsstörungen geschützt. Das traf jedoch nicht zu, wie wir einsehen mussten. Sie sind ebenfalls von dem Hypersensibilitäts- und Hyperaktivitätssyndrom betroffen, von Deprivationssymptomen und Phobien. Im Übrigen leiden immer mehr Katzen unter der – wie die Engländer sagen – »felinen Trennungsangst«.[118]

Manche Katzen zeigen Angstsignale bei der Trennung von ihrer Bindungsperson. Sie reichen, wenn die Besitzer nicht da sind, von Unsauberkeit beim Urinieren (das häufigste Anzeichen) über durchdringende Lautäußerungen, welche die Nachbarn alarmieren, bis hin zu zwanghaftem Lecken, sodass kahle

Stellen im Fell durch Selbstverstümmelung entstehen. Wenn Fellhaare fehlen, muss aber nicht gleich eine Bindungsstörung vorliegen, auch Flöhe können der Grund sein! Sie sind sogar die Hauptursache für heftigen Haarausfall bei Katzen.

Die ersten Angstanzeichen bei einer Abwesenheit der Bindungsperson sind kaum wahrnehmbar, verlaufen stumm und können deshalb sehr leicht übersehen werden. Eine Katze mit Trennungsangst reduziert ihre Aktivitäten und Bewegungen und zeigt zunehmend ein gehemmtes Verhalten, was nur die Katze stört, sonst niemanden. Verletzungen durch zwanghaftes Lecken oder unerwünschte Verhaltensweisen zeigen eine Verschlimmerung ihres Zustands an, und dann müssten die Besitzer doch ziemlich alarmiert sein.

Das Auftauchen dieses Syndroms bei der Katze hat mehrere Ursachen. Die Katze wurde in vielen westlichen Ländern zum beliebtesten Haustier und lebt deshalb überwiegend in Wohnungen. Das ist überhaupt nicht anstößig, viele Katzen genießen diese Situation. Aber das Erkundungsverhalten, der Kontakt mit der Umwelt, die Jagd – alle die für eine Katze so wichtigen Unternehmungen fallen weg, und damit verkümmern auch die entsprechenden Fähigkeiten. Das Verhältnis zur menschlichen Bezugsperson ist für die Katze dann ein wichtiger Bestandteil ihrer Aktivität. Da die Katze von Natur aus gesellig, aber auch gern allein ist und in diesem Wechsel ihr Gleichgewicht findet, gerät sie durch den ständigen Kontakt mit einem Menschen immer mehr in ein Abhängigkeitsverhältnis.

Viele Katzen haben Rituale und lieben sie sehr. Jeden Morgen stehen sie um 7.05 Uhr auf dem Spültisch und weisen einen darauf hin, dass der Wasserhahn zu öffnen sei. Sie schlabbern ein bisschen, miauen, reiben sich zwei Minuten am Menschen und machen sich auf den täglichen Erkundungsgang durch das Haus. Das Leben geht seinen normalen Gang. Aber wenn der Besitzer Ferien macht, wer öffnet dann den Wasserhahn um 7.05 Uhr?

Im Leben einer Katze ist das eine wichtige Frage, und die Bindung besteht auch aus solchen beruhigenden Ritualen. Zum Verlust der Bindungsfigur kommt noch der Verlust der Rituale hinzu, und so entsteht die Angst der Katze. Die Katze kontrolliert leidenschaftlich gern ihr Revier, manchmal mit ihrem Besitzer zusammen, wobei auch das Vergnügen des Kontakts gesucht wird. Sie erleidet also einen doppelten Verlust. Die Katze ist auch deshalb ein Begleiter für so viele Stadtbewohner geworden, weil man sie ohne Risiko einige Tage allein lassen kann, was bei einem Hund nicht möglich ist, schon allein aus hygienischen Gründen. Als die freien Wochenenden eingeführt wurden, nahm auch die Zahl der Katzen zu. Sie reagieren dennoch emotional auf die verlängerten Zeiten der Abwesenheit, vor allem wenn die Wohnung zwei Tage lang leer ist und überhaupt keine Kommunikation stattfindet. Es ist nicht meine Absicht, mit dem moralischen Zeigefinger zu kommen, und es spricht überhaupt nichts dagegen, eine Katze zweimal im Jahr zwei Tage allein zu lassen. Wer aber jedes Wochenende weit weg von seinem Apartment verbringt, der müsste sich schon Gedanken machen, ob nicht die Katze mitkommen kann. Sie wird sich leichter an das Reisen in Gegenwart des Besitzers gewöhnen als an die viel zu langen einsamen Tage in der Einzimmerwohnung. Auf jeden Fall muss das mit der Katze ausprobiert werden. Sollte einem aber das zustoßen, was die Klientin einer Kollegin erlebt hat, dann ist der Fall klar.

Die Dame hatte ihre hübsche schwarze Katze wieder einmal für ein Wochenende allein gelassen. Bei ihrer Rückkehr fand sie ein ziemlich bizarres Tier vor, alles war schwarz, nur der Schwanz war ganz weiß, er hatte kein einziges schwarzes Haar mehr. Die Besitzerin glaubte, ihre Katze sei misshandelt worden, aber der Tierarzt konnte sie beruhigen. Eine genaue Untersuchung zeigte, dass die Katze mit ihrer rauen Zunge drei Tage lang die Haare an ihrer Basis abschabte. Dieser Typus des Leckens stellt eine

Ersatzaktivität dar und ist ein Zeichen für permanente Angst. Die Katze kam mit der wiederholten Abwesenheit wahrscheinlich schon seit Langem nicht zurecht, ohne dass sie es nach außen hin zeigte.

Aus diesem Grund sprechen wir bei der Katze lieber von Störungen der Autonomie, da in solchen Fällen Bindung und Kontrolle des Reviers sich überlagern. Galinette, jene kleine Sphynx, unsere neue weibliche Katze, schien mir eine ausgezeichnete Kandidatin für Störungen zu sein, die mit Trennung zu tun haben. Sie ist sehr aktiv, wenn meine Frau Marie da ist, rennt stets hinter ihr her und springt aufs Sofa, um sich an ihrem Kinn zu reiben. Sobald Marie abwesend ist, wird Galinette unsichtbar. Sie ist dann allerdings leicht zu finden: Sie liegt zusammengerollt auf ihrem Bett und schläft. Vorerst sind keine deutlichen Anzeichen einer Angst zu erkennen, aber die gehemmte Aktivität bei der Abwesenheit ist ein erster Hinweis. Eine normale Katze schläft viel, und voreilige Schlüsse sind nicht angebracht, aber ich habe doch ein Auge auf die kleine Miezekatze mit dem großen Herzen, um sicher zu sein, dass die schöne Bindungsgeschichte zwischen den beiden nicht Leid verursacht.

Eine kritische Situation nach der anderen

Ohne Bindung zu leben ist für viele Hunde nicht vorstellbar. Sie erfinden sie geradezu, wenn sie keine vorfinden. Ich möchte dem Leser den Jammer der Findelhunde in Tierheimen vor Augen führen und die aufopfernde Hingabe der Mitarbeiter in den Tierheimen erwähnen, die jedoch das gewaltige Bedürfnis nach Bindung nicht befriedigen können.

Hunde, die bei einer ausgeglichenen Mutter und dann bei einem fürsorglichen Menschen aufwachsen, haben gute Aussichten, eine stabile Struktur und eine »sichere« Bindung zu entwickeln, die ihnen intensive liebevolle Beziehungen und Autonomie ermöglichen. Sie sind dann ideale Hunde für Familien. Sie schenken Liebe und bekommen Liebe und können viele Stunden allein bleiben und auf die Rückkehr der Familie warten. Millionen von Hunden leben so, und alle sind damit sehr zufrieden.

Andere Hunde haben diese Chance nicht. Verhaltensstörungen, widrige Lebensumstände, Scheidung, Umzug, Klagen der Nachbarn, ein kostspieliger Unterhalt – es werden so viele Gründe angeführt, Hunde auszusetzen. Wer von ihnen dann bei einer Tierschutzorganisation unterkommt, kann damit rechnen, doch noch eines Tages eine Familie zu finden. Die Tierheime sind voll, und ihre Leiter stehen in vielen Ländern oft vor einer schweren Entscheidung: Entweder lassen sie eine Überfüllung ihrer Tierheime zu, was zu sanitären Problemen und zu aggressivem Verhalten der Hunde führen kann, oder sie reduzieren durch Einschläferung die Zahl der Tiere, was keiner von ihnen leichten Herzens macht. Viele belastet das Dilemma so schwer, dass sie darüber nicht sprechen wollen. In den Vereinigten Staaten geben einige Tierschutzorganisationen ihrem Personal psychologische Hilfestellung zu dem heiklen Problem der Einschläferung.

Bleiben wir trotz allem Optimisten und stellen wir uns einen Findelhund vor, den zum Glück eine Familie aufnimmt. Viele Menschen tun diesen Schritt, um ein Tier zu retten, und wenden sich daher an ein Tierheim. Sie wollen dankenswerterweise dazu beitragen, das Elend der Welt ein wenig zu verringern. Aber die Probleme fangen jetzt erst an, denn solche Hunde haben eine Bindungsstruktur, die sie sehr anfällig für Angstreaktionen macht.

Bevor ich ganz allgemein dazu Stellung nehme, möchte ich meinen höchstpersönlichen Eindruck schildern, den mein eigener erster Hund auf mich machte. Ich wollte schon immer einen Hund, aber gesundheitliche Probleme, ein »allergisches Asthma«, standen dem Wunsch im Wege. Tief im Innern war ich überzeugt, dass ich weder auf Hunde noch auf Katzen allergisch reagierte, was sich auch als richtig herausstellte. Immerhin ging ich an dem Tag, da ich die Aufnahmeprüfung für ein Tierarztstudium bestanden hatte, mit meiner damaligen Freundin in ein Tierheim, um einen Hund auszusuchen. Wir brauchten ziemlich lange, bis wir uns für einen kleinen, verängstigten haarigen Hund entschieden. Er war reizend, schien aber traumatisiert zu sein, und der Kontakt mit Menschen bereitete ihm wohl überhaupt keine Freude.

Victor war mein erster Hund. Ich sehe, als wäre es gestern, die ehrenamtliche Mitarbeiterin des Tierheims wieder vor mir mit ihren misstrauischen Fragen. Sie war unschlüssig, ob sie jungen Leuten einen Hund überlassen sollte, war aber schließlich beruhigt, als sie erfuhr, dass ich Student der Tiermedizin war. Sie gab uns tausend Ratschläge und empfahl uns, den Hund ja nicht aus den Augen zu lassen: weil er vor so fremden Leuten davonlaufen könnte. Von wegen! Nach einigen Stunden wussten wir, den Hund verlieren wir nie, denn für ihn stand eindeutig fest, dass wir seine neuen Herren waren, denen er sein Leben anvertrauen konnte. Er war zehn Jahre bei uns, von Beginn meines Studiums der Tiermedizin an bis kurz vor der Geburt unseres ersten Sohnes, was Victor um einige Wochen verpasste, eine der ganz wenigen Enttäuschungen mit ihm ...

Victor war ein wichtiges Mitglied in unserer Familie. Er ist auf den Hochzeitsfotos zu sehen, er begleitete uns auf vielen Reisen, und wenn er nicht mitkommen konnte wie bei unseren Ferien in den Vereinigten Staaten, dann ließ er sich problemlos zu meinen Eltern bringen, die er ebenfalls für sich eingenommen hatte. Victor war ein unvergesslicher Haushund, und doch denke ich immer daran, welch unauslöschliche Spur der Aufenthalt im Tierheim hinterlassen hat. Er hatte eine starke Phobie vor Unwettern zurückbehalten. Er sprang dann aus dem ersten Stock oder landete auf heißen Kochplatten. Weitere Probleme mit ihm gab es nicht, aber er zeigte sein ganzes Leben eine gewisse besorgte Unruhe, und jede Wiederkehr unserer Familienmitglieder war für ihn ein solches Fest, als hätten wir nie mehr zurückkehren können.

Nicht alle Tierfreunde, die einen Hund aus dem Tierheim aufnehmen, haben dieses Glück. Ich muss oft Tiere schützen, die bei jedem neuen destruktiven Verhalten ihr Risiko erhöhen, ausgesetzt zu werden. Hier kommt es zu einem Teufelskreis: Der Hund wird ausgesetzt, weil er, allein gelassen, einmal zu laut gebellt hat; er kommt in einen Käfig, weit weg von seiner Herkunftsfamilie und ohne Bindungspersonen, sodass er noch ängstlicher wird. Nimmt ihn eine Familie auf, geht er zwangsläufig eine neue Bindung oder vielmehr eine sekundäre Hyperbindung ein, die ihn auf Zeiten der Abwesenheit seiner Besitzer noch empfindlicher reagieren lässt. Bei jeder noch so kurzen Abwesenheit kommt es erneut zu destruktivem Verhalten und zu lautem Bellen. Tierliebhaber, die einen Hund aufnehmen, sind voll guten Willens, brauchen aber oft Wochen und Monate, um eine gute Beziehung herzustellen. Kommt es zu früh zu ärgerlichen Vorkommnissen, dann ist die Gefahr groß, dass der Hund wieder im Tierheim landet, was seine Situation nur noch verschlimmert. Und doch habe ich bei denen, die einen Hund aufgenommen haben, unendlich viel Geduld und Opferbereitschaft vorgefunden. Kaum ist der Hund da, ändern sie schon ihre Lebensweise und geben viel Geld aus, um den neuen vierbeinigen Freund zu retten und ihm eine neue Chance zu geben. So geschah es auch bei Hulk.

Madame P. ist mit ihren Nerven am Ende. Hulk, ein Boxer, den sie bei einer Tierschutzorganisation geholt hatte, hat zum zweiten Mal das Sofa zerstört, seit er vor sechs Monaten ins Haus gekommen war. Ihr Mann möchte nichts mehr von dem Tier wissen. Die Dame weiß, dass eine vernünftige Lösung eigentlich nur eine Trennung sein kann, aber sie kann sich nicht dazu entschließen. Sie fühlt sich für den Hund verantwortlich, auch wenn sie ihn erst seit einigen Monaten kennt. Solange Hulk keine Katastrophen anrichtet, ist er fröhlich, verspielt und sehr aktiv. Er entspricht in allem ganz dem Bild, das Madame P. sich von einem Hund gemacht hat, und sie könnte sehr glücklich sein, wären da nicht diese unberechenbaren destruktiven Attacken. Hier liegt eine der Schwierigkeiten mit Hunden aus dem Tierheim: Sie haben keine Bezugspersonen und wissen daher nicht, woran sie sich halten müssen. So entwickeln sie sehr rasch in der neuen Umgebung eine sekundäre Hyperbindung. Sie dient als emotionale Krücke zur Kompensierung der Angstzustände, lässt die Hunde jedoch in einer Verfassung, die sie höchst anfällig für Krisensituationen macht. Fühlt sich das Tier zu irgendeinem Zeitpunkt erneut verlassen und kann es seine Emotionen beim Weggang eines Menschen nicht mehr unter Kontrolle halten, dann kommt es aus Angst zu spektakulären Aktionen. Der verantwortungsvolle Umgang mit dem Tier ist dadurch häufig erschwert. Die Besitzer können ihren Hund viele Male problemlos allein lassen und ins Kino gehen. Eines Abends müssen sie bei der Rückkehr feststellen, dass das Haus auf den Kopf gestellt wurde. Ihr Vertrauen ist dahin.

So leicht dieser Vorgang im Prinzip zu verstehen ist, so schwer ist es häufig, eine adäquate Lösung zu finden. Alles nämlich, was der Hund als Routine wahrnimmt – die Arbeitszeit von 9.00 bis 17.00 Uhr, die Kinder am Mittwochnachmittag zum Judounterricht von 16.00 bis 18.00 Uhr fahren –, ruft keine Reaktion hervor. Aber das spontane abendliche Ausgehen, das Essen im Restaurant oder ein völlig anderer Tagesablauf können Angstreaktionen auslösen. Liegen zwischen zwei Krisensituationen mehrere ruhige Wochen, dann denken manche Besitzer, die Probleme seien verschwunden. Umso größer ist die Enttäuschung bei einem Rückfall, so wie bei Hulk. Das nur wenige Wochen nach dem ersten Sofa zerstörte zweite Sofa wäre ihm fast zum Verhängnis geworden, und es wäre durchaus verständlich gewesen, ein solches Verhalten nicht mehr zu tolerieren. Ich wies Madame P. auf das unregelmäßige Auftreten des Verhaltens hin und empfahl ihr, ein einfaches Sofa bei der Emmaus-Gemeinschaft zu kaufen, um Zeit für die emotionale Stabilität von Hulk zu gewinnen. So geschah es auch. Madame P. musste noch sechs Monate geduldig warten und einige beunruhigende Situationen durchstehen, die aber durch die ärztlich-medizinische Behandlung besser unter Kontrolle waren. Danach schien Hulk stabil zu sein, und der letztmalige Kauf eines Sofas wurde beschlossen. Es nimmt noch heute im Wohnzimmer seinen gebührenden Platz ein und blieb unbeschädigt.

Die Geschichte von Hulk, aber auch von vielen anderen Hunden zeigt, wie schwierig der Umgang mit einem Hund ist, dessen Bindung von Beginn seines Lebens an gestört war. Der Weg zu den schon erwähnten Formen der Widerstandsfähigkeit ist oft schmerzlich, und die Trostpflästerchen auf dem Herzen, wie es in dem Chanson des Liedermachers Oldelaf heißt, reichen nicht aus. Doch solche Bindungsstörungen sind eine Behandlung wert. Die Behandlung heftiger Angstreaktionen im Gefolge einer sekundären Hyperbindung gehört zu unseren Aufgaben, allerdings brauchen wir die nötige Zeit dazu. Die Geduld von Madame P. war für den therapeutischen Erfolg eine wesentliche Voraussetzung.

Was könnte die Liebe retten?

Die meisten Hunde kommen wie gesagt im Alter von zwei oder drei Monaten zu ihren Besitzern. Das ist empfehlenswert, weil Hunde in diesem Alter eine primäre Bindungsperson brauchen, die sie aus dem neuen »Rudel« der Familie wählen. Wären sie weiter bei ihrer Mutter geblieben, hätte diese sie eines Tages mehr oder weniger von sich gestoßen.

Bei Menschen gibt es keine »Ablösung« von Welpen, die sie angeschafft haben. Die Lebensumstände, der Beruf, das Ausmaß an Liebe für jedes Familienmitglied – das alles führt zu einem natürlichen Verlauf der Ablösung und gibt den Welpen die Autonomie.

Manchmal besteht die Familie aus einer einzigen Person, die aus den verschiedensten Gründen – Arbeitslosigkeit, Krankheit, Ruhestand oder Reichtum – nicht arbeitet und sich deshalb nie von ihrem Tier trennen muss. Die Ablösung kann daher nicht stattfinden, und jede Trennung stellt beide Beteiligten auf eine harte Probe. Der Trennungsangst im eigentlichen Sinn liegt eine primäre Hyperbindung zugrunde und unterscheidet sich von der Trennungsangst der Hunde, die das Tierheim verlassen. In diesem Fall kam es bei dem Tier zu keinem Abschluss der Entwicklung. Es besitzt nicht die soziale Reife, die nach der unvermeidlichen Ablösung eintritt.

Die Hyperbindung ist nicht auf den Hund beschränkt, gewöhnlich ist auch der Besitzer davon betroffen, der ein starkes Schuldgefühl empfindet, wenn er sein Tier auch nur für einige Minuten allein lässt. Er fühlt sich für seinen Hund verantwortlich, ist solidarisch mit ihm und bleibt eng an ihn gebunden. Beide stecken in einer tiefen emotionalen Zwangslage. Nicht jede Angstsituation geht jedoch auf diese Situation mit einer einzigen Person und einem einzigen Tier zurück, aber sie erzeugt eine zusätzliche Vulnerabilität des Tieres, die automatisch die Bindung in den Mittelpunkt rückt und die Arbeit an der Autonomie des Tieres erschwert.

Die Trennungsangst führt zu endlosen Diskussionen mit unseren angelsächsischen Kollegen. Sie fassen unter der Bezeichnung alle Angstreaktionen von Hunden zusammen, die allein gelassen werden. Ihren Ausführungen entnehmen wir mühelos Fälle mit HsHa-Syndrom, solche mit Deprivation und noch häufiger Fälle mit Soziopathie. Als Fachleute wissen sie übrigens, dass dieselbe Diagnose ganz unterschiedliche Krankheitsbilder abdecken kann. Sie halten es für ausreichend, wenn eine geeignete Therapie gefunden wird, während wir glauben, dass die erste therapeutische Aufgabe die präzise Bezeichnung jeder einzelnen Erkrankung ist. Letztlich entscheidend ist für alle Experten diesseits und jenseits des Kanals und des Atlantiks die ärztliche Behandlung des Tieres. Ihre Botschaft lautet: »Töten Sie Ihren Hund nicht wegen einer Lappalie; wir können helfen.«

So wie wir Trennungsangst definieren, tritt sie selten auf. Mein Kollege Gérard Muller hat in einer Untersuchung nachgewiesen, dass sie nur auf 3 Prozent der von Verhaltenstierärzten behandelten Fälle zutrifft. Neben vielen anderen möglichen Ursachen gibt es eine Hauptursache: Auf die Trennungsangst wird während der Ausbildung und bei Vorträgen am häufigsten hingewiesen. Viele Allgemeinärzte kennen und behandeln sie. Es ist eine französische Besonderheit, auf die wir sehr stolz sind, dass die Behandlung von Verhaltensstörungen nicht auf eine Handvoll Spezialisten beschränkt ist, sondern von vielen tausend Tierärzten durchgeführt wird, weil sie in ihrer Ausbildung die geläufigsten Erkrankungen kennengelernt haben. Die Tierpsychiatrie ist für die Mehrzahl der Kollegen ein Fachgebiet wie jedes andere auch geworden. Sie wissen, dass die Therapie in dem bekannten ärztlichen Rahmen durchgeführt wird und wie die anderen medizinischen Fachgebiete mit der klassischen Methode von Diagnose, Prognose und Behandlung.

Trennungsangst gehört zu den einfach zu diagnostizierenden Standardkrankheiten, deren Behandlung nicht allzu schwer ist. Die Heilungserfolge sind beträchtlich, und die Rückfallquote ist niedrig. Alle Tierärzte, so scheint mir, sind heute der Auffassung, dass die Einschläferung eines Tieres aufgrund einer Krankheit, deren Diagnose und Behandlung keine unüberwindbaren Probleme darstellen, nicht mehr akzeptabel ist. Für uns Tierärzte ist es viel leichter, eine erfolgreiche Therapie anzubieten und – um den Titel eines Chansons des Liedermachers Daniel Balavoine zu zitieren – die Liebe zu retten, als eine Handlung mit tödlichem Ausgang vorzunehmen, die uns zuwider ist, wenngleich wir sie nicht immer verhindern können. Wer sich also über seinen Hund beklagt, dessen Liebe ihn vollkommen in Beschlag nimmt, dem sei gesagt, dass es Lösungen dafür gibt, die sein Zuhause, das Tier und die Beziehung retten, bevor Hausverwalter und die Behörden einschreiten.

Die Trennungsangst bindet einen Hund und ein menschliches Wesen, seine Bindungsfigur, aneinander. Das Leben des einen ohne den anderen ist für beide schwierig, und das Fehlen von Autonomie und Freiheit weckt Angst. Ihre Symptome beim Hund sind anhaltende Lautäußerungen, zerstörerische Aktionen und Unsauberkeit. Sie treten nur auf, wenn die Bindungsperson abwesend ist. In der Pubertät zeigen sich oft die ersten Anzeichen (sehr junge Hunde leiden nicht darunter). Da der Hund seine Entwicklung noch nicht beendet hat, zeigt er weiterhin jugendliche Verhaltensweisen. Ein Rüde hebt zum Beispiel nicht die Pfoten, will nur spielen und unterwirft sich anderen Hunden; eine Hündin ist oft sehr »schüchtern«. Besonders deutlich ist die wechselseitige primäre Hyperbindung in der Arztpraxis, selbst wenn der menschliche Partner anwesend ist: Der Hund bleibt die ganze Sprechstunde über dicht an seinem Besitzer, den er als Bezugsperson ständig mit einem Teil seines Körpers berührt. Die Klienten erwähnen oft diese unglaubliche Nähe, sobald sie mit dem Tier zusammen sind. Selbst die Toilettentür können sie, wie sie manchmal etwas verlegen berichten, nicht schließen, da es sonst zu verzweifelten Reaktionen des Hundes kommt. In einem extremen Fall duschte ein Hund jeden Morgen mit der Besitzerin, weil er auf den Kontakt nicht verzichten wollte und dafür lieber die Nässe in Kauf nahm.

Es ist immer schmeichelhaft, so geliebt zu werden. Die größte Schwierigkeit der Behandlung liegt darin, das Einverständnis des Besitzers oder der Besitzerin für den notwendigen Ablöseprozess zu bekommen. Ich musste in den vergangenen fünfzehn Jahren viel Zeit damit verbringen, ihnen zu erklären, dass es nicht um weniger Liebe geht, sondern im Gegenteil um die Stärkung der Beziehung und die Berücksichtigung ihrer eigentlichen Aufgabe: Sie soll Schutz und Autonomie gewähren und eine Brücke schlagen zwischen der Angst vor dem Unbekannten und der Freude an der Beziehung. Das Verständnis für diese Erklärung ist von Besitzer zu Besitzer verschieden, doch nur wenige können damit überhaupt nichts anfangen. Ich suche immer nach einer anschaulichen sprachlichen Wendung oder nach einer Metapher, die die Heilung fördern können, die in der Autonomie der beiden Partner besteht. Innerhalb weniger Wochen wird in 80 Prozent der Fälle die Beziehung stärker und dennoch anpassungsfähiger und flexibler. Eine Trennung erleben beide Partner viel weniger schmerzhaft, ihr Wiedersehen dagegen mit umso größerer Freude.

Zum Schluss möchte ich auf einen ganz unglücklich verlaufenen Fall eingehen, der das Leid von Hunden zeigt, sobald es um Liebe geht.

Die Liebe zwischen Monsieur und Madame G. war am Ende, und sie beschlossen die Scheidung. Von außen gesehen ist das ein alltäglicher Vorgang, aber für die Beteiligten ist es ein schmerzliches Ereignis. Dabei kommt es im Hinblick auf Tiere nicht selten zu brutalen Entscheidungen, die den anderen verletzen sollen. Die beiden Eheleute hatten zwei Hunde, und jeder sollte einen behalten. Allerdings hatte unter dem Druck der Scheidung niemand darauf geachtet, dass Cristo und Magel, die beiden Hunde, sehr aneinander hingen. Jeder war für den anderen buchstäblich die wichtigste Bezugsperson. Madame G. liebte beide Hunde, akzeptierte aber, nur einen, Cristo, zu behalten. Cristo war im Umgang mit Magel aufgewachsen, der sein Lehrmeister und absoluter Bezugspunkt war; zudem hing er sehr an dem Ehemann. Als es zur Scheidung kam, verlor Cristo zwei Kilogramm an Gewicht und entwickelte eine spektakuläre Dermatitis. Er fühlte sich nach der Trennung seiner Besitzer nicht mehr wohl in seiner Haut! Am Tag des Schlichtungsverfahrens ließ Monsieur G. – aus Wut oder innerem Zwang – Magel einschläfern, eine jener unwiderruflichen Entscheidungen, die jedem zusetzt. Ich kann mir das Leid der Menschen vorstellen, möchte aber nicht weiter darauf eingehen, weil es meine Kompetenzen überschreitet. Der große Verlierer dagegen war Cristo, und er litt immer mehr. Als Madame G. ihn zu mir brachte, war die Polizei schon dreizehn Male bei ihr gewesen wegen Ruhestörung durch zu lautes Bellen. Obwohl Madame G. rührend um Cristo besorgt war, jaulte er vor Verzweiflung, weil er sowohl Magel, seine primäre Bindungsperson, als auch seinen Besitzer verloren hatte.

So wie die Situation nun einmal war, stand Cristo kurz vor der Einschläferung. Das wäre allerdings eine totale Katastrophe gewesen: Am Anfang eine reizende Liebesgeschichte, aus der heraus die Freundschaft zweier Hunde und gattungsübergreifende Bindungen entstanden, und am Ende nur noch Leid und zwei tote Hunde. Für Madame G. war das entschieden zu viel, und sie kämpfte mit aller Kraft, um Cristo aus den Fängen seiner Angst zu befreien. Wir haben gemeinsam eine Therapie ausgearbeitet. Nur mit Medikamenten war es möglich, das Jaulen innerhalb einer angemessenen Zeit zu stoppen. Mit dem Antidepressivum Fluoxetin konnten wir dann die angstbesetzten Reaktionen des Hundes reduzieren und dadurch – ein glücklicher Nebeneffekt – auch die Nachbarn und die Polizei, die relativ geduldig war, besänftigen. Madame G. zeigte viel Energie in dieser schwierigen Situation, die aber bei einer Trennung von ihrem Hund für sie noch schlimmer geworden wäre. Sie war sich darüber im Klaren. Mein von der Liebe arg gebeutelter Cristo brauchte mehrere Monate, bis er mit der neuen Lage zurechtkam. Ich weiß nicht, ob es seiner Besitzerin besser geht, aber ich hoffe es von ganzem Herzen. Ich glaube, die Rettung wenigstens von einem der Hunde und die gegenseitige Beziehung waren Madame G. in dieser schweren Zeit eine große Hilfe. Zumindest wünsche ich ihr das.

An der Liebe sterben

Wir sind am Ende unserer Überlegungen angelangt. Vielleicht befindet sich im Wartezimmer ein Hund, der alle Chancen verspielt hat und nun beim Tierarzt ist, weil alle am Ende ihrer Möglichkeiten und Kräfte sind. Er muss in vielen Ländern mit seiner Einschläferung rechnen, weil er es nicht verstanden hat, seine Liebe zu dosieren oder klüger anzupassen. Hunde können an der Liebe sterben, weil die daraus resultierenden Angstreaktionen so beschaffen sind, dass ihnen mancherorts die Einschläferung droht.

Aber ein derartiger Verlauf der Beziehung und erst recht ein solches Ende müssen nicht mehr sein. Ein Ziel des Buches war es, in Erinnerung zu rufen, dass die mehrere tausend Jahre alte Beziehung zwischen Mensch und Hund eine ärztliche Behandlung verdient, sobald daraus Leid und Schmerz entstehen. »Hunde haben keine Wahl, sie müssen ihre Besitzer lieben«, sagte Jean Gabin in seiner Filmrolle als Tierarzt in einem so brillanten wie ironischen Monolog: Der Film »Auch eine französische Ehe«[119] wurde vor fünfzig Jahren gedreht, und seither haben die Tierärzte gelernt, die Beziehung von Mensch und Tier zu schützen und die Hunde davor zu bewahren, dass ihre Liebe tödlich endet. Die vielen im Lauf der Jahre erzielten therapeutischen Erfolge berechtigen uns, mit einigem Stolz zu sagen, dass wir Wächter der Beziehung, Beschützer der Bindung und manchmal Retter der Liebe sind.

Nachwort

Ich bin am Ende meines Weges angekommen, und ich hoffe, für Sie beginnt er erst. Sie kennen nun meine Überlegungen zu der Mutter-Kind-Beziehung, die so fundamental und einfach, aber auch so komplex und subtil ist wie ihre Entwicklung innerhalb der einzelnen Arten. Vielleicht haben Sie beim Lesen einige Antworten auf wesentliche Fragen Ihres Lebens gefunden.

Die ganze Breite der Thematik ist schwindelerregend. Die Fragen, auf die ich eine Antwort versuchte, hängen alle mit der Bindung zusammen. Sie verbinden die Geschichte des Individuums mit der Evolution der Arten, die elementare Einzigartigkeit mit der notwendigen Vielfalt: Warum ist eine dauerhafte und erfüllte Liebe so schwer? Wie gelingt es, Leidenschaft in eine dauernde Liebesbeziehung zu verwandeln? Haben Tiere Gefühle? Ist eine Trauerreaktion nach dem Verlust eines Hundes normal? Ist Eifersucht ein Wesensmerkmal des Menschen? Ist der Unterschied zu anderen Gattungen prinzipieller oder nur gradueller Natur? Warum sind Delfine wunderbare Freunde, aber schreckliche Liebhaber? Warum können Hunde und Elefanten durch ihre Trauer eine solche Loyalität ausdrücken? Können wir heute schon bei Lebewesen aller Arten, auch der menschlichen, feststellen, an welcher Stelle im Gehirn der Sitz der Bindung ist? Entschlüsseln die Wissenschaftler eines Tages die Genetik der Liebe?

Es wäre illusorisch, auf jede dieser Fragen eine erschöpfende Antwort geben zu wollen. Das war auch nicht meine Absicht. Ich hoffe aber, dass dieses Buch Ihre Neugier und Ihr Interesse geweckt hat und Sie nun die grundsätzliche Gewissheit haben, dass die Wissenschaft jeden Tag Beweise liefert für die große Bedeutung einer auf Bindung beruhenden Beziehung.

Um uns herum gibt es – sofern wir nur die Augen öffnen – sehr viel mehr Solidarität, Empathie und Liebe, als wir glauben, weil uns die Fernsehnachrichten gewöhnlich ein anderes Bild vermitteln. Das wollte ich zeigen und auf das unsichtbare Element der Bindung hinweisen, das allen diesen Phänomenen zugrunde liegt und sie verstehbar macht.

Die Freundschaft und die Liebe, die Mutter-Kind-Beziehung oder das Verhältnis von Herr und Hund – sie alle unterscheiden sich voneinander. Und doch haben sie ihren Ursprung in denselben biologischen Prozessen, die zahlreiche Arten miteinander verbinden. So hilfreich das Wissen auch ist, es kann nicht auf alle unsere Fragen zur Liebe, zur Bindung, zu unseren Eltern und Kindern, zu unserer Beziehung zu den Tieren und deren Beziehung untereinander eine Antwort geben.

Ich habe mich trotz eines gewissen Risikos dafür entschieden, in der Beziehung zwischen Mensch und Tier und in der Beziehung unter den Tieren selbst den positiven Aspekt hervorzuheben, weil er eine tägliche Realität für Millionen Menschen ist. Ich weiß, dass ich deshalb als gefühlsduselig gelte, aber ich bin damit einverstanden, wenn ich als »Utopist« bezeichnet werde. Dennoch bin ich überzeugt, dass es in den kommenden Jahren für die Forschung zum Thema der Liebe und der Freude noch sehr viel zu entdecken gibt. Ich bin nicht der Einzige, der in der Wissenschaft den integrativen Weg verfolgt. Er verbindet die neuesten Ergebnisse der Neurowissenschaften mit der klassischen Ethologie und die neuen Konzepte der Genetik und Epigenetik mit Erfahrungsberichten aus dem Alltag, sofern sie aussagekräftig sind.

Für Ethologen, Psychologen, Ärzte, Biologen wie auch für mich selbst ist die Bindung ein Eckstein, was die Entwicklung und das Verständnis wichtiger Funktionen bei Säugetieren und hochentwickelten Vögeln angeht. Glücklicherweise befinde ich mich durch meinen Beruf an einer Schnittstelle, die es mir ermöglicht, auch die Auswüchse des hochkomplexen Vorgangs zu erkennen. Die Kenntnis der Pathologie der Bindung lässt deren Bedeutung nur umso stärker hervortreten.

Diese Überzeugung habe nicht nur ich als Verhaltenstierarzt, sie bahnt sich ihren Weg auch in anderen Bereichen, die mit abnormalem Verhalten wenig zu tun haben. Forscher aus unterschiedlichen Wissenschaftszweigen wie der Medizin und Ethologie haben schon im Jahr 2007 in einem Artikel von dem erstaunlichen und erschütternden Problem delinquenten Verhaltens bei jungen Elefanten in Westafrika berichtet.[120] In ihrer Untersuchung verbinden die Autoren die Ergebnisse der Entwicklungsneuroethologie und der Bindungsforschung mit dem sozialen Umfeld und zeigen, wie sehr die Abwesenheit der Mutter, ja des Matriarchats überhaupt, die soziale Struktur in den von afrikanischen Bürgerkriegen heimgesuchten Elefantengruppen vernichtet hat. Der Grund ist das Fehlen einer Bindung, die zur Beruhigung und zur Lernfähigkeit notwendig ist. Die Elefanten besaßen keinen Mechanismus, der sowohl ihr Erkundungsverhalten und ihr Bedürfnis nach Struktur als auch die Notwendigkeit eines Schutzes integrieren konnte. Wir sehen, welche Gefahren unseren Gesellschaften drohen, sollten sie die Bedeutung der Bindung vergessen.

Ob wir Hunde, Delfine, Elefanten, Papageien oder Menschen sind, wir alle brauchen notwendigerweise von Geburt an eine uns haltende Bindung. Sie hilft uns, die richtige Mitte zu finden zwischen unseren Ängsten und Freuden, zwischen unserem Drang, die Welt zu erforschen, und unserem Bedürfnis nach einem sicheren Fundament.

Ich habe das unvermeidliche Gefühl, nicht alles gesagt und ganze Bereiche aus diesem spannenden Forschungsgebiet weggelassen zu haben. Hoffentlich habe ich Sie – gleichgültig, welcher Nation, Altersgruppe oder welchem Geschlecht Sie auch angehören – davon überzeugt, dass ein erfülltes Leben nur möglich ist mit dem Wagnis der Liebe.

Anmerkungen

1 Bobin, C., *L'Inespérée,* Gallimard 1996.

2 Béata, C., *La Psychologie du chien,* Odile Jacob 2004.

3 TF1, 27. Juli 2011.

4 Harlow, H., »The Nature of Love«, in: *American Psychologist* 13/1958, S. 673–685.

5 Deutsch: Chua, A., *Die Mutter des Erfolgs*, dtv 2012.

6 Freud, A., »Discussion of Dr. John Bowlby's Paper«, in: *Psychoanalytic Study of the Child,* 15/1960, S. 53–62.

7 Waal, Frans D., u. Lanting, F.: *Bonobos. Die zärtlichen Menschenaffen*, Birkhäuser 1997.

8 INSEE, *November-Extra 2011*, Nr. 1377.

9 Griffith, S. C., u. a., »Extra pair paternity in birds: A review of interspecific variation and adaptive function«, in: *Molecular Ecology* 11/2002, S. 2195–2212.

10 Ketterson, E. D., u. Nolan jr., V., »Male parental behaviour in birds«, in: *Annual Review of Ecology, Evolution and Systematics* 25/1994, S. 610–628.

11 Cockburn, A., »Prevalence of different modes of parental care in birds«, in: *Proceedings of the Royal Society B*, 273/2006, S. 1375–1383.

12 Allman, J., u. a., »Evolution. Parenting and survival in anthropoid primates: Caretakers live longer«, in: *Proceedings of the National Academy of Sciences of the United States of America* 95/1998, S. 6866–6869.

13 Geary, D. C., »Evolution and proximate expression of human paternal investment«, in: *Psychological Bulletin* 126 (1/2000), S. 55–77.
14 Allman, a. a. O.
15 Nutter, F. B., u. a., »Reproductive capacity of free-roaming domestic cats and kitten survival rate«, in: *Journal of the American Veterinary Medical Association* 225 (9/2004), S. 1399–1402.
16 Thom, R., *Stabilité structurelle et morphogenèse. Essai d'une théorie générale des modèles,* EdiScience 1972.
17 Church, R. M., »Emotional reactions of rats to the pain of others«, in: *Journal of Comparative and Physiological Psychology* 52 (2/1959), S. 132 ff.
18 Rice, G. E., u. Gainer, P., »Altruism in the albino rat«, in: *Journal of Comparative and Physiological Psychology* 55 (1/1962), S. 123 ff.
19 Rice, G. E., u. Gainer, P., »Aiding behavior vs. Fear in the albino rat«, in: *Psychological Record* 14 (2/1964), S. 165–170.
20 Ben-Ami Bartal, I., Decety, J., u. Mason, P., »Empathy and pro-social behavior in rats«, in: *Science* 334 (6061/2011), S. 1427–1430.
21 Masserman, S., u. a., »Altruistic behavior in Rhesus monkey«, in: *American Journal of Psychology* 121 (6/1964), S. 584 f.
22 Miller, R. E., u. a., »The communication of affects in monkeys: Cooperative reward conditioning«, in: *The Journal of General Psychology* 108 (1/1966), S. 480–488.
23 Meyer, J.-M., u. Plunkett, P. de, *Nous sommes des animaux, mais nous ne sommes pas des bêtes*, Presses de la Renaissance 2007.
24 Thom, R., *Prédire n'est pas expliquer*, Flammarion 1991.
25 Bekoff, M., *Das Gefühlsleben der Tiere*, Animal Learn 2008.

26 http://today.msnbc.msn.com/id/21689083/ns/today-today_news/t/dolphins-save-surfer-becoming-sharks-bait/.

27 www.youtube.com/watch?v=T3pXhU5vzas.

28 Den Clip mit der Begegnung finden Sie leicht im Internet.

29 Pruetz, J. D., »Targeted helping by a wild adolescent male chimpanzee *(Pan troglodytes verus)*: evidence for empathy?«, in: *Journal for Ethology* 29/2011, S. 365–368.

30 Berthoz, A., u. Jorland, G. (Hg.), *L'Empathie*, Odile Jacob 2004.

31 Vgl. Gazzaniga, M., *Das erkennende Gehirn: Entdeckung in den Netzwerken des Geistes,* Junfermann 1989.

32 Hovis, K. L., *Quantifying the rate of fission-fusion: A Shark Bay Bottlenose Dolphin Study,* Honors Thesis Faculty of the Department of Psychology of the Undergraduate School of Arts and Sciences of Georgetown University 2011.

33 Gibson, Q. A., u. Mann, J., »Early social development in wild bottlenose dolphins: Sex differences, individual variation and maternal influence«, in: *Animal Behaviour* 76/2008, S. 375–387.

34 Hill, H. M., Greer, T., Solangi, M., u. Kuczaj II., S. A., »All mothers are not the same: Maternal styles in Bottlenose dolphins *(Tursiops truncatus)*«, in: *International Journal of Comparative Psychology* 20/2007, S. 35–54.

35 Clay, A. W., *Attachment and early rearing: longitudinal effects in Chimpanzees (pan troglodytes),* Dissertation, Georgia Institute of Technology 2012.

36 May, F., »Chez le chien domestique, peut-on parler d'attachement?«, in: Béata, C., *L'attachement*, Solal 2009.

37 Topál, J., Miklósi, Á., Csányi, V., u. Dóka, A.: »Attachment behavior in dogs *(Canis familiaris)*: A new application of Ainsworth's strange situation test« in: *Journal of Comparative Psychology* 112 (3/1998), S. 219–229.

38 Gewirtz, J. L., »Attachment, dependence and a distinction in terms of stimulus control«, in: Gewirtz, J. L. (Hg.), *Attachment and Dependency,* Winston 1972, S. 139–177.

39 Prato-Previde, E., Custance, D. M., Spiezio, C., u. Sabatini, F., »Is the dog-human relationship an attachment bond? An observational study using Ainsworth's strange situation«, in: *Behaviour* 140 (2/2003), S. 225–254.

40 Feldman, S. S., u. Ingham, M. E., »Attachment behavior: A validation study in two age groups«, in: *Child Development,* 46 (2/1975), S. 319–330.

41 Rehn, T., *The Role of the Emotional Relationship with Humans on Dog Welfare,* Dissertation, Swedish University of Agricultural Sciences, Uppsala 2011.

42 Bard, K. A., »Distribution of attachment classifications in nursery chimpanzees in responsive versus standard care«, in: *American Journal of Primatology*, 24/1991, S. 88.

43 Van Ijzendoorn, M. H., Bard, K. A., Bakermans-Kranenburg, M. J., u. Ivan, K., »Enhancement of attachment and cognitive development of young nursery-reared chimpanzees in responsive versus standard care«, in: *Developmental Psychobiology* 51 (2/2009), S. 173–185.

44 Topál, J., et al., »Attachment to humans: A comparative study on hand-reared wolves and differently socialized dog puppies«, in: *Animal Behaviour,* 70/2005, S. 1367–1375.

45 Valsecchi, P., et al., »Development of the attachment bond in guide dogs«, in: *Applied Animal Behaviour Science,* 123/2010, S. 43–50.

46 Palmer, R., u. Custance, D., »A counterbalanced version of Ainsworth's strange situation procedure reveals secure-base effects in dog-human relationship«, in: *Applied Animal Behaviour Science,* 109/2008, S. 306–319.

47 Béata, C., *L'Attachement, racine de l'équilibre et de la pathologie comportementale,* Mémoire pour le diplôme de vétérinaire comportementaliste, École Nationale Vétérinaire de Maisons-Alfort 1998.
48 Deputte, M. F., u. Béata, C., »Relationship during the adoption period«, in: ISAE congress 2004.
49 Montaigne, M. de, *Les Essais,* Paris 1992.
50 Edwards, C., et al., »Experimental evaluation of attachment behaviors in owned cats«, in: *Journal of Veterinary Behavior,* 2/2007, S. 119–125.
51 Boesch, C., Bole, C., Eckhardt, N., u. Boesch, H., »Altruism in forest chimpanzees: The case of adoption«, in: *Public Library of Science/PloS One,* 5 (1/2007), S. E8901; doi:10.1371/journal.pone.0008901.
52 Ebenda.
53 Béata. C., »Modèle animal et résilience«, in: Cyrulnik, B., u. Jorland, G. (Hg.), *Résilience. Connaissances de base,* Paris 2012, S. 33–44.
54 Cyrulnik, B., *Un merveilleux malheur,* Odile Jacob 1999.
55 Klusmann, D., »Sexual motivation and the duration of partnership«, in: *Archives of Sexual Behaviour,* 31 (3/2002), S. 275–287.
56 Dawkins, R., *Das egoistische Gen,* Springer 1978.
57 Bartels, A., u. Zeki, S., »The neural correlates of maternal and romantic love«, in: *NeuroImage* 21/2004, S. 1155–1166.
58 Coolidge, C., *The Autobiography of Calvin Coolidge,* University Press of the Pacific 2004 (1929).
59 Vgl. Beigbeder, F., *Die Liebe währt drei Jahre*, Rowohlt 2003.
60 Lévi-Strauss, C., *Les Structures élémentaires de la parenté,* 1949, dt. Übersetzung: *Die elementaren Strukturen der Verwandtschaft*, Suhrkamp 1981, S. 74.
61 Ebenda.

62 Bischof, N., »Comparative ethology of incest avoidance«, in: Fox, R. (Hg.), *Biosocial Anthropology,* Malaby 1975, S. 37–69.

63 Frere, C. H., u. a., »Inbreeding tolerance and fitness costs in wild bottlenose dolphins«, in: *Proceedings of the Royal Society B.* 277/2010, S. 2667–2673.

64 De Waal u. a., *Bonobos,* a. a. O.

65 Moore, J., »Phenotype matching and inbreeding avoidance in African elephants«, in: *Molecular Ecology* 16 (21/2007), S. 4421 ff.

66 Shepherd, J., »Mate selection among second generation kibbutz adolescents and adults: Incest avoidance and negative imprinting«, in: *Archives of Sexual Behavior* 1 (4/1971), S. 293–307.

67 Lack, D., *Ecological Adaption for Breeding in Birds,* Methuen 1968.

68 Griffith, S. C., u. a., »Extra-Pair Paternity in Birds: A review of interspecific variation and adaptive function«, in: *Molecular Ecology* 11/2002, S. 2195–2212.

69 Pilot, M., u. a., »Social cohesion among kin, gene flow without dispersal and the evolution of population genetic structure in the killer whale (Orcinus orca)«, in: *Journal of Evolutionary Biology* 23/2010, S. 20–31.

70 Vincent, L., *Comment devient-on amoureux?*, Odile Jacob 2004.

71 Insel, T. R., u. Shapiro, L. E., »Oxytocin receptor distribution reflects social organization in monogamous and polygamous voles«, in: *Proceedings of the National Academy of Sciences* 89/1992, S. 5981–5985.

72 Gingrich, B., u. a., »Dopamine D2 receptors in the nucleus accumbens are important for social attachment in female prairie voles (Microtus ochrogaster)«, *Behavioral Neuroscience* 114 (1/2000), S. 173–183.

73 Insel, T. R., u. a. »Patterns of brain vasopressin receptor distribution associated with social organization in microtine rodents«, in: *The Journal of Neuroscience* 14 (9/1994), S. 5381–5392.

74 Walum, H., u. a., »Genetic variation in the vasopressin receptor 1a gene (AVPR1A) associates with pair-bonding behavior in humans«, *PNAS* 105 (37/2008), S. 14 153–14 156.

75 Cherkas, L. F., »Genetic influences on female infidelity and number of sexual partners in humans: A linkage and association study of the role of the vasopressin receptor gene (AVPR1A)«, in: *Twin Research* 7 (6/2004), S. 649–658.

76 Solomon, N. G., u. a., »Multiple paternity in socially monogamous prairie voles *(Microtus ochrogaster)*«, in: *Canadian Journal of Zoology* 82 (10/2004), S. 1667–1671.

77 Marion, M., »Jalousie, mot interdit chez le chien?«, in: Béata, *L'Attachement*, a. a. O., S. 213–217.

78 Gesell, A. L., »Jealousy«, in: *The American Journal of Psychology* 17 (4/1906), S. 437–496, www.jstor.org/stable/1412347.

79 Morris, P. H., u. a., »Secondary emotions in non-primate species? Behavioral reports and subjective claims by animal owners«, in: *Cognition and Emotion* 22 (1/2008), S. 3–20.

80 Panksepp, J., »The evolutionary sources of jealousy (cross-species approach to fundamental issues)«, in: Hart, S. L., u. Legerstee, L. (Hg.), *Handbook of Jealousy. Theory, research and Multidisciplinary Approaches*, Wiley 2010.

81 Ey, H., u. Brion, A., *Psychiatrie vétérinaire*, Brouwer 1964.

82 Samuels, A., *A Systematic Approach to Measuring the Social Behavior of Bottlenose Dolphins*, Dissertation, Woods Hole Oceanographic Institution 1996.

83 Goffman, O., »Changes in behavioural patterns towards humans of a solitary sociable female bottlenose dolphin«, *University of Haifa, Leon Recanti Institute for Maritime Studies* 32/2006, S. 20–23.

84 Rosenblatt, J. S., *Advances in the study of Behavior*, Academic Press 1984.

85 Ebenda.

86 Alger, J. M. u. S. F., »Cat culture, human culture: An ethnographic study of a cat shelter«, in: *Society and Animals* 7 (3/1999), S. 199–218.

87 Connor, R. C., Smolker, R., u. Bejder, L., »Synchrony, social behaviour and alliance affiliation in Indian Ocean bottlenose dolphins, Tursiops aduncus«, in: *Animal Behaviour* 72 (6/006), S. 1371–1378.

88 Connor, R. C., »Dolphin social intelligence: Complex alliance relationships in bottlenose dolphins and a consideration of selective environments for extreme brain size evolution in mammals«, in: *Philosophical Transactions of the Royal Society B, Biological Sciences* 362/2007, S. 587–602.

89 Archie, E. A., Moss, C. J., u. Alberts, S. C., »The ties that bind: Genetic relatedness predicts the fission and fusion of social groups in wild African elephants«, in: *Proceedings of the Royal Society B, Biological Sciences* 273/2006, S. 513–522.

90 Cameron, E. Z., Setsaas, T. H., u. Linklater, W. L., »Social bonds between unrelated females increase reproductive success in feral horses«, in: *Proceedings of the National Academy of Sciences* 106 (33/2009), S. 13 850–13 853.

91 Emery, N. J., Seed, A. M., v. Bayern, A. M., u. Clayton, N. S., »Cognitive adaptions of social bonding in birds«, in: *Philosophical Transactions of the Royal Society B, Biological Sciences* 362 (1480/2007), S. 489–505.

92 Seyfarth, R. M., u. Cheney, D. L., »The evolutionary origins of friendship«, in: *Annual Review of Psychology* 63/2012, S. 153–177.

93 Mitani, J. C., »Male chimpanzees from enduring and equitable social bonds«, in: *Animal Behaviour* 77/2009, S. 633–640.

94 Cools, A. K. A., Van Hout, A. J.-M., u. Nelissen, M. H. J., »Canine reconciliation and third-party-initiated postconflict affiliation: Do peacemaking social mechanisms in dogs rival those of higher primates?«, in: *Ethology* 114 (1/2008), S. 53–63.

95 Vgl. Beigbeder, a. a. O.

96 Racine, J., *Phädra*, I, V. 253 f. (Übers. F. Schiller).

97 Kurimoto, M., »Behavioural observations of bottlenose dolphins towards two dead conspecifics«, in: *Aquatic mammals* 29/2003, S. 108–116.

98 Poole, J., *Coming of Age with Elephants: A Memoir*, Hyperion Press 1996.

99 Moss, C., *Das Jahr der Elefanten: Tagebuch einer afrikanischen Elefantenfamilie*, Frederking und Thaler 1994.

100 McComb, K., Baker, L., u. Moss, C., »African elephants show high levels of interest in the skulls and ivory of their own species«, in: *Biology Letters* 2 (1/2006), S. 26 ff.

101 Bradshaw, I. G. A., »Not by bread alone: Symbolic loss, trauma, and recovery in elephant communities«, in: *Society and Animals* 12 (2/2004), S. 143–158.

102 http://www.youtube.com/watch?v=hW2XD8x6b6M.

103 Fleisher, C., »Why Dogs Smile and Chimpanzees Cry«, DVD, Discovery Channel 1999.

104 Refrain aus dem Chanson »Baltique« des französischen Liedermachers Renaud in seinem Album »Boucan d'enfer« (2002).

105 Übersetzung: R. König.
106 »Hachiko – Eine wunderbare Freundschaft«, Film von Lasse Hallström (2009).
107 https://www.cesarsway.com/dog-behavior/problem-behaviors/a-dog-in-mourning-helping-our-pets-cope.
108 Saint-Exupéry, A. de, *Der Kleine Prinz*, Karl Rauch Verlag 1956, S. 98.
109 Béata, C., *La psychologie du chien*, Odile Jacob 2004.
110 Béata, C., »Replacement dog syndrome«, in: *Bulletin on Veterinary Clinical Ethology*, 2 (3–4/1994), S. 28–35.
111 Cyrulnik, B., Alaméda, A., Béata, C., u. François, C., »Le chien de remplacement«, in: *Point Vétérinaire* 26/1995, S. 23–26.
112 Jacquet-Viallet, F., *Chien remplaçant-chien de remplacement*, Diplomarbeit für den Titel eines Verhaltenstierarztes, ENV Toulouse 2000.
113 Mama Bea Tekielski, »48 Kilos«, aus ihrem Album »Faudrait rallumer la lumière dans ce foutu compartiment«, RCA-Victor (1977).
114 Spitz, R. A., »The role of ecological factors in emotional development in infancy«, in: *Child Development* 20 (3/1949), S. 145–155.
115 Béata, *La psychologie du chien*, a. a. O.
116 Hofmans, J., *Étude clinique sur chatons. Inhibition du chaton à 6 semaines et tempérament à 6 mois: qu'en est-il?*, Abschlussarbeit für das Diplom eines Verhaltenstierarztes, ENTV 2001.
117 Saint-Exupéry, a. a. O., S. 101.
118 Schwartz S., »Separation anxiety syndrome in cats: 136 cases (1991–2000)«, in: *Journal of the American Veterinary Medical Association* 220 (7/2002), S. 1028–1033.
119 »Auch eine französische Ehe«, Film von Denys de La Patellière (1965).

120 Bradshaw, G. A., u. Schore, A. N., »How elephants are opening doors: Developmental neuroethology, attachment and social context«, in: *Ethology* 113/2007, S. 426–436.